FORSCHUNGSERGEBNISSE
DES VERKEHRSWISSENSCHAFTLICHEN INSTITUTS FÜR LUFTFAHRT
AN DER TECHNISCHEN HOCHSCHULE STUTTGART
HERAUSGEGEBEN VON PROF. DR.-ING. CARL PIRATH
HEFT 6

DIE GRUNDLAGEN
DER
FLUGSICHERUNG

MIT 27 ABBILDUNGEN IM TEXT

MÜNCHEN UND BERLIN 1933
VERLAG VON R. OLDENBOURG

DRUCK VON R. OLDENBOURG, MÜNCHEN UND BERLIN

Vorwort.

Der zunehmende Ausbau des Luftverkehrs in verschiedenen Erdteilen war begleitet von zahlreichen wichtigen Versuchen und Maßnahmen zur Erzielung einer hohen Betriebssicherheit und Regelmäßigkeit im Luftverkehr. Soweit hierbei das Luftfahrzeug selbst als technisches Instrument beteiligt ist, sind im Heft 2 der „Forschungsergebnisse des V. I. L." die vom Standpunkt der Betriebssicherheit an die Konstruktion der Zelle und des Motors zu stellenden Anforderungen behandelt worden. Wesentliche Fortschritte sind in allen luftverkehrtreibenden Ländern auf dem Gebiet eines sicheren Funktionierens der Motore und damit der Regelmäßigkeit im Luftverkehr zu erkennen. Heute leidet die Regelmäßigkeit und Sicherheit im Luftverkehr in erster Linie noch unter den veränderlichen Elementen des Luftwegs oder dem Zustand der Luft in Form von Unsichtigkeit und starken Luftbewegungen, die nicht allein in Europa, sondern auch in fast allen Erdteilen zeitweise das Fliegen unmöglich machen. Sie bilden ein immer stärker werdendes Hemmnis, das um so empfindlicher wirkt, je mehr sich die Allgemeinheit auf die Benutzung des Luftwegs einstellt. Die Verbesserung der Flugsicherung, deren Aufgabe es in erster Linie ist, diese Hemmungen zu überwinden, ist daher eines der brennendsten Probleme in allen luftverkehrsstarken Ländern. Von seiner Lösung hängt nicht zum wenigsten die erfolgreiche Weiterentwicklung des Luftverkehrs ab.

Das vorliegende Heft 6 befaßt sich mit den Grundsätzen der Flugsicherung und mit den Methoden, die heute in Europa und den Vereinigten Staaten von Amerika zur sicheren Führung der Luftfahrzeuge von Flughafen zu Flughafen angewandt werden. In einer Gegenüberstellung und kritischen Betrachtung dieser Methoden sollen Wege zur Förderung dieses wichtigen Faktors der Betriebssicherheit im Luftverkehr gezeigt werden. Nicht die technischen Einrichtungen, sondern ihre betriebliche Funktion zur Überwindung der dem Fliegen vor allem bei ungünstigen Luftverhältnissen entgegenstehenden Schwierigkeiten sollen dabei behandelt werden. Es schien mir weiterhin notwendig, die wirtschaftliche Bedeutung der Flugsicherung und ihren Einfluß auf die Kosten im Luftverkehr grundsätzlich zu behandeln, um auch aus diesen Untersuchungen neue Gesichtspunkte für die Weiterentwicklung zu erhalten.

Der Abteilung für Flugsicherung im amerikanischen Department of Commerce in Washington, der Deutschen Seewarte in Hamburg und der Zentralstelle für Flugsicherung in Berlin verdanke ich manche wertvollen Unterlagen für die Untersuchung. Bei der redaktionellen Behandlung des Heftes leistete Herr Dr.-Ing. Max von Beyer-Desimon, erster Assistent des Instituts, wertvolle Mitarbeit.

Carl Pirath.

Stuttgart, im November 1932.

Inhaltsverzeichnis.

Die Probleme der Flugsicherung.

Von Prof. Dr.-Ing. Carl Pirath

Die Flugsicherung im europäischen Luftverkehr.

Von Regierungsbaurat Dr.-Ing. Friedrich Wilhelm Petzel.

Die Flugsicherung in den Vereinigten Staaten von Amerika.

Von Dr.-Ing. Edgar Rößger.

Die Probleme der Flugsicherung.

Von Prof. Dr.-Ing. Carl Pirath.

I. Die Grundlagen der Betriebssicherheit im Verkehrswesen.

Die Wirtschaftlichkeit eines jeden Verkehrsmittels ist mittelbar in hohem Maße abhängig von der Sicherheit und Regelmäßigkeit des Verkehrsbetriebes. Je sicherer und regelmäßiger sich die Ortsveränderung von Personen, Gütern und Nachrichten vollzieht, um so unbedenklicher und selbstverständlicher werden die Verkehrsbedürfnisse sich entwickeln können und um so stärker wird der Anreiz zur Benutzung von Verkehrsmitteln sein. Es ist in der Unvollkommenheit menschlicher Arbeit und in der Gewalt der Naturkräfte begründet, daß eine absolute Sicherheit und Regelmäßigkeit in der Funktion von keinem technischen Instrument, also auch von keinem Verkehrsmittel verlangt werden kann. Sicherheit und Regelmäßigkeit sind nur mit relativen Gütemaßstäben zu kennzeichnen, deren wandelbare Grenze nach oben möglichst einem absoluten Bestwert nahekommen soll, nach unten aber ein bestimmtes Maß dauernd nicht unterschreiten darf. Dies zu erreichen ist eine ständige Sorge der Verkehrsbetriebe. Eine ihrer hauptsächlichsten täglichen Arbeiten ist es, ein Optimum an Sicherheit und Regelmäßigkeit für ihren Betrieb zu erzielen.

Die Sicherheit im Verkehrswesen hat eine betriebliche und verkehrliche Seite. Die betriebliche Seite oder die Betriebssicherheit umfaßt das sichere Arbeiten des Betriebsapparates in der Weise, daß möglichst Störungen im gewollten und beabsichtigten Ablauf der Bewegungsvorgänge der Transporteinheiten des Verkehrsmittels vermieden werden. Treten betriebsgefährliche Störungen dieser Bewegungsvorgänge oder Unfälle ein, so entstehen besondere Aufwendungen an Geld und Zeit für ihre Beseitigung und unter Umständen Materialzerstörungen. Wird bei den Unfällen auch das Verkehrsgut, Personen oder Sachen, in Mitleidenschaft gezogen oder treten größere Unterbrechungen in der geplanten Ortsveränderung auf, die eine Unregelmäßigkeit in der Beförderung verursachen, so entwickelt sich aus dem Versagen der betrieblichen Sicherheit die Unsicherheit in verkehrlicher Beziehung. Diese interessiert vor allem die Öffentlichkeit. Die für den Betrieb und Verkehr entstehenden Schäden hat in der Regel das Verkehrsunternehmen zu tragen, soweit nicht bei den Schäden am Verkehrsgut höhere Gewalt einen Schadensersatz ausschließt. Soweit bei Unfällen die am Verkehrsvorgang unbeteiligte Umgebung geschädigt wird, liegt dem Verkehrsunternehmen in der Regel ebenfalls die Schadensersatzpflicht ob.

Die bei Unfällen dem Verkehrsunternehmen unmittelbar erwachsenden Schäden lassen sich im allgemeinen in Geldwerten ausdrücken. Nicht zahlenmäßig erfaßbar, aber für das Unternehmen verhängnisvoller können die Wirkungen sein, wenn die betrieblichen Störungen ein zulässiges Maß überschreiten. Es kann in diesem Falle eine Dämpfung der Verkehrsbedürfnisse eintreten, die soweit gehen kann, daß sich vor allem der gegen Unsicherheit und Unregelmäßigkeit besonders empfindliche Teil des Verkehrsvolumens, wie beispielsweise Personen, hochwertige Fracht und Post, einem anderen sicheren Verkehrsmittel zuwendet. Die Möglichkeit einer Verkehrsabwanderung von einem ungenügend sicher arbeitenden Verkehrsmittel besteht um so eher, wenn wie im heutigen Verkehrswesen, mehrere Verkehrsmittel von annähernd gleicher Leistungsfähigkeit Gelegenheit zur Ortsveränderung bieten. Es ist daher nicht zu verkennen, daß eine nicht genügende Sicherheit und Regelmäßigkeit eines Verkehrsmittels heute größere wirtschaftliche, die Einnahmeseite ungünstig beeinflussende Folgerungen mit sich bringen kann, als es in früheren Zeiten geringerer Mannigfaltigkeit in der Verkehrsbedienung der Fall war.

1. Faktoren der Betriebssicherheit und ihre Bedeutung für die Sicherheit im Verkehrswesen.

Bei dieser großen wirtschaftlichen Bedeutung der Betriebssicherheit für jedes Verkehrsunternehmen haben schon früh Untersuchungen eingesetzt, um für alle Störungen im Betriebsapparat die hauptsächlichsten Ursachen festzustellen und aus der Analyse Anhaltspunkte zu ihrer Beseitigung abzuleiten. Auch die Öffentlichkeit hatte bei der allgemeinen Bedeutung der Verkehrsmittel ein Interesse an einer restlosen Klärung der Unfallursachen, vor allem dann, wenn Gesundheit und Leben von Menschen in Mitleidenschaft gezogen waren. Während es sich hierbei aber um verhältnismäßig wenige, allerdings schwerwiegende Einzelfälle handelt, die in der Regel nicht symptomatisch sind, hatte das Betriebsunternehmen sich die Aufgabe zu stellen, in einer ständigen Verfolgung von Störungen und ihren Ursachen eine systematische Erfassung der letzteren durchzuführen.

Es lassen sich 6 Gruppen von Unfallursachen unterscheiden. Sie sind in Tabelle 1 als Grundlage für den Vergleich des Anteils der Unfallursachen bei den verschiedenen Verkehrsmitteln enthalten. Diese Gruppen lassen sich wieder zusammenfassen in Ursachen, die von außen kommen und vielfach der Beeinflussung durch das Verkehrsunternehmen entzogen sind (Gruppe 1), in solche, für die das Verkehrsunternehmen voll verantwortlich ist (Gruppe 2 bis 4) und drittens in solche, für die mehrere Verkehrsunternehmungen oder Verkehrsmittel verantwortlich sind (Gruppe 6). Die Gruppe 5 „Sonstige Ursachen" bezieht sich auf Unfälle, die nicht einwandfrei geklärt oder den übrigen Gruppen nicht in vollem Maße zugeordnet werden können. Die Unfallstatistiken der verschiedenen Verkehrsmittel sind zwar nach diesen Hauptgruppen nicht unmittelbar unterteilt, sondern wesentlich eingehender nach den einzelnen Ursachen im Interesse einer Verbesserung der Betriebssicherheit differenziert. Sie bieten aber die Möglichkeit, die in Tabelle 1 gegebene Gruppeneinteilung aufzustellen, die in klarer, grundsätzlicher Form die Schwächen der Betriebssicherheit bei den verschiedenen Verkehrsmitteln und die Instanzen erkennen läßt, die für die Entstehung der Ursachen in erster Linie verantwortlich zu machen sind. Ganz allgemein ist dabei festzustellen, daß das Verkehrsunternehmen durchaus nicht allein für alle Unfälle verantwortlich gemacht werden kann, sondern daß es im Bestreben, eine möglichst hohe Sicherheit zu erreichen, mehr oder weniger von der Umgebung und ihren Einwirkungen auf die Sicherheit der Bewegungsvorgänge der Transporteinheiten abhängig ist. Das enthebt es naturgemäß nicht, auch diese von außen kommenden Einwirkungen mit allen Mitteln zu bekämpfen, da letzten Endes der Verkehrskunde die Sicherheit des Transports im Enderfolg und nicht nach ihren Voraussetzungen einschätzt, wenn er auch naturgemäß Unfälle, die das Verkehrsunternehmen allein zu verantworten hat, ungünstiger beurteilen wird als Unfälle, die von außen, also von der Natur und im Zusammenhang mit anderen Verkehrsmitteln ihre Entstehungsursache haben.

Betrachten wir nun die Anteile der einzelnen Gruppen an den Gesamtursachen für Unfälle nach Tabelle 1, so springt zunächst die Empfindlichkeit der Sicherheit in der Hochseeschiffahrt und im Luftverkehr gegenüber den Natureinflüssen ins Auge. Ein Drittel und mehr der Ursachen sind allein hierauf zurückzuführen. Die Freizügigkeit des Weges und damit der Fahrzeuge in den Medien Meer und Luft wird sicherheitstechnisch stark belastet durch die Uneinheitlichkeit des Zustandes vor allem der Luft nach Sicht und Bewegung sowie nach den Witterungsverhältnissen. Das ist um so nachteiliger, je unvorhergesehener die damit verbundenen ungünstigen Einwirkungen auf die Bewegungsvorgänge der Schiffe und Luftfahrzeuge eintreten und je unvorbereiteter sie die Führung der Fahrzeuge treffen. Die weggebundenen Verkehrsmittel wie Eisenbahnen und Kraftwagen können den Natureinflüssen um so mehr begegnen, je eindeutiger sie an eine bestimmte Spur gebunden sind und je zwangsläufiger die Fahrzeuge geführt werden. Hieraus erklärt sich vor allem der geringe Anteil bei den Eisenbahnen und der ihnen gegenüber verhältnismäßig höhere Anteil beim Kraftwagen.

Wesentlich geringer sind die Unterschiede in den Anteilen der Ursachen, für die das Verkehrsunternehmen in erster Linie verantwortlich ist, also diejenigen der Gruppen 2 bis 4. In ihrer Gesamtsumme ist der Anteil im Luftverkehr am höchsten, weil die Mängel an den Fahrzeugen vor allem an der Triebkraft hier sehr stark zu Buch schlagen, bei Kraftwagen am niedrigsten.

Tabelle 1. **Unfallursachen bei verschiedenen Verkehrsmitteln.**

Gruppen der Unfallursachen	Eisenbahnen		Hochsee-schiffahrt	Kraftwagen	Flugzeuge planmäß. Verkehr
	Deutschland %	USA. %	England %	England %	USA. %
1	2	3	4	5	6
1. Unterbrechung und Hindernisse durch Witterungseinflüsse, Brände, Nebel, Bahnfrevel, Eisgang	2,7		39,6	9,0	30,3
2. Mängel an Oberbau, Straßen, Flughäfen	9,3	73,0	—	3,5	12,7
3. Mängel an Fahrzeugen	11,5		18,4	3,5	29,6
4. Falsche Handhabung des Dienstes . .	39,0		26,3	36,0	23,3
5. Sonstige Ursachen	9,8		15,7	—	4,1
6. Einflüsse von außen durch Bewegungsvorgänge anderer Verkehrsmittel . .	27,7[1]	27,0[2]	—	48,0[3]	—
Summe	100	100	100	100	100

[1] Unfälle auf Plankreuzungen.
[2] Unfälle auf Plankreuzungen. In der amerikanischen Statistik fehlen die für die Unterteilung der übrigen Ursachen nötigen Angaben.
[3] Verursacht durch Fußgänger, Radfahrer, Tiere.
  Unter Unfällen sind alle Störungen des Bewegungszustandes verstanden, die zu Betriebsgefährdungen führten.

  Quellen: Spalte 2: Reichsbahnstatistik.
  Spalte 3: Annual Accident Bulletin der I. C. C. Washington 1931.
  Spalte 4: Westcott S. Abell, Sea Casualities and Loss of Life, London 1921.
  Spalte 5: Dr. Volkmann, Kraftfahrzeugunfälle und Kraftfahrzeugrecht. Berlin 1929.
  Spalte 6: Air Commerce Bulletin, Washington 1932.

Allen Verkehrsmitteln gemeinsam ist aber vor allem der verhältnismäßig hohe Unfallanteil infolge falscher Handhabung des Dienstes. Er beträgt $1/4$ bis $2/5$ der gesamten Ursachen und ist bei den Eisenbahnen mit ihren verwickelten Bewegungsvorgängen von Zügen und Fahrzeugen auf Strecken und Bahnhöfen bei zwangsläufiger Führung der Fahrzeuge am höchsten. Aber auch beim Kraftwagen ist falsche Handhabung des Dienstes ein sehr wichtiger Unfallfaktor, der vor allem aus der großen Zahl der Einzelfahrzeuge, die sich vielfach gleichzeitig auf enger Straße bewegen müssen, zu erklären ist. Der persönliche Arbeitsfaktor ist ein besonderes Sorgenkind für die Erreichung einer möglichst großen Sicherheit der Verkehrsmittel.

Die dritte Hauptgruppe der Ursachen, an der der Betrieb verschiedener Verkehrsmittel beteiligt ist, fehlt im freien Raum des Meeres und der Luft, da hier praktisch nur Verkehrsmittel gleicher Art verkehren. Auf dem Land dagegen ist sie stark ausgeprägt und in ihrer Größe bestimmt durch die Mannigfaltigkeit der Verkehrsmittel, die den gleichen Weg an bestimmten Punkten und Flächen benutzen. Nahezu die Hälfte aller Ursachen der Kraftwagenunfälle entfällt auf diese Gruppe, und etwas weniger als ein Drittel der Ursachen der Eisenbahnunfälle. Die Entlastung, die die weggebundenen Verkehrsmittel, also vor allem die Landverkehrsmittel, infolge ihrer Gebundenheit gegenüber den Einflüssen der Natur für ihre Betriebssicherheit aufweisen, wird also in starkem Maße wieder aufgehoben durch die vielfach unvermeidliche Berührung ihrer Bewegungsvorgänge auf gleicher Wegfläche. Die Maßnahmen, um hier eine Besserung zu erzielen, liegen in der Erziehung zur Verkehrsdisziplin auf Straßen und in der besonderen Sicherung der Bahn- und Straßenkreuzungen in Schienenhöhe. Es liegt also vorwiegend in der Hand der beteiligten Verkehrsmittel, diese Ursachen zu vermindern.

2. Die Sicherung der Bewegungsvorgänge als wichtigste Grundlage für die Betriebssicherheit.

Die Voraussetzung jeglicher Ortsveränderung von körperlichen Verkehrsgattungen sind Bewegungen der Fahrzeuge, die im Bewegungszustand ein bestimmtes Maß an Bewegungsenergie aufweisen. Nur wo Bewegungsenergie vorhanden ist, können Zerstörungen eintreten, wenn diese Energie einen ungewollten Verlauf nimmt. Auch der Charakter der Unfallursachen läßt unschwer die Bedeutung der Bewegungsvorgänge der Fahrzeuge, aus denen die Transporteinheit besteht, für die Betriebssicherheit erkennen. Schiffe und Luftfahrzeuge sind in erster Linie den Natureinflüssen ausgesetzt, wenn sie in Fahrt sind, nicht, wenn sie ruhig im Hafen liegen. Ebenso kann der Zustand des Weges und der Fahrzeuge sowie die Handhabung des Dienstes im allgemeinen nur dann als Unfallursache auftreten, wenn Mängel oder Irrtümer die Bewegungsvorgänge von Fahrzeugen falsch leiten. Nur bewegte Fahrzeuge verschiedener Verkehrsmittel können auf gleicher Fahrfläche zusammenstoßen und Unfälle erleiden. Daraus ergibt sich, daß die Sicherung der Bewegungsvorgänge der Fahrzeuge oder Transporteinheiten die Grundlage für die Betriebssicherheit eines jeden Verkehrsmittels ist. Die Mittel, die angewandt werden müssen, um sie zu erzielen, liegen mittelbar in einer genügenden Bausicherheit von Weg und Fahrzeugen sowie in einer zuverlässigen Funktion der Trieb- und Bremskräfte und unmittelbar in einer zuverlässigen Arbeit der die Bewegungsvorgänge leitenden Menschen und technischen Vorrichtungen.

Eine genügende Bausicherheit und ein zuverlässiges Arbeiten von Trieb- und Bremskräften vorausgesetzt, werden alle Maßnahmen, die dazu dienen, die Bewegungsvorgänge der Transporteinheiten wie Züge, Rangierabteilungen, Schiffe, Kraftwagen, Luftfahrzeuge sicher zu leiten und zu führen, im Signal- und Sicherungswesen der verschiedenen Verkehrsbetriebe zusammengefaßt. Zu ihm sind zu rechnen die auf den bewegten Transporteinheiten und an bestimmten Stationen hergerichteten technischen Vorrichtungen, deren Bedienung durch Menschen so erfolgen muß, daß zuverlässig eine Zusammenarbeit zwischen bewegten und stationären Stellen des Signal- und Sicherungswesens ermöglicht und vielfach erzwungen wird. Die ausschlaggebende Sicherungsarbeit haben hierbei bei den meisten Verkehrsmitteln die stationären Dienststellen und Vorrichtungen zu übernehmen, also die Stellen des Sicherungsdienstes, die außerhalb der Transporteinheit liegen. Es ist daher üblich, unter dem Begriff Signal- und Sicherungswesen die Arbeit und die Einrichtungen der Stellen zu verstehen, deren sich die Führer der Transporteinheit bedienen können oder müssen, wenn sie sicher zum Ziel gelangen wollen. In diesem Sinn dient also das Signal- und Sicherungswesen vor allem der Sicherung der Bewegungsvorgänge der Transporteinheiten durch Einwirkung von außen. Sie setzt voraus, daß auf der Transporteinheit selbst eine zuverlässige Bedienung und Führung vorhanden ist, die die von außen kommende Hilfe der Sicherung der Bewegungsvorgänge praktisch für die sichere Führung der ihnen verantwortlich zugeteilten Transporteinheit auswertet.

Die Maßnahmen zur Sicherung der Bewegungsvorgänge sind bei allen Verkehrsmitteln notwendig. Sie stützen sich auf technische Vorrichtungen und die Arbeit der sie bedienenden Menschen. Die technischen Vorrichtungen umfassen bei den Eisenbahnen die Signal-, Sicherungs- und Fernmeldeanlagen, bei der Seeschiffahrt Leuchtfeuer, optische Tagseezeichen, akustische und elektrische Seezeichen und Fernmeldeanlagen, beim Kraftwagen das Signalwesen und im Luftverkehr die Befeuerung der Strecken und Flughäfen, die Funkanlagen und Fernmeldeanlagen. Bei der Seeschiffahrt und Luftfahrt treten noch die Einrichtungen der Beobachtungsstationen des See- und Wetterdienstes hinzu. Die Funktion der technischen Anlagen wird durch verantwortliches Bedienungspersonal erledigt. Es ist seine Aufgabe, unter Benutzung der technischen Vorrichtungen dem Führer der Transporteinheit während der Fahrt die Unterstützung zu leihen, die er zur sicheren Führung der Transporteinheit zwischen zwei Punkten nötig hat, und zwar überall dort, wo er sie aus eigenem Vermögen nicht gewährleisten kann. Daraus ergibt sich eine mehr oder weniger umfassende Sicherung der Bewegungsvorgänge nicht allein bei den verschiedenen Verkehrsmitteln, sondern auch für Bewegungen innerhalb des gleichen Verkehrsmittels. Auf Hauptbahnen mit starkem Zugverkehr, zahlreichen Bewegungen und hohen Geschwindigkeiten werden ganz andere Bewegungsenergien aufkommen und daher auch andere Sicherheitsmaßnahmen zu treffen sein als auf schwach belasteten Nebenbahnen. Da die Möglichkeit und die Schwere von Unfällen in gewissem Sinne zunimmt mit dem Gewicht und der Geschwindigkeit der Transporteinheit, so werden schwere, schnelle Eisenbahnzüge und Fahrzeuge umfassender zu sichern sein als leichte Kraftfahrzeuge.

Die Sicherung der Bewegungsvorgänge ist hiernach bei jedem Verkehrsmittel ein wichtiger Teil der Betriebsorganisation und der technischen Anlagen. Es ist interessant, zu untersuchen, wie die Unfallursachen sich auf die Bewegungsvorgänge, in Triebfahrzeugkilometern ausgedrückt, verteilen. Auf diese Weise können unmittelbare Beziehungen zwischen den Unfallursachen und den Vorgängen, denen sie ihre Entstehung verdanken, hergestellt und die Ursachen in ihrer Bedeutung noch klarer beurteilt werden. In Tabelle 2 ist für die Gruppen der Unfallursachen der Tabelle 1 ermittelt, auf wieviel Triebfahrzeugkilometer 1 Unfall nach den verschiedenen Ursachen und insgesamt bei den angeführten Verkehrsmitteln entfällt. Für die Eisenbahnen mußten, um eine richtige Vergleichsgrundlage zu erhalten, sowohl die Triebfahrzeug-km der Zuglokomotiven wie der Rangierlokomotiven berücksichtigt werden, um alle Bewegungsvorgänge auf Strecken und Bahnhöfen, die einer Sicherung von außen bedürfen, zu erfassen, während bei den übrigen Verkehrsmitteln das Triebfahrzeug-km dem Fahrzeug-km der Strecken entspricht, da ihre Transporteinheit in der Hauptsache aus 1 Fahrzeug besteht, so daß Rangierbewegungen in irgendwie bedeutendem Maße nicht zu erledigen sind.

Tabelle 2. **Unfallursachen bei verschiedenen Verkehrsmitteln, bezogen auf die Betriebsleistungen.**

Gruppen der Unfallursachen	Eisenbahnen	Hochsee-schiffahrt	Kraftwagen	Flugzeuge planmäß. Verkehr
	Deutschland	England	England	USA.
		Ein Unfall entfällt auf		
	1000 Triebfahrzeug-km[1])	1000 Fahrzeug-km	1000 Fahrzeug-km	1000 Flug-km
1	2	3	4	5
1. Unterbrechung und Hindernisse durch Witterungseinflüsse, Brände, Nebel, Bahnfrevel	41 800	204	2 755	2 530
2. Mängel an Oberbau, Straßen, Flughäfen	12 500	—	7 080	4 760
3. Mängel an Fahrzeugen	10 240	440	7 080	1 520
4. Falsche Handhabung des Dienstes . . .	3 050	307	683	2 790
5. Sonstige Ursachen	12 200	514	—	29 300
6. Einflüsse von außen durch Bewegungsvorgänge anderer Verkehrsmittel	4 255[2])	—	515[3])	—
Insgesamt	1 180	80,9	246	605
Zahl der zu Grunde gelegten Fahrzeug-km	1 088,6	122	22 500	75,5

[1]) Unter Triebfahrzeug-km bei den Eisenbahnen sind die gefahrenen km der Zuglokomotiven und der Rangierlokomotiven verstanden.
[2]) Unfälle auf Plankreuzungen.
[3]) Verschuldet durch Fußgänger, Radfahrer und Tiere.

Am günstigsten schneiden bei dieser Gegenüberstellung die Eisenbahnen ab. Bei ihnen hat ein außerordentlich hochwertig ausgebildetes Sicherungswesen und die zwangsläufige Führung der Fahrzeuge eine große Sicherung der Bewegungsvorgänge ermöglicht. Auch der planmäßige Luftverkehr hat bereits eine weitgehende Sicherung der Bewegungsvorgänge erzielt, wenn auch die Dichte der Bewegungsvorgänge auf den verschiedenen Strecken und Flughäfen heute noch verhältnismäßig gering ist. Die verhältnismäßig geringe Zahl der Fahrzeug-km, die bei der Schiffahrt und beim Kraftwagenverkehr auf 1 Unfall entfallen, erklärt sich vor allem aus der schwierigen Führung der Schiffe in der Nähe von Häfen und aus dem Zusammentreffen verschiedener Verkehrsmittel auf den Straßen. Ganz allgemein dürfte aus der Tabelle 2 zu entnehmen sein, daß eine Sicherung der Bewegungsvorgänge bei den Eisenbahnen und beim Luftverkehr bei straffer Organisation der Sicherungsmaßnahmen leichter möglich ist als bei der Schiffahrt und beim Straßenverkehr.

3. Kosten der Sicherung der Bewegungsvorgänge bei den verschiedenen Verkehrsmitteln.

Nicht weniger wichtig als eine zuverlässige Sicherung der Bewegungsvorgänge der Transporteinheiten ist für die Verkehrsunternehmungen und auch für die Allgemeinheit die Frage, mit welchen Kosten bei den verschiedenen Verkehrsmitteln die Sicherung der Bewegungsvorgänge verbunden ist. Je höher die Kosten im Vergleich zu den gesamten Betriebsausgaben sind, um so bedeutender wird der Sicherungsdienst in der Betriebsorganisation und für den wirtschaftlichen Erfolg des Verkehrsunternehmens sein und um so nachhaltiger bedarf er einer eingehenden Behandlung von Wissenschaft und Praxis. Um festzustellen, welche Rolle in diesem Vergleich vor allem dem Luftverkehr zufällt, wurde Tabelle 3 aufgestellt.

Die Kosten der Sicherung der Bewegungsvorgänge setzen sich zusammen aus der Verzinsung, Abschreibung, Unterhaltung und Bedienung der technischen Anlagen und der Überwachung der Bewegungsvorgänge auf Strecken und Stationen oder Häfen. Für die Seeschiffahrt wurde die Küstensicherung und die Seewasserstraßensicherung getrennt untersucht wegen ihrer großen Unterschiede vor allem in dem Umfang und in der Bedienung der technischen Anlagen. Aus dem gleichen Grunde mußte der Luftverkehr nach Tag- und Tag-Nacht-Verkehr behandelt werden.

Zunächst ergibt sich aus den Anlagekosten insgesamt und je Strecken-km für die technischen Sicherungsanlagen, einen wie kostspieligen Sicherungsapparat die Eisenbahnen aufweisen, um die gewaltige Zahl der Züge, bei der Deutschen Reichsbahn-Gesellschaft täglich ungefähr 30000, und die auf den Bahnhöfen bewegten Wagen, täglich ungefähr 350000, in ihrer Bewegung zu sichern. Aber auch die Seeschiffahrt erfordert in der Nähe der Küste teure Sicherungsanlagen auf die Küstenlänge bezogen, besonders in einem wirtschaftlich hoch entwickelten Land. Am geringsten sind naturgemäß die Kosten für den Kraftwagenverkehr, da er, bezogen auf das Straßennetz, nur in den Konzentrationspunkten des Straßenverkehrs, in den Großstädten, größerer technischer Sicherungsanlagen bedarf. Der Luftverkehr, dessen Sicherung in den nächsten Abschnitten betrieblich und wirtschaftlich noch näher behandelt wird, erfordert verhältnismäßig geringe Anlagekosten, die auf das Strecken-km bezogen für den Tag-Nacht-Luftverkehr nahezu doppelt so groß sind als bei reinem Tagverkehr unter der Annahme, daß 25% des deutschen Netzes für Nachtluftverkehr gegenüber heute 7,2% eingerichtet werden. Bei Vollausbau eines Netzes für den Nachtluftverkehr sind die Anlagekosten je Strecken-km etwa 7mal höher als für den Ausbau des gleichen Netzes für Tagluftverkehr.

Auf Grund der Anlagekosten und besonderer Erhebungen über die Kosten für Unterhaltung, Bedienung und Überwachung konnten nun die gesamten Jahreskosten für die Sicherung der Bewegungsvorgänge je Triebfahrzeug-km und ihr Anteil an den gesamten Betriebskosten ermittelt werden. Dabei mußte naturgemäß die Auslastung des Betriebsapparats nach dem wirklichen Stand des Jahres 1930 zugrunde gelegt werden. Wie weit bei Zunahme des Verkehrs, also bei Änderung des Beschäftigungsgrades des Verkehrsbetriebes vor allem im Luftverkehr die Kosten für das Fahrzeug-km sich vermindern werden, ist kaum theoretisch zu ermitteln, da nicht zu übersehen ist, welche Mehrausgaben bei Verkehrszunahme entstehen können. Ähnlich liegen die Verhältnisse aber auch bei den anderen Verkehrsmitteln, wenn auch vielleicht in nicht so ausgeprägtem Maße, da die Ausnutzung ihrer Anlagen heute zweifellos höher liegt als im Luftverkehr. Wichtig ist, die in heutiger Zeit tatsächlich vorliegende Belastung der Betriebsausgaben durch die Sicherung der Bewegungsvorgänge zu erfassen. Es liegt Grund zu der Annahme vor, daß, auf das Fahrzeug-km bezogen, bei Erhöhung des Beschäftigungsgrades die Einheitskosten sinken werden, da sich die festen Kosten kaum verändern und sich auf eine größere Zahl von Fahrzeug-km verteilen.

Die stärkste Belastung je Triebfahrzeug-km weisen Eisenbahn und Luftverkehr auf. Verhältnismäßig gering ist sie bei der Seeschiffahrt und sehr niedrig beim Kraftwagen. Der Anteil der Sicherungskosten an den gesamten Betriebsausgaben ist im Tag-Nacht-Luftverkehr am höchsten, wenig niedriger bei der Eisenbahn und im Tagluftverkehr, dagegen sehr niedrig bei der Seeschiffahrt und dem Kraftwagen. Diese Gegenüberstellung zeigt deutlich, welchen wirtschaftlichen Einfluß die Sicherung der Bewegungsvorgänge allgemein und die Flugsicherung im besonderen auf die wirtschaftliche Entwicklung des Verkehrs auszuüben vermag, ganz gleich ob der Verkehr unmittelbar mit den Kosten belastet wird, oder die Allgemeinheit die Kosten trägt, wie es heute beim Luftverkehr in allen Ländern und bei der Seeschiffahrt in den meisten Ländern der Fall ist. Volkswirtschaftlich gesehen wird das Gebiet der Flugsicherung noch besonders eingehender Untersuchungen und Verbesserungen bedürfen, um

Tabelle 3. **Kosten der Sicherung der Bewegungsvorgänge bei den verschiedenen Verkehrsmitteln Deutschlands im Jahre 1930.**

	Eisenbahn		Seeschiffahrt				Kraftwagen		Luftverkehr			
			Küstensicherung		Seewasserstraßensicherung				Tagverkehr		Tag- und Nachtverkehr[1]	
	RM.	%	RM.	%	RM.	%	RM.	%	RM.	%	RM.	%
1	2	3	4	5	6	7	8	9	10	11	12	13
I. Anlagekosten der technischen Sicherungsanlagen	1 099 000 000		29 190 000		7 500		3 650 000		5 300 000		9 600 000	
Anlagekosten je km Streckenlänge	20 780[2]		16 900[3]				20		265		480	
II. Betriebskosten für die Sicherung der Bewegungsvorgänge												
1. Abschreibung und Verzinsung der Sicherungsanlagen	100 900 000	14,1	2 920 000	65,8			550 000	2,0	700 000	9,5	1 300 000	11,4
2. Unterhaltung der Anlagen	44 690 000	6,4							2 000 000	27,0	3 800 000	33,6
3. Bedienung der technischen Sicherungsanlagen	222 000 000	31,0	1 520 000	34,2	19 275 300		25 750 000	98,0	2 200 000	29,7	3 100 000	27,5
4. Überwachung der Bewegungsvorgänge	347 000 000	48,5							2 500 000	33,8	3 100 000	27,5
Summe 1—4	714 590 000	100,0	4 440 000	100,0			26 300 000	100,0	7 400 000	100,0	11 300 000	100,0
Jährliche Ausgaben für die Sicherung der Bewegungsvorgänge je Triebfahrzeug-km.	0,97[4]		0,15[5]				0,003		0,69		0,87	
Anteil der Sicherungskosten an den gesamten Betriebsausgaben.	15,9%		0,65%				0,53%		13,0%		18,0%	

[1] Nachtflugstrecken mit 25% des Tagnetzes angenommen.
[2] In Großbritannien 20900 RM. je km Streckenlänge.
[3] Je km Küstenentwicklung.
[4] Unter Triebfahrzeug-km bei der Eisenbahn sind die gefahrenen km sowohl der Zuglokomotiven wie der Rangierlokomotiven verstanden.
[5] Je Fahrzeug-km in Küstennähe.

bei Beachtung aller Forderungen nach Sicherheit die Anlagen und den Betrieb der Flugsicherung möglichst wirtschaftlich zu gestalten.

In diesem Sinne sollen im nachfolgenden die Aufgaben und Grundlagen der Flugsicherung nach der betrieblichen, organisatorischen und wirtschaftlichen Seite untersucht werden. Zwei in diesem Heft enthaltene Einzeluntersuchungen über die Methode der Flugsicherung in Europa und in den Vereinigten Staaten von Amerika werden einen wertvollen Überblick über Lage, Stand, Organisation und Kosten der Flugsicherung in diesen für den Luftverkehr wichtigsten Räumen der Welt geben. Es ist, selbst wenn man diese eingehenden Untersuchungen studiert, unmöglich, einem bestimmten System für die weitere Entwicklung den Vorzug zu geben, dafür ist die Entwicklungs- und Versuchszeit noch zu kurz. Auch im Eisenbahnwesen hat es Jahrzehnte gedauert, bis ein gewisser Abschluß im Sicherungswesen vorlag. Gewiß sind im Luftverkehr die Elemente des Betriebes, die einer Sicherung bedürfen, weitgehend klar erkannt, aber es bedarf noch großer Versuchsarbeit des praktischen Betriebs und der Mitarbeit der Wissenschaft, bis die zweckmäßigsten Methoden zur Sicherung der Bewegungsvorgänge nach dem jeweiligen Stand der Entwicklung des Luftverkehrs gefunden sind. So weit aber läßt sich heute schon das Gebiet der Sicherung im Luftverkehr übersehen, daß gewisse Grundsätze für die weitere Entwicklung ohne Einengung der Bestrebungen nach Ausbildung der zweckmäßigsten Methoden festgelegt werden können. In dieser Hinsicht sollen im nachfolgenden zunächst die Begriffe der Flugsicherung und die allgemeinen Bedingungen für eine wirksame Flugsicherung untersucht werden.

II. Die Aufgaben und Grundlagen der Flugsicherung.

1. Begriff der Flugsicherung.

Die Flugsicherung umfaßt alle technischen Vorrichtungen und Maßnahmen zur Sicherung der Bewegungsvorgänge der Luftfahrzeuge im Luftverkehr auch bei ungünstigsten Flugbedingungen. Da sie unabhängig und unbeeinflußt von den Veränderungen des Luftzustands arbeiten soll, um dem Führer des Luftfahrzeugs eine zuverlässige Hilfstellung zu geben, so müssen ihre Stand- und Arbeitspunkte auf dem Boden vorgesehen werden, von wo aus sie in ständig räumlich festgelegter Form Einfluß auf die Bewegungsvorgänge der Luftfahrzeuge nehmen kann, falls dies notwendig erscheint. Dieser Teil der Flugsicherung gehört zur Bodenorganisation, ein Begriff, der sich in allen Ländern eingeführt hat. Der Boden ist gleichsam im Gegensatz zur Unendlichkeit und Veränderlichkeit des Luftraums ausgerüstet mit bestimmten Anlagen wie Flughäfen, Kennungen und Funkstationen, die in ihrer Gesamtheit für den Führer eines Luftfahrzeugs eine stets vorhandene, wohlorganisierte Plattform für Ausgang und Ende des Fluges und für die sichere Wegfindung darstellen.

Es gehören demnach nur mittelbar zum Begriff der Flugsicherung die Ausrüstung der Luftfahrzeuge und ihre Bedienung zur sicheren Führung des Luftfahrzeugs vom Ausgangs- zum Zielpunkt. In dieser Hinsicht deckt sich der Begriff der Flugsicherung mit dem Sicherungswesen der Eisenbahnen und der Seeschiffahrt. Ein großer Unterschied besteht aber gegenüber den Eisenbahnen insofern, als die Luftfahrzeuge bedingt ein Objekt der Flugsicherung sind, während bei den Eisenbahnen der Führer der Transporteinheit ständig sich der Sicherungsanlagen bedienen muß, wenn er sicher fahren will. Die Luftfahrzeuge schalten sich in die ständige Bereitschaft und Funktion der Flugsicherung ein, wenn es im Interesse der Sicherung notwendig ist, so daß in diesem Punkt eine starke Verwandtschaft mit der Seeschiffahrt vorliegt.

Flugsicherung und Führung der Luftfahrzeuge können also zwei technisch und organisatorisch voneinander unabhängige Disziplinen des Luftverkehrsbetriebs sein. Ihre betriebliche Abhängigkeit voneinander und ihre Zusammenarbeit richtet sich nach den Bedürfnissen der Sicherheit des Betriebs. Aus dieser betrieblichen Abhängigkeit ergibt sich, daß ihre technischen Einrichtungen und Betriebsvorschriften so aufeinander abzustimmen sind, daß ihr Zusammenwirken jederzeit schnell und zuverlässig erfolgen kann.

Über diese, der Sicherung der Bewegungsvorgänge dienende Aufgabe der Flugsicherung hinaus hängt eng mit ihr zusammen das Bedürfnis des Führers des Luftfahrzeugs, während des Flugs von außen Anhaltspunkte für die zweckmäßige Wahl seines Flugweges zu erhalten. Der Führer wird vor allem bei großen Strecken bestrebt sein, den ungünstigen Erscheinungen in der Uneinheitlichkeit des Luftzustands wie Gegenwind, Schlechtwetterzonen, die nicht unmittelbar die Sicherheit des Fluges an sich beeinträchtigen, wohl aber den Aufwand an Betriebsstoff und die Geschwindigkeit, also die Güte der Verkehrsarbeit, ungünstig beeinflussen können, auszuweichen. Da seine Entschlüsse in dieser Richtung sich auf Material vor allem der Wetterstationen stützen müssen, das ohnehin die Flugsicherung ihm aus Gründen der Sicherheit zur Verfügung zu stellen hat, so hat die Flugsicherung noch die große Bedeutung einer möglichst weitgehenden Hilfsstellung für wirtschaftliche Wegfindung und Regelmäßigkeit im Luftverkehr. Diese Rolle der Flugsicherung wird um so wichtiger werden, je größer die Flugstrecken sind und je mehr sich die Weltluftverkehrslinien über Ozeane und Kontinente aufbauen. Aufgaben und Organisation des Flugsicherungswesens werden hierauf mehr oder weniger zugeschnitten werden müssen.

In welchen Fällen die Führung eines Luftfahrzeuges auf die Mitwirkung der Flugsicherung im Interesse der Sicherheit angewiesen ist, ergibt sich vor allem aus den Störungsursachen, die im Luftverkehrsbetrieb eintreten und die sichere Erreichung des Zieles ungünstig beeinflussen. Hierzu gehören ungenügende Orientierung im Raum, starke Luftbewegungen und Störungen im Flugzustand des Luftfahrzeugs. Die ungenügende Orientierung im Raum liegt in erster Linie vor bei Dunkelheit, Nebel und niedriger Wolkendecke. Ferner können starke Luftbewegungen die Verkehrssicherheit beeinträchtigen. Die Führung des Luftfahrzeugs bedarf also einer Orientierung von außen und einer Beratung zur Umgehung der ungünstigen Luftzonen. Beides erfolgt sachlich durch Peilung und Wetterberatung. Die Störungen im Flugzustand des Luftfahrzeugs haben ihre Ursache in erster Linie im Versagen der Triebkraft. Falls sie zu einer Unterbrechung des Flugs zwingen, sollen außer den Flughäfen besondere Hilfslandeplätze in genügender Zahl ein möglichst gefahrloses Niedergehen auf den Boden gestatten. Sache der Flugsicherung ist es daher, Hilfslandeplätze bereit zu halten und zwar in einer Form, daß sie bei Tag- und Nachtbetrieb gut zu erkennen und zu benutzen sind. Besonders folgenschwer kann auch ein Versagen der Triebkraft kurz nach dem Start sein, woraus sich im Interesse der Sicherheit die Forderung ergibt, daß in der unmittelbaren Umgebung der Flughäfen einzelne Freiflächen vorhanden sein sollen, die ein sicheres Landen der noch in geringer Höhe befindlichen Flugzeuge gestatten.

Die Flugsicherung bedient sich in technischer Hinsicht leistungsfähiger Fernmelde-, Funkpeil-, Befeuerungsanlagen und Wetterwarten. In funktioneller Hinsicht muß sie sich stützen auf eine gute Wetterdiagnose und -prognose und zuverlässig arbeitendes Personal sowohl in den eigenen Betriebsstellen wie auf den mit ihr zusammenarbeitenden Luftfahrzeugen des Luftverkehrsbetriebs.

2. Allgemeine Bedingungen für die Güte der Flugsicherung.

Die Flugsicherung kann um so wirkungsvoller ihren Zweck im Dienste der Sicherheit des Luftverkehrs erreichen, je einheitlicher sie in technischer, betrieblicher und organisatorischer Hinsicht auch für die größten Raumweiten der Erde entwickelt ist. Denn wenn im Weltluftverkehr der wirtschaftliche Erfolg der Luftfahrt letzten Endes erblickt werden muß, und auf dieser wirtschaftlichen Grundlage das kontinentale Luftliniennetz als wichtiges Zubringer- und Verteilungsnetz in das System des Weltluftliniennetzes einzuordnen ist, so wird die Gewährleistung der Sicherheit nicht durch eine Vielheit von Flugsicherungssystemen oder durch in den Sprachen beruhende funktionelle Schwierigkeiten beeinträchtigt werden dürfen. Angesichts der mit Recht für notwendig befundenen internationalen Regelung in Europa zur einheitlichen Ausbildung der Signale zur Sicherung des Kraftwagenverkehrs muß eine einheitliche internationale Regelung der Flugsicherung als eine Selbstverständlichkeit angesehen werden, der alle Länder sich zur Verfügung stellen müssen.

Die Einheit in der Flugsicherung wird um so eher erreicht werden können, je größer die politische Einheit der Stelle ist, die sie einzurichten und zu bedienen hat. Besonders günstig liegen in dieser Beziehung die Verhältnisse in den Vereinigten Staaten von Amerika, wie bereits im Heft 4 der „Forschungsergebnisse des V. I. L." näher ausgeführt ist. Die europäischen Länder sind mit ihren kleinen Raumweiten auf dem Gebiet der Flugsicherung nur aktionsfähig, wenn sie nach internationalen Gesichtspunkten ihre Einrichtungen treffen werden. Ein erfolgreicher kontinentaler Luftverkehr Europas ist in weitestgehendem Maße nach einer gewissen Entwicklungszeit abhängig von der Einheit der europäischen Flugsicherung. Und da die Erdteile durch die Weltluftverkehrslinien verbunden werden sollen, wird die Einheit der Flugsicherung nicht bei den Kontinenten Halt machen dürfen, sondern sie muß hinauswachsen zur Einheit der Flugsicherung im Weltluftverkehrsnetz. Die Freizügigkeit des Luftfahrzeugs und der in ihr liegende große verkehrliche Vorzug unmittelbarer schneller Verbindung weit voneinander entfernt liegender wirtschaftlicher und politischer Aktionszentren wird ihre richtige Auswertung erst dann erfahren, wenn durch eine einheitliche internationale Flugsicherung die Sicherheit und Regelmäßigkeit im Luftverkehr gewährleistet ist.

III. Die Probleme der Flugsicherung.

1. Technische und betriebliche Probleme.

Da die Flugsicherung dem Führer eines Luftfahrzeugs ein Hilfsmittel sein soll, um mit größter Sicherheit, Regelmäßigkeit, Schnelligkeit und Wirtschaftlichkeit zum Ziele zu gelangen, so sind die Anforderungen, die der Führer an die Flugsicherung zu stellen hat, maßgebend für ihre technischen und betrieblichen Einrichtungen. Grundsätzlich werden diese Anforderungen in der Nähe des Flughafens andere sein als auf der freien Strecke. Während der Führer des Luftfahrzeugs in der Nähe der Flughafenzone stark belastet ist durch die Beachtung der Umgebung und der Bewegungsvorgänge anderer Flugzeuge, sowie durch die Vorbereitung zum Landen, wird er auf der freien Strecke genügend Zeit zur eigenen Orientierung unter Benutzung der ihm durch die Flugsicherung gegebenen Hilfsstellung haben. Daraus ergibt sich, daß ihm in der Flughafenzone bei sichtigem Wetter klare Umrisse und Kennungen von Hindernissen des Flughafens gegeben werden müssen. Bei unsichtigem Wetter aber wird er einer besonders tätigen Mitarbeit der Flugsicherungsstelle bedürfen. Auf der freien Strecke wird er Wert legen auf möglichst weitgehende Eigenorientierung durch stationäre Leuchtfeuer bei Nacht und sichtigem Wetter und bei unsichtigem Wetter auf die Mitarbeit von stationären Funkstellen. Die Eigenorientierung des Führers ist zweifellos ein psychologisch wertvolles Moment zur Sicherung der Bewegungsvorgänge, während die Orientierung durch andere Dienststellen den Führer weitgehender abhängig macht von der zuverlässigen Arbeit der von ihm unabhängigen Stellen.

Die Entwicklung der Orientierungsmethoden bewegt sich heute noch auf beiden Wegen. Es muß erst die weitere praktische Erprobung die für die verschiedenen Gegebenheiten beste Methode bringen. Aber auch heute dürfte schon feststehen, daß je größer die Flugzeuge und die durchgehend zu befliegenden Strecken werden, um so mehr die Eigenorientierung des Führers unter verhältnismäßig geringer Mitarbeit der Flugsicherung durchführbar wird. Bei kleinen und mittleren Flugzeugen werden Zeit und Raum den Führer zwingen, sich mehr auf die Orientierung fremder Stellen zu verlassen. In diesem Sinne haben sich als Orientierungsmethoden drei Funkpeilsysteme entwickelt: Die Eigenpeilung, Mischpeilung und Fremdpeilung. Die Eigen- und Mischpeilung entsprechen dem Prinzip der Eigenorientierung des Führers, während bei Fremdpeilung Bodenstellen Standort und Kurs des Luftfahrzeugs feststellen und dem Führer mitteilen. Die Mischpeilung ist nur technisch eine Mischung von Eigen- und Fremdpeilung, betrieblich ist sie eine Eigenpeilung, da der Führer des Luftfahrzeugs unter Benutzung eines festen oder bewegten Funkstrahls seinen Kurs oder Standort selbst bestimmt.

Die Eigenpeilung kommt in erster Linie für Langstreckenflüge in Frage. Den Weg der Mischpeilung haben die Amerikaner in starkem Maße beschritten. Sie folgen damit einem Grundsatz, den sie auch bei dem Eisenbahnsicherungswesen verfolgt haben, und zwar die Sicherung der Bewegungsvorgänge möglichst weitgehend zu mechanisieren, so daß die Unzulänglichkeit des Menschen stark ausgeschaltet wird. In Europa ist man bisher vorwiegend den Weg der Fremdpeilung gegangen, also der Standortbestimmung des Flugzeugs durch Dienststellen der Flugsicherung am Boden. Das dichte europäische Flugliniennetz mag der besondere Anlaß zu dieser Entwicklung gewesen sein, aber es dürfte anzustreben sein, die Mischpeilung auch für europäische Verhältnisse anwendbar zu machen, da sie in der Einfachheit ihrer Benutzung besondere Vorzüge hat vor allem bei stark belasteten Strecken.

So weit sich der Führer unterrichten will über die Wetterlage, und das wird bei gewissen Wetterlagen möglichst häufig der Fall sein, ist man bereits zu regelmäßigen Wettermeldungen in bestimmten Zeitabschnitten übergegangen, so daß eine automatische Beratung ohne wesentliche Belastung der Bodenfunkstellen gegeben ist oder aber angestrebt wird. Der Grundgedanke, daß der Führer eines Flugzeugs selbst am besten beurteilen kann, wann er die Hilfe und die Unterstützung der Flugsicherung nötig hat, verlangt eine stete Betriebsbereitschaft der Flugsicherung, solange sich Flugzeuge überhaupt auf der Strecke befinden. Der Führer des Luftfahrzeugs ist während des Flugs in unmittelbarer Verbindung mit dem Zustand seines Flugweges, der in hohem Maße vom Zustand der Luft abhängig ist. Er wird also über die normale Hilfsstellung der Flugsicherung hinaus vielfach das Bedürfnis haben, Nachrichten betrieblicher Art, z. B. über Wetterverhältnisse und besondere Vorgänge in den Luftbewegungen bei den Flugsicherungsstellen einzuholen. Hierzu ist ein leistungsfähiges Fernmeldewesen zur gegenseitigen Verbindung von Flugzeugen und Bodenstellen notwendig. Es dient naturgemäß auch dazu, von den Bodenstellen aus besondere Nachrichten an das Flugzeug zu geben und den Flug durch den Zielhafen verfolgen lassen zu können für den Fall, daß Luftfahrzeuge über die planmäßige Zeit hinaus ausbleiben.

Aus all diesen Anforderungen, die der Führer eines Luftfahrzeugs während des Flugs an die Mitwirkung von außen oder an die Flugsicherung zu stellen hat, ergeben sich als technische und betriebliche Einrichtungen der Flugsicherung

1. Signaldienst, Streckenkennung, Hilfslandeplätze,
2. Funkpeildienst,
3. Fernmeldedienst,
4. Flugwetterdienst.

Die Einrichtungen zu 1. und 2. dienen unmittelbar der Orientierung im Raum und der Sicherung für Notlandungen, die Einrichtungen zu 3. und 4. dienen vor allem der Unterrichtung des Führers über besondere Eigenarten des Flugweges in Bezug auf das Wetter und der ständigen Verbindungsmöglichkeit zwischen Flugzeug und Boden.

Die Streckenkennung in Gestalt einer Befeuerung der Flughäfen und Hilfslandeplätze auf Luftverkehrslinien mit Nachtverkehr ist zur Kenntlichmachung des Platzes und der Platzgrenzen nicht zu umgehen. Sie ist auch im Interesse einer elastischen Anpassung der Flugsicherung an die zeitliche Ungleichmäßigkeit im Verkehrsbetrieb möglichst für einen Tagflugverkehr vorzusehen. Dagegen ist die Befeuerung der Strecke durch in bestimmten Abständen aufgestellte Leuchtfeuer eine zwar bisher durchweg angewandte, aber noch umstrittene Kennzeichnung der Nachtstrecke. Abgesehen davon, daß auch die Streckenbefeuerung bei schlechter Sicht unwirksam ist und durch das Peilsystem ersetzt werden muß, ist das Flugzeug in seiner Richtung verhältnismäßig eng an die Leuchtkette gebunden. Zur Umgehung von Schlechtwettergebieten im Zuge der Leuchtkette muß das Flugzeug sich von der Kennung der Leuchtfeuer zeitweise loslösen. Vor allem aber ist in verkehrlich und wirtschaftlich wenig erschlossenen Gebieten die Aufstellung von Leuchtfeuern mit den größten Schwierigkeiten und Kosten verbunden und vielfach sogar unmöglich. Für die transkontinentalen Flugstrecken und naturgemäß auch für die transozeanen Strecken ist daher die Befeuerung der Strecke, abgesehen von den Flughäfen und Hilfslandeplätzen bzw. Küstenleuchtfeuern kaum in Aussicht zu nehmen und die Flugsicherung durch Peildienst zu erzielen. Die Herrichtung von Fluginseln im Atlantik dient weniger der Flugsicherung als den betrieblichen Erfordernissen auf Schaffung von Stützpunkten zur Betriebsstoffergänzung, solange die betriebliche Reichweite der Flugzeuge zum Überfliegen der Ozeane ohne Zwischenlandung nicht ausreicht. Dementsprechend sind die auf Langstrecken einzusetzenden Luftfahrzeuge mit allen Mitteln der Navigation, die sich der Flugsicherungseinrichtungen bedient, auszurüsten. Untersuchungen im Heft 5 der Forschungsergebnisse des V. I. L. haben gezeigt, eine wie hohe Kostenbelastung für den Luftverkehr die Streckenbeleuchtung mit sich bringt, so daß auch aus wirtschaftlichen Gründen ihre Einrichtung auf ein Mindestmaß zu beschränken ist.

Die technischen Einrichtungen für den Funkpeildienst, der vor allem zu Zeiten schlechter Sicht bei Tag und Nacht der Flugsicherung dienen soll, sind in ihrem Ausmaß und in ihrer rationellen Verteilung stark abhängig von der Struktur des Luftverkehrsnetzes und der Flugdichte auf den Strecken. Grundsätzlich müssen sie so leistungsfähig bemessen sein, daß auch bei ungünstigstem Wetter, also zu Zeiten höchster Beanspruchung der Flugsicherung alle auf Strecke befindlichen Flugzeuge sicher in ihren Zielhafen geleitet werden können. Aus Abb. 1[1]) ist zu erkennen, daß der Jahresanteil der Tage mit schlechter Sicht für Deutschland und damit auch in ähnlicher

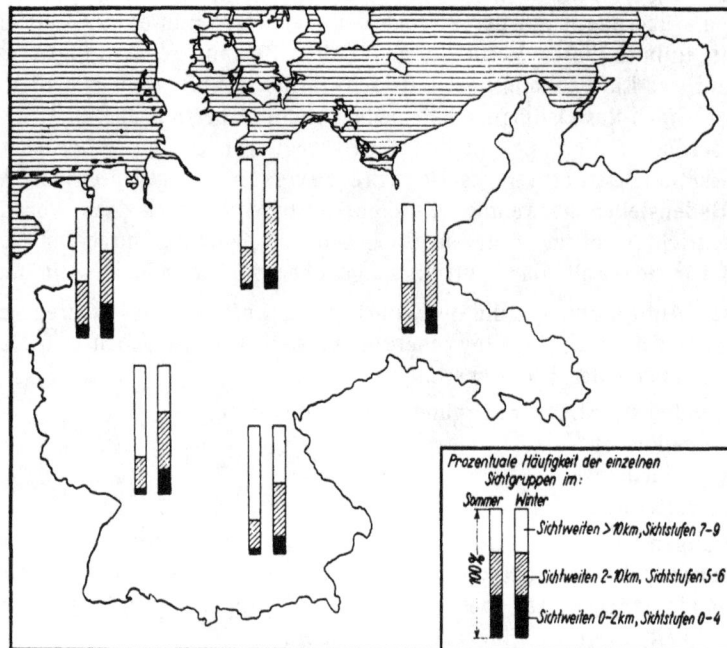

Abb. 1. Sichtverhältnisse auf Flughäfen in verschiedenen Bezirken
Deutschlands in den Jahren 1926—30.

Weise für Europa nicht unbedeutend ist und zudem im Winter größer ist als im Sommer. Trotzdem ist während des überwiegenden Teils des Jahres gute oder verhältnismäßig gute Sicht. Unter schlechter Sicht sind die Sichtweiten unter 2 km zu verstehen, denen die Sichtstufen 0—4 des internationalen Wetterschlüssels entsprechen. Bei diesen Sichtweiten ist ein regelmäßiger Flugbetrieb, wenn überhaupt, dann nur mit den Hilfsmitteln der Flugsicherung möglich. Abb. 2[2]) zeigt die Schwankungen der Sichtverhältnisse in Zeitabschnitten von einem Vierteljahr auf einem Flughafen (Hannover), dessen Sichtverhältnisse im wesentlichen von der jeweiligen Großwetterlage bestimmt werden, und auf einem Flughafen (Essen-Mühlheim), dessen Sichtverhältnisse auch örtlich durch die Gegebenheiten des Ruhrgebiets beeinflußt werden.

Die Arbeit der Peilstellen ist demnach beim Tagverkehr stark von den Witterungsverhältnissen abhängig. Sie wird also zu Zeiten guter Sicht mit anderen Arbeiten, vor allem mit dem Fernmeldedienst im Interesse einer rationellen Verwendung des Personals verbunden werden müssen. Zu Zeiten schlechter Sicht werden so hohe Anforderungen an die Peilstelle gestellt, daß ihr Betriebspensum gegenüber normalen Zeiten stark ansteigt. Vor allem erfordert dann das Hereinlotsen der über den Wolken fliegenden Flugzeuge in die Flug-

---

[1]) Nach Fr. Krügler, Erfahrungsberichte des Deutschen Flugwetterdienstes, Folge 6, Nr. 1.
[2]) Nach Dr. G. Hankow, Erfahrungsberichte des Deutschen Flugwetterdienstes, Folge 7, Nr. 10.

häfen intensive Arbeit, die je Flugzeug die Peilstelle 12 bis 15 Minuten allein beanspruchen kann, während eine Standortpeilung für die freie Strecke nur 2 bis 3 Minuten je nach der Art der Peilung und die Zielpeilung nur $\frac{1}{2}$ Minute dauert. Da zu Zeiten schlechter Sichtverhältnisse gleichzeitig auch Flugzeuge auf der Strecke ein starkes Bedürfnis nach Peilungen haben, so wird es für ein dichtes Streckennetz und stark belastete Flughäfen notwendig werden, die Peilungen der Strecke von denen der Flughafenzone in den Bodenpeilstellen zu trennen oder mit anderen Worten zwei Peilstellen auf einem Flughafen vorzusehen. Sollte diese Peilung nicht ausreichen zur sicheren Bewältigung der betrieblichen Anforderungen, so käme für besonders stark belastete

Peilstellen oder Flughäfen noch eine Trennung für die Flughafenzone in Frage nach einer Sicherung in der Flughafennahzone, also in einem Umkreis von etwa 30 km, und nach einer Sicherung des unmittelbaren Hereinlotsens des Flugzeugs in den Hafen durch Nahpeilanlagen. Es ist durchaus möglich, daß die Arbeiten der Flugsicherung die Leistungsfähigkeit eines Flughafens und damit auch der anschließenden Strecken bestimmen. In diesem Punkte kann also der Flugsicherung ein sehr ausschlaggebender Einfluß auf die Maßnahmen der Luftverkehrsgesellschaften für die Gestaltung ihrer Flugpläne zukommen. Die weitere Entwicklung der Flugsicherung wird auf diesen Umstand durch zeitsparende Vereinfachung der Peilmethoden besondere Rücksicht nehmen müssen. Dabei wäre anzustreben, die Leistungsfähigkeit der Funkpeilstellen bei ungünstigen Sichtverhältnissen im Hafen der Leistungsfähigkeit des Rollfeldes eines Flughafens, die heute mit je 12 Starts und Landungen in der Stunde anzusetzen ist, anzupassen.

Ganz allgemein ergibt sich aus den vorstehenden Untersuchungen in der Regel die Zweiteilung nach Flughafen- und Streckensicherung. Während die erstere die Sicherung der

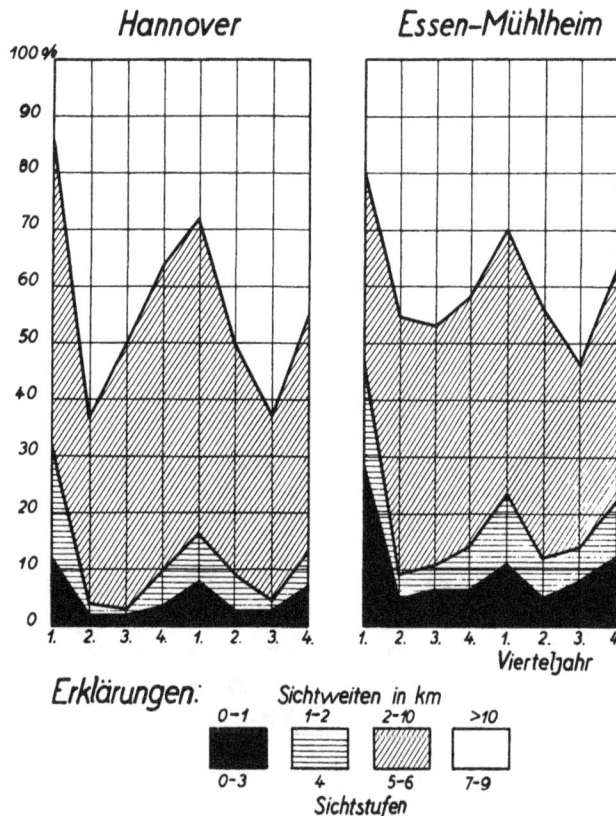

Abb. 2. Schwankungen der Sichtverhältnisse auf den Flughäfen Hannover und Essen-Mülheim in den Jahren 1929—30.

Bewegungsvorgänge in der Flughafennahzone, also im Umkreis von etwa 30 km vom Flughafen, und über und auf dem Rollfeld übernimmt, befaßt sich die letztere lediglich mit der sicheren Führung der Flugzeuge auf der weiten Strecke. Dieser Teilung entspricht die Nahpeilung und Fernpeilung. Im Flughafen selbst hat die Flugsicherung engste Verbindung mit dem Flugbetriebsleiter des Hafens zu halten, der gleichsam aus der Hand der Flugsicherung die Flugzeuge über dem Rollfeld empfängt und sie beim Start ihrer Sicherung anvertraut. Insofern besteht eine starke Verwandtschaft mit der Eisenbahn, bei der der Fahrdienstleiter eines Bahnhofs die durch die Streckensicherung bis an den Bahnhof geführten Züge mittels Signalvorrichtungen in den Bahnhof hineinleiten läßt und sie beim Verlassen des Bahnhofs wieder an die Streckensicherung abgibt. Der Kommandobereich des Fahrdienstleiters erstreckt sich nur auf die Bahnhofsanlagen und endet an den Einfahrgleisen des Bahnhofs. Der Kommandobereich des Flugbetriebsleiters soll sich auf den gesamten Flughafen einschließlich dem über ihm liegenden Luftraum erstrecken, in dem die Flugsicherung die ankommenden Flugzeuge an den Flugbetriebsleiter über-

2*

gibt und die abgehenden von ihm übernimmt. Auf diese Weise ist eine scharfe Trennung der Verantwortung von Flugbetriebsleiter und Flugsicherung möglich und andererseits eine enge Zusammenarbeit beider Stellen unerläßlich geworden. In zahlreichen Ländern Europas ist diese klare, im Interesse eines sicheren Betriebes auf den Flughäfen liegende Abgrenzung der Verantwortlichkeit bis heute, auch zum Nachteil der Wirtschaftlichkeit, noch nicht durchgeführt.

Die Flugstreckensicherung dient im wesentlichen der Flugnavigation. Sie unterstützt damit außer der im Vordergrund stehenden, der Sicherheit unmittelbar dienenden Hilfe des Führers des Luftfahrzeugs, auch dessen Entschlüsse zur Erreichung des Zieles zur planmäßigen Zeit mit dem geringsten Aufwand an Zeit und Kraft, also auf dem wirtschaftlichsten Wege. Der Fernmeldedienst, der der Nachrichtenübermittlung zwischen dem Luftfahrzeug und den Bodenbetriebsstellen sowie dem Nachrichtenaustausch zwischen den Luftfahrzeugen in der Luft dient, erfolgt naturgemäß auf drahtlosem Wege. Hier ergänzen sich zwei zur Erschließung der Luft für Verkehrszwecke wichtige technische Dinge, Funk und Luftfahrzeug, praktisch und zeitlich in glücklichster Weise. Während sich in den Vereinigten Staaten von Amerika der Luftverkehrsbetrieb der Telegraphie und der Telephonie bedient, ist in Europa die Telegraphie vorherrschend. Abgesehen davon, daß für manche wichtige Betriebsmeldungen die Telegraphie zuverlässiger ist als die Telephonie, verbietet in Europa das Sprachengemisch die ausgedehntere Verwendung der Telephonie, eine Schwierigkeit, die in dem großen englischen Sprachgebiet von Nordamerika nicht in gleicher Weise vorliegt. Aus Gründen einer zuverlässigen und sicheren Nachrichtenübermittlung dürfte die Telegraphie das zweckmäßigste Mittel für den Verkehr mit Flugzeugen in der Luft sein, wobei auf eine klare Schlüsselung bestimmter, immer wieder vorkommender Mitteilungen zur Entlastung des Flugpersonals besonders Wert zu legen sein wird. Zur Flugsicherung gehört auch die Empfangsbereitschaft im Zielhafen, die durch die Startmeldung vom Abgangs- zum Zielhafen eingeleitet wird. Ist ein Luftfahrzeug nicht rechtzeitig am Zielhafen eingetroffen, so kann dieser sofort Nachforschungen veranlassen. Für den Fernmeldeverkehr zwischen den Flughäfen sind Kabelleitungen vorzusehen und zwar in dem Maße, wie mit der Zunahme der Zahl der Meldungen eine Entlastung des drahtlosen Verkehrs mit Rücksicht auf Wellenmangel notwendig wird. In Europa und in den Vereinigten Staaten von Amerika ist aus diesem Grund ein besonderes Kabelnetz für den Luftverkehr weitgehend ausgebaut und in Betrieb.

Die Wetterberatung hat sich in fast allen Ländern aus dem allgemeinen Wetterdienst entwickelt, doch sind für den Luftverkehr besondere Wetterbeobachtungs-, -melde- und -beratungsstellen notwendig zur Ergänzung und Auswertung des Materials des allgemeinen Wetterdienstes für die Zwecke des Luftverkehrs[1]). Für den kontinentalen Luftverkehr wird die Aufgabe der Wetterberatungsstellen vielfach eine andere sein als für den transkontinentalen und transozeanen Luftverkehr. Denn je größer die Flugstrecken sind, um so umfassender und weiträumiger wird die Wetterberatung vor und während des Fluges sein können, je kleiner sie sind, um so enger muß räumlich die Wetterberatung für den Führer gehalten werden. Das beeinflußt den Aufbau und den Aufgabenkreis für die Wetterberatungsstellen des kontinentalen Netzes und des großen Weltluftverkehrsnetzes. Eine besondere Bedeutung wird zweifellos die Bildfunkübertragung von Wetterkarten zu den Wetterberatungsstellen auf den Flughäfen und zum Luftfahrzeug auf großen Flugstrecken erhalten. Ein leistungsfähiges Fernmeldewesen ist für eine wirkungsvolle Wetterberatung im Verkehr zwischen Boden und Luftfahrzeug eine ebenso unerläßliche Bedingung wie für gewisse Peilmethoden.

Die Flugsicherung hat auch noch eine mittelbare Bedeutung beim Eintreten von Unfällen im Luftverkehr. Ein schnell und wirkungsvoll arbeitender Rettungsdienst zu Hilfeleistungen bei Unfällen verlangt ein zuverlässig arbeitendes Nachrichtenwesen. Der Fernmeldedienst der Flugsicherung erleichtert die Maßnahmen, die notwendig sind, um die Folgeerscheinungen von Unfällen möglichst zu mildern oder zu beseitigen.

Zahlreiche nachrichtentechnische und meteorologische Probleme sind zur Vervollkommnung der Flugsicherung in technischer und betrieblicher Hinsicht noch zu behandeln und zu lösen. Hierbei steht zur Verbesserung der Regelmäßigkeit im Luftverkehr die Überwindung der Unsichtigkeit

---

[1]) „Die Förderung des Verkehrs." Aus dem Arbeitsbereich der Deutschen Seewarte in Hamburg 1925.

auf Flughäfen und die weitere systematische Erforschung der freien Atmosphäre über den Kontinenten und über den Ozeanen im Vordergrund. Über die bisher eingeschlagenen Wege zur Lösung der verschiedenen Probleme geben die weiteren Abhandlungen des Heftes nähere Auskunft.

2. Organisatorische und wirtschaftliche Probleme.

Sehen wir im kontinentalen Luftverkehrsnetz die kleinste Einheit, auf denen die Luftverkehrsgesellschaften aller Länder ihren Betrieb ausüben können, so wird bei der großen Bedeutung der Flugsicherung die Herstellung und Bedienung der Flugsicherungsanlagen Sache einer zentralen Instanz innerhalb der verschiedenen Länder und unabhängig von den eigentlichen Flugbetriebsunternehmungen sein müssen. Das Aufziehen der Flugsicherung durch diese Zentralstellen Europas nach einheitlichen Gesichtspunkten ist, wie bereits erwähnt, eine wesentliche Voraussetzung für die Sicherheit im Luftverkehr. Ihre Zusammenarbeit ist zweifellos schon weit gediehen, wenn auch die Einheit der Arbeit in nicht so kurzer Zeit erreichbar ist wie in dem politisch einheitlichen Raum der Vereinigten Staaten von Amerika.

Die Flugsicherung ist in erster Linie dem planmäßigen Luftverkehr zur Verfügung zu stellen. Ihr Ausbau wird sich nach der Verkehrsbedeutung der verschiedenen Linien richten müssen. Bei ihrer Ausgestaltung wird auch Rücksicht zu nehmen sein auf einen späteren Lufttouristikverkehr, der sich vielfach auch auf die Flugsicherung stützen muß. Wenn die Lufttouristik nicht zum Schönwettersport gestempelt werden soll, sondern sich auswachsen soll zu einem Privatluftverkehr für Geschäftszwecke auf größere Entfernungen, so werden sich die Privatflugzeuge auch auf die Hilfsstellung der Flugsicherung in ihrer sicherungstechnischen Ausrüstung in Form eines Funksende- und -empfangsgeräts und auf sachkundige Benutzung dieser Ausrüstung einstellen müssen. Auf der anderen Seite wird es das Bestreben sein müssen, diesem Touristikverkehr so weit als möglich die Benutzung der Flugsicherung zu erleichtern.

Dies, sowie die Freiheit in der Benutzung der Flugsicherungsanlagen durch Verkehrsluftfahrzeuge jeder Nation, verlangt eine einheitliche Organisation der Flugsicherung innerhalb eines Landes und ihre Überwachung von einer zentralen Stelle auch vom Standpunkt einer neutralen Bedienung aller die Flugsicherung beanspruchenden Führer von Luftfahrzeugen. Diese zentrale Stelle sollte auch maßgebend sein für den sicherungstechnischen Anschluß des Landesnetzes an das große Weltluftverkehrsnetz, sei es, daß es über Ozeane geht, sei es, daß es transkontinental verläuft. Eine Scheidung nach irgendeiner Richtung erscheint vom Standpunkt eines reibungslosen betrieblichen Zusammenschlusses zwischen dem Landes-, Kontinental- und Weltluftverkehrsnetz unzweckmäßig. Bei einer solchen Regelung werden auch die nationalen Bedürfnisse bei der Einrichtung der Flugsicherung im Weltluftverkehrsnetz am nachdrücklichsten gewahrt werden können.

Neben der einheitlichen Leitung der Flugsicherung ist die organisatorische Zusammenfassung der Betriebsstellen des Flugsicherungsdienstes von besonderer Bedeutung für die Wirksamkeit dieses Dienstes. Vor allem scheint mir eine organische Zusammenarbeit durch Zusammenfassung von Flugwetterdienst und den Dienststellen der Flugstreckensicherung, wie Fernmelde- und Funkpeilstellen, Flugwetterwarten und Streckenbefeuerung notwendig. Der allgemeine Wirtschaftswetterdienst kann davon unabhängig sein. Es ist ein im Sicherungswesen von Verkehrsmitteln stets beobachteter Grundsatz, keine wesensfremde Stelle von außen einzuschalten in die Funktion eines Sicherungsbetriebs, dessen schnelles und exaktes Arbeiten eine wesentliche Voraussetzung für die Sicherheit im Verkehrsbetrieb ist. Im Luftverkehr ist es nicht anders.

Für die Durchführung der Flugstreckensicherung werden zweckmäßig Bezirke bestimmten Umfangs festgelegt. Nicht außer Acht zu lassen ist hierbei die enge Zusammenarbeit mit den Betriebsleitungen für die Flughafensicherung auf den einzelnen Flughäfen, soweit eine organisatorische Vereinigung von Betriebsstellen der Flugstreckensicherung und Flughafensicherung nicht angängig ist. Von besonderer Wichtigkeit ist die bezirksweise Zuständigkeit bestimmter Stellen für die Abwicklung des Nachrichten-, Funkpeil- und Wetterberatungsdienstes zur Sicherung der Luftfahrzeuge auf dem Fluge. Die Bezirke der Flugsicherung werden nach den Bedürfnissen des Luftverkehrs bemessen, d. h. für das kontinentale Netz kleiner als für Weltluftverkehrslinien.

Bei der Schaffung organisatorischer und finanzieller Grundlagen auf den Weltluftverkehrs-strecken wird die Frage besonders schwierig zu lösen sein, wer die Anlage und den Betrieb der technischen Einrichtungen der Flugsicherung und die Kosten zu übernehmen hat. Für das kontinentale Luftverkehrsnetz ist die Lösung dieser Frage bereits in der Weise gefunden, daß in der Regel im gegenseitigen Einvernehmen jedes Land die in seinem Bereich notwendigen Dienststellen der Flugsicherung einrichtet und ihre Arbeit zur Verfügung stellt. Es liegt nahe, für die Weltluft-verkehrsstrecken die Verhältnisse in der Schiffahrt zugrunde zu legen, bei der die verschiedenen Länder die Kennung und Befeuerung der Küste, die Organisation des Sturmdienstes und der Wetterberatung sowie des Funkpeilwesens aus öffentlichen Mitteln zur Verfügung stellen. Nur in England werden seit alters her Abgaben (Light-dues) von den die englischen Häfen anlaufenden Seeschiffen erhoben zur teilweisen Deckung der Ausgaben für die Küstensicherung. Alle übrigen Staaten haben bisher eine derartige Erstattung der Kosten abgelehnt.

Im Interesse einer möglichst wohlfeilen Einrichtung der Flugsicherung läge es, im Weltluft-verkehrsnetz den Verkehr auf möglichst wenigen, dafür gut ausgestatteten Hochstraßen des Welt-luftverkehrs sich abwickeln zu lassen und die Maßnahmen der Flugsicherung durch Interessenge-meinschaften der beteiligten Länder technisch und finanziell durchzuführen. Zweifellos wird die finanzielle Seite hierbei schwierig zu lösen sein. Für die Transozeanstrecken käme eine Mitbe-nutzung der für die Seeschiffahrt bereits vorhandenen Leuchtfeuer und Funkpeilanlagen in Frage, für die transkontinentalen Strecken werden dagegen in ausgedehntem Maße Neuanlagen notwendig sein, die in verkehrlich wenig erschlossenen Gebieten im gegenseitigen Interessenausgleich von den luftverkehrsstarken Ländern aus öffentlichen Mitteln herzurichten und zu betreiben wären.

So sehr es naheliegt, daß vor allem für die Entwicklungszeit des Luftverkehrs die Kosten für die Flugsicherung von der Allgemeinheit zu tragen sind, so werden bei einer wirtschaftlichen Entfaltung des Luftverkehrs im kontinentalen und vor allem im Weltluftverkehrsnetz die Kosten der Flugsicherung bis zu einem gewissen Grade von dem Luftverkehr selbst zu übernehmen sein. Denn es handelt sich hier um Summen, die auf die Dauer nicht allein von der Allgemeinheit getragen werden können, und die, wie Tabelle 3 zeigt, heute schon wesentlich größer sind als die für die Küstensicherung in der Seeschiffahrt von den Staaten zu übernehmenden Be-träge. Und wenn England bereits den Seeschiffverkehr zur Deckung der Kosten der Seesicherung heranzieht, so wird für später auch eine Belastung des Luftverkehrs mit einem Teil der Flugsiche-rungskosten gerechtfertigt sein. Die Aussichten auf einen wirtschaftlichen Luftverkehr auf großen Strecken dürften in diesem Zusammenhang geeignet sein, dem Ausbau eines gut arbeitenden Flug-sicherungsdienstes einen starken Impuls zu geben, da für später eine Rückerstattung der laufenden Kosten bis zu einem gewissen Grade zu erwarten ist. Wann dieser Zeitpunkt eintreten wird, ist noch nicht abzusehen. Daß er aber eintreten wird, das anzunehmen dürfte vor allem auf Grund der in Heft 5 der Forschungsergebnisse des V. I. L. über „Die Hochstraßen des Weltluftverkehrs" gegebenen Untersuchungen der Wirtschaftlichkeit berechtigt sein.

Die Kostencharakteristik der Flugstreckensicherung weist als Anteil der festen, vom Verkehrsumfang unabhängigen Kosten für den Tagluftverkehr 45%, für den Tag-Nacht-Luftverkehr 61% der Gesamtkosten der Flugsicherung bei dem heutigen Luftverkehr aus. Der heute noch verhältnismäßig geringe Auslastungsgrad der Flugstrecken verursacht noch hohe Kostenanteile der Flugsicherung an den Gesamtkosten für die Verkehrsleistungseinheit, und zwar bis zu 18%. Mit stärkerer Auslastung würden sich die Einheitskosten der Flugsicherung ver-ringern, wenn sie auch noch verhältnismäßig hoch bleiben werden. Jedenfalls dürfte, vom volks-wirtschaftlichen Standpunkt aus gesehen, dieser hohe Kostenanteil Anlaß geben, die technische Entwicklung der Flugsicherung in der Richtung zu suchen, in der eine Minderung der teuren festen Anlagen wie zum Beispiel der Streckenbefeuerung möglich ist.

Es würde dies auch im Sinne einer möglichst großen Freiheit im Fliegen liegen, die es dem Führer eines Luftfahrzeugs gestattet, auf dem Wege der Navigation und ungehemmt durch sta-tionäre Feuerketten und Richtfunkbaken den wirtschaftlichsten Flugweg in Abhängigkeit von dem Luftzustand zu finden.

In diesem Zusammenhang ist Tabelle 4, die eine Übersicht enthält über die **Anlagekosten der Flugsicherung** im Verhältnis zu den gesamten festen Anlagekosten des Luftverkehrs für das kontinentale Luftliniennetz in Europa und in den Vereinigten Staaten von Amerika, besonders aufschlußreich. Für das kontinentale Luftverkehrsnetz Europas, also das Netz, das vorwiegend nur Städte von über 300 000 Einwohnern verbindet, ist untersucht, welche Anlagekosten die Flugsicherung bei einem Tagluftverkehr und bei Tag-Nachtluftverkehr nach dem heutigen Stande der

Tabelle 4.

Anlagekosten der Flugsicherung im Verhältnis zu den gesamten festen Anlagekosten des Luftverkehrs für das kontinentale Luftliniennetz Europas und der Vereinigten Staaten von Amerika im Jahre 1931.

		Europa		Vereinigte Staaten von Amerika	
		Reiner Tag-luftverkehr	Tag- u. Nacht-luftverkehr	Reiner Tag-luftverkehr	Tag- u. Nacht-luftverkehr
1		2	3	4	5
Länge des kontinentalen Netzes	km	46 600	46 600	36 300	36 300
davon beleuchtet	km	—	15 000	—	27 800
Zahl der Flughäfen		72	72	120	120
davon beleuchtet		4	36	20	110
Anlagekosten der Flugsicherung insgesamt	RM.	14 100 000	32 500 000	29 240 000	80 940 000
Anlagekosten der Flugsicherung je km Streckenlänge	RM.	303	697	806	2 230
Gesamte feste Anlagekosten des Luftverkehrs	RM.	248 100 000	266 500 000	269 240 000	320 940 000
Anteil der Anlagekosten der Flugsicherung an den gesamten festen Anlagekosten des Luftverkehrs		5,7%	12,2%	10,9%	24,5%

Entwicklung erfordert. Dabei wurden 30% vom kontinentalen Netz Europas zur Erzielung eines leistungsfähigen Luftverkehrs mit Streckenbeleuchtung für den Tag-Nachtluftverkehr angenommen. In ähnlicher Weise wurde das kontinentale Netz der Vereinigten Staaten von Amerika auf seine Anlagekosten für die Flugsicherung untersucht, wobei aber zur Erzielung eines leistungsfähigen Luftverkehrs 76% des Gesamtnetzes mit Streckenbeleuchtung für Tag-Nachtluftverkehr auszurüsten wären.

Auf das Strecken-km bezogen, liegen die Anlagekosten der Flugsicherung in den Vereinigten Staaten von Amerika wesentlich höher als in Europa. Für den Tagflugverkehr erklärt sich dieser Unterschied in erster Linie aus dem weitgehenden Ausbau des amerikanischen Netzes mit Richtfunkbaken und Flugwetterfunkstationen. Für den Tag-Nachtluftverkehr liegt der Unterschied in dem wesentlich höheren Anteil der Streckenbeleuchtung am Gesamtnetz in den Vereinigten Staaten von Amerika.

In beiden Gebieten handelt es sich um beträchtliche Summen, die die Anlagekosten der Flugsicherung erfordern und die, gemessen an den gesamten festen Anlagekosten des Luftverkehrs, für das kontinentale Netz erheblich sind und ins Gewicht fallen. Tabelle 4 gibt hierüber einen größenordnungsmäßigen Anhalt. Unter den gesamten festen Anlagekosten des Luftverkehrs ist die gesamte Bodenorganisation in Form von Flughäfen, Hilfslandeplätzen und Flugsicherungsanlagen kostenmäßig erfaßt. Der Anteil der Anlagekosten der Flugsicherung ist aus den bereits oben erwähnten Gründen in Europa erheblich niedriger als in den Vereinigten Staaten von Amerika.

Die Struktur des europäischen kontinentalen Luftverkehrsnetzes mit seinen linienreichen Knotenpunkten ist für eine verhältnismäßig billige Ausrüstung des Netzes mit den Einrichtungen der Flugsicherung günstig gelagert. Das sollte ein besonderer Anlaß sein, die Flugsicherung in Europa leistungsfähig und gut auszustatten zur Überwindung der ohnehin ungünstigen meteorologischen Verhältnisse Europas und zur Erzielung einer guten Regelmäßigkeit im Luftverkehr. Wenn dabei gleichzeitig eine Minderung der Kosten für die teure Streckenbefeuerung durch andere geeignete Sicherungsmethoden erzielt werden kann, so würde dies einer großzügigen Ausstattung der übrigen Anlagen für die Flugsicherung zugute kommen können.

Die Flugsicherung teilt mit dem Sicherungswesen aller Verkehrsmittel das Schicksal eines in Zahlen nicht faßbaren Wirkungsgrads, da kein Urteil möglich ist, wie weit durch sie Unfälle verhütet wurden. Lediglich in der Feststellung einer Verbesserung der Sicherheit im Luftverkehr mehrerer Jahre, wie sie in der letzten Entwicklungszeit in der Tat zu beobachten ist, liegt ein Zeugnis von ihrem erfolgreichen Wirken in Zusammenarbeit mit Verbesserungen in der Bausicherheit und der Sicherheit der Motore der Luftfahrzeuge. Der praktische Flugbetrieb hat immer wieder gezeigt, daß ohne Flugsicherung wohl bei schönem Wetter sicher geflogen werden kann, dagegen nicht bei ungünstigen Wetterverhältnissen. Und da der Luftverkehr sich nur dann als Verkehrsmittel durchsetzen wird, wenn er nicht allein sicher sondern auch regelmäßig ist, so liegt in der Flugsicherung eine unentbehrliche Voraussetzung für die Erreichung eines wirtschaftlichen Luftverkehrs, trotzdem ihr Anteil daran zahlenmäßig nicht meßbar ist.

In einer Beziehung scheint mir die organisatorische Mitwirkung der staatlichen Flugsicherung noch wertvoll zu sein, und zwar in bezug auf die Unfalluntersuchung. Alle Bestrebungen zur Förderung der Sicherheit im Luftverkehr müssen sich auf möglichst einwandfreies Material über die Untersuchung von Unfallursachen stützen können. Jahrzehntelange Erfahrungen bei den Untersuchungen von Eisenbahnunfällen haben gezeigt, daß sofortige Feststellungen an Ort und Stelle über das Unfallbild und den Zustand des dem Unfall unterworfenen Objekts durch Sachkundige die besten Urkunden für spätere Entscheidungen über die tatsächlichen Ursachen und damit für die Verbesserung der Betriebssicherheit bringen können. In ähnlicher Weise werden auch bei Unfällen im Luftverkehr Erhebungen an Ort und Stelle durch Sachkundige des Flugzeugbaus, der Bodenorganisation, der Flugsicherung und des Betriebs nötig sein, wobei naturgemäß mehrere Disziplinen in einer Person vereinigt und vertreten sein können. Dem Luftverkehrsunternehmen werden diese Feststellungen schon deshalb nicht etwa nach dem Beispiel der Eisenbahnen allein übertragen werden können, weil nicht wie bei den Eisenbahnen Betrieb und Bau eine Einheit darstellen, sondern der Betrieb organisatorisch getrennt ist von der Herrichtung und Verwaltung der gesamten Bodenorganisation. Bei der großen Zahl der Luftverkehrsunternehmungen würden die Unfalluntersuchungen auch nach sehr verschiedenen Gesichtspunkten erfolgen, so daß uneinheitliche Beurteilungen entstehen würden. Es wird eine neutrale sachkundige Stelle vorhanden sein müssen, der die Untersuchung der Unfälle obliegt.

Es liegt der Gedanke nahe, diese staatlichen Stellen mit Bezirksstellen der Flugsicherung oder der technischen Überwachung der Luftfahrzeuge als Geschäftsstellen zu verbinden. Die Untersuchungskommission hätte im Fall eines Unfalls sofort in Tätigkeit zu treten, ihre Erhebungen an Ort und Stelle zu machen und das Material zu verarbeiten. Auf diese Weise würde mit dem geringsten Aufwand an Kosten eine unabhängige, umfassende Untersuchung von Unfällen gewährleistet sein, an der der Luftverkehr und die Allgemeinheit das allergrößte Interesse haben.

IV. Schlußfolgerungen.

Die Flugsicherung dient der Sicherung der Bewegungsvorgänge von Luftfahrzeugen auf Strecken und in der Flughafennahzone. Sie übernimmt dabei eine ähnliche Rolle wie die Seesicherung, muß aber bei den sehr hohen Geschwindigkeiten im Luftverkehr und dem vom Standpunkt des Führers des Luftfahrzeuges vielfach schnellen Wechsel im Zustand der Luft eine wesentlich empfindlichere Funktionsbereitschaft haben, als sie in der Seesicherung notwendig ist.

Es ist Aufgabe der Flugsicherung, dem Führer von Luftfahrzeugen bei schlechter Sicht die Orientierung zu erleichtern oder zu ermöglichen und ihm durch Beratung über den Zustand der Luft in Richtung seines Flugs das Material zur Wahl des sichersten und wirtschaftlichsten Luftwegs während des Flugs zu geben.

Die Aufgaben der Flugsicherung und die Notwendigkeit zu ihrer Erledigung sind klar erkannt. Ihre Lösung ist heute noch mit zahlreichen technischen, meteorologischen und organisatorischen

Schwierigkeiten verbunden, zu denen noch vielfach finanzielle Hemmungen treten. Die Hauptentwicklungszellen im Luftverkehr, Europa und die Vereinigten Staaten von Amerika, versuchen auf verschiedenen Wegen die technischen Lösungsmöglichkeiten zu finden und vor allem die Sicherung der Landung bei Nebel zu erreichen. Welches System der Flugsicherung auch letzten Endes sich durchsetzen wird, grundsätzlich wird es von größter Einfachheit in der Bedienung und Verwendung und von größter Einheitlichkeit für das gesamte Weltluftverkehrsnetz sein müssen. Beides liegt nicht allein im Interesse des planmäßigen Luftverkehrs, sondern auch in dem eines später sich entwickelnden Privatluftverkehrs auf größere Entfernungen.

In technischer Hinsicht ist das Funkwesen ein unentbehrliches Mittel für die Flugsicherung, ohne das das Luftfahrzeug als Verkehrsmittel nicht lebensfähig sein kann. Die Senderöhre kennt keine Entfernungen, sie eilt mit ihren unkörperlichen Nachrichten dem schnellsten Verkehrsmittel für körperliche Verkehrsgattungen, dem Luftfahrzeug, voraus und gesellt sich ihm in der Flugsicherung. Die Nutzanwendung dieser beiden technischen Instrumente und ihre gegenseitige Ergänzung bestimmt geradezu die Existenzfähigkeit des Luftverkehrs, da in ihrer Zusammenarbeit eine wesentliche Voraussetzung für die unbedingt notwendige Sicherheit und Regelmäßigkeit im Luftverkehr liegt. Es ist wichtig, daß die wirtschaftlichen Aktionszentren der Erde bereits auf drahtlosem Wege verbunden sind und daß in diese Verbindung das Luftfahrzeug bei Sicherung seines Luftweges eingeschaltet werden kann, ohne daß zunächst besondere Kosten entstehen. Zwar ist bisher jedes Land bestrebt, sich eigene Funkverbindungen zu schaffen, sodaß heute eine gewisse Unwirtschaftlichkeit und Übersetzung des Weltfunksystems vorliegt. Aber vielleicht gibt die Flugsicherung einen besonderen Anlaß zu einer planmäßigen Zusammenarbeit und zur klaren Scheidung der Aufgaben und technischen Einrichtungen für den allgemeinen Weltfunkbetrieb und des für die Bedürfnisse des Weltluftverkehrs besonders erforderlichen Funkbetriebs für die Flugsicherung.

Um möglichst alle dem Verkehr dienenden Luftfahrzeuge, die im planmäßigen oder privaten Luftverkehr eingesetzt sind, der Unterstützung der Flugsicherung teilhaftig werden zu lassen, sollte die Ausrüstung aller Luftfahrzeuge mit einem Funkgerät durchgeführt und nicht etwa durch Rücksichten auf Gewichtsersparnis zurückgestellt werden. Auf der anderen Seite ist eine möglichst leichte Ausrüstung der Luftfahrzeuge mit Geräten, die der Flugsicherung dienen, mit allen Mitteln anzustreben.

Die zweckmäßigste und wirtschaftlichste Form der Orientierung bei ungünstigen Sichtverhältnissen ist die Eigenorientierung, die durch Eigenpeilung und Mischpeilung erfolgt, wobei letztere den besonderen Vorzug großer Einfachheit hat, je dichter der Verkehr auf den Luftverkehrsstrecken ist. In der Fremdpeilung liegt eine starke Abhängigkeit des Flugzeugführers von der Zuverlässigkeit und Leistungsfähigkeit der Bodenstelle. Sie sollte daher nur dort entwickelt werden, wo die Eigen- oder Mischpeilung nicht anwendbar ist.

Die Organisation der Flugsicherung muß unabhängig von dem Luftverkehrsbetrieb, aber in engster Fühlungnahme mit diesem aufgebaut werden. Ihr Träger ist in allen Ländern die öffentliche Hand, die in erster Linie berufen ist, die Flugsicherung jedermann, jedem Verkehrsunternehmen, also nicht allein einem einzigen Benutzer zur Verfügung zu halten. Bei der internationalen Bedeutung der Flugsicherung kann sie organisatorisch nur von einer Landeszentralstelle ausgehend sich über das ganze Land erstrecken und in klarer Teilung der Verantwortlichkeit anschließen an die Organisation der Nachbarländer. Der Flugsicherungsdienst in Form des Signaldienstes, der Vorhaltung von Hilfslandeplätzen, des Funkpeil- und Fernmeldedienstes sowie der Wetterberatung wird zweckmäßig regional in Bezirksstellen für den kontinentalen Luftverkehr und Sonderstellen für den Weltluftverkehr zusammengefaßt und einer Leitung unterstellt. Nur in dieser Zusammenfassung wird die Zusammenarbeit zwischen Flugsicherung und Luftverkehrsbetrieb in kleinen und großen Raumweiten am reibungslosesten und wirkungsvollsten möglich sein.

Es scheint zur einwandfreien Klärung der Unfälle im Luftverkehr und zur Förderung der Beseitigung der Unfallursachen zweckmäßig, staatliche Bezirksstellen der Flugsicherung oder der technischen Überwachung der Luftfahrzeuge mit der Unfalluntersuchung zu betrauen. Diesen Stellen sind Sachkundige der Bodenorganisation, des Flugzeugbaues, der Flugsicherung und des Betriebs ständig zur Bildung einer Untersuchungskommission zuzuordnen, die an Ort und Stelle Erhebungen anzustellen und die Ursachen zu klären hat.

Die Kosten der Flugsicherung in Anlage und Betrieb sind nicht unerheblich, vor allem dann, wenn Streckenbefeuerung vorzusehen ist. Dieser Umstand sowie der Wert einer möglichst großen Unabhängigkeit des Flugwegs von festen Linienkennungen werden die Entwicklung in der Weise beeinflussen, das Funkpeilsystem immer einfacher und zweckmäßiger zu gestalten. Das wird um so eher möglich sein, je größer die Flugzeuge werden und alle Vorrichtungen zur Navigation aufnehmen können. Die Aufwendungen für die Flugsicherung liegen durchaus und in erster Linie im Sinne der Erzielung eines nicht allein sicheren, sondern auch regelmäßigen und damit wirtschaftlichen Luftverkehrs. Es besteht die Aussicht, daß der Luftverkehrsbetrieb in späterer Zeit zur Tragung eines Teiles der Kosten der Flugsicherung herangezogen werden kann in ähnlicher Weise, wie England sich die Kosten der Seesicherung von der Schiffahrt erstatten läßt. Bis dahin müssen die Staaten als die organisatorischen Träger der Flugsicherung öffentliche Mittel für Anlage, Betrieb und vor allem auch Weiterentwicklung der Flugsicherung zur Verfügung stellen.

Auf welchen Wegen die Lösung der Grundprobleme der Flugsicherung in betriebstechnischer und organisatorischer Hinsicht in den Entwicklungszellen des Weltluftverkehrs, Europa und den Vereinigten Staaten von Amerika, angestrebt wird, und welche finanzielle Auswirkungen sie im einzelnen verursachen, ist in den nachfolgenden beiden Abhandlungen nach dem heutigen Stand untersucht.

Die Flugsicherung im europäischen Luftverkehr.

Von Regierungsbaurat Dr.-Ing. Friedrich Wilhelm Petzel.

I. Einleitung.

Die vorliegende Arbeit macht es sich zur Aufgabe, durch eine eingehende Untersuchung festzustellen, welche betrieblichen und organisatorischen Zusammenhänge zwischen den Betriebsmitteln der Flugsicherung im europäischen Luftverkehr bestehen, um daraus Rückschlüsse für die künftige Ausgestaltung dieses in den letzten Jahren zu großer Bedeutung gelangten Hilfsdienstes der Luftfahrt ziehen zu können. An einer solchen grundlegenden Untersuchung für ein spezielles großes Verkehrsgebiet fehlt es in der bisherigen Luftfahrtfachliteratur. Es finden sich lediglich Abhandlungen über einzelne Gebiete der Flugsicherung in mehr oder weniger großer Vollständigkeit, während die Frage ungeklärt bleibt, welche Beziehungen zwischen ihnen vor allem im europäischen Luftverkehr bestehen. Dies erklärt sich daraus, daß die Gebiete, mit denen es die Flugsicherung zu tun hat, in hohem Maße mannigfaltiger Art sind, so daß die Zusammenhänge nicht ohne weiteres auf der Hand liegen. Ohne genaue Kenntnis dieser Zusammenhänge ist aber eine zweckmäßige organisatorische Ausgestaltung der Flugsicherung sehr erschwert, wenn nicht unmöglich gemacht.

Für Luftfahrzeuge ergeben sich gegenüber den meisten anderen Verkehrsmitteln besondere Gefahren, die in der Art des Bewegungsvorgangs im Medium Luft begründet und ausschließlich auf Einwirkungen der Natur, wie Regen, Schnee, Nebel, Wind, Böen, Sturm, Gewitter, Dunkelheit usw. zurückzuführen sind. Sie können zusammengefaßt werden in Gefahren meteorologischer Art, wie Regen, Schnee, Nebel, Wind, Böen, Sturm, Gewitter. Wie groß der Einfluß der Natur auf die Zahl der Unfälle und Notlandungen ohne Bruch ist, geht aus den Ergebnissen der deutschen Unfallstatistik für das Jahr 1930[1]) hervor (vgl. Tabellen 1 und 2).

Tabelle 1. Unfälle im Jahre 1930.	
Ursache	%
Konstruktion, Werkstatt . .	7,2
Triebwerk	22.8
Führung.	47,3
Natur und äußere Einflüsse.	18,0
Wartung.	11,7
Sonstiges	3,0

Tabelle 2. Notlandungen ohne Bruch im Jahre 1930.	
Ursache	%
Zelle, Konstruktion.	—
Triebwerk	49,0
Betriebsstoffmangel.	7,7
Führung, Verfliegen	7,3
Natur	35,0
Sonstiges	1,0

Die Wichtigkeit der Flugsicherung für den planmäßigen Luftverkehr, der an die Einhaltung bestimmter Flugzeiten gebunden ist und daher, um Gefahren zu vermeiden, besonders weitgehend gesichert werden muß, ist aus diesen Tabellen nicht erkennbar. Es ist dazu vielmehr notwendig, den Verkehrserfolg, den die Luftverkehrsgesellschaften an Betriebssicherheit, Pünktlichkeit und Regelmäßigkeit mit Hilfe der Flugsicherung erzielen, in Betracht zu ziehen. Leider gibt es bis heute noch keine Statistiken, die Rückschlüsse auf den Grad der Einwirkung der Flugsicherung auf den Verkehrserfolg der Luftverkehrsgesellschaften zulassen. Daß ein solcher in den letzten

---

[1]) Weitzmann, Flugzeug-Unfallstatistik 1930, Zeitschr. für Flugtechnik und Motorluftschiffahrt, 1932.

Jahren — vor allem während der Übergangs- und Winterflugperiode — gegenüber früheren Jahren eingetreten ist, steht außer allem Zweifel. Die Einführung einer solchen Statistik für die Hauptluftverkehrslinien wäre sehr erwünscht.

Welche Bedeutung der Flugsicherung seitens der Luftfahrtverwaltungen beigemessen wird, zeigt u. a. die nachstehende Tabelle 3 über die Aufwendungen im Haushalt des Deutschen Reiches für Flugsicherungszwecke in den Jahren 1927 bis 1931. Die Beträge sind gleichzeitig zu den Gesamtaufwendungen des Reiches für die Luftfahrt in ein Verhältnis gesetzt worden, um Vergleichsmöglichkeiten zu haben. Nicht geringere Aufwendungen für den Flugsicherungsdienst machen auch andere europäische Staaten, insbesondere solche mit kolonialen Flugverbindungen.

Tabelle 3. **Aufwendungen Deutschlands für Flugsicherungszwecke in den Jahren 1927—1931.**

Jahr	Aufwendungen für Flugsicherungszwecke 1000 RM.	Gesamtaufwendung für die Luftfahrt 1000 RM.	%
1927	3 720	46 119	8,1
1928	3 543	52 580	6,7
1929	3 528	38 739	9,1
1930	3 787	45 778	8,3
1931	3 238	41 849	7,7

Die Beschränkung der Untersuchung auf die Grundlagen und Probleme der europäischen Flugsicherung hat ihre Berechtigung, weil fluggeographische, flugklimatische, politische und wirtschaftliche Gegebenheiten in Europa eine besondere Ausgestaltung der Flugsicherung zur Folge gehabt haben. In die Untersuchung der europäischen Flugsicherung ist jedoch, soweit erforderlich, die Sicherung der Flugstrecken einbezogen worden, die von Europa nach anderen Kontinenten führen, insbesondere der Kolonialflugstrecken, da diese für den europäischen Luftverkehr charakteristisch sind. Im übrigen wird die Untersuchung nicht nur Fragen, die die Sicherung des planmäßigen Luftverkehrs betreffen, berühren — obwohl dieser das Rückgrat für die heutige Flugsicherungsorganisation in Europa bildet — sondern wird sich auch mit den Fragen beschäftigen, die ein kommender Privatflugbetrieb zu Sport- und Geschäftszwecken aufwirft. Die Behandlung der Flugzeugsicherung steht dabei naturgemäß im Vordergrund. Soweit der Luftschiff- und Freiballonverkehr an die Flugsicherung besondere Anforderungen stellt, wird darauf hingewiesen werden. Allgemein beziehen sich die Feststellungen nur auf den zivilen, nicht auf den militärischen Luftverkehr, da dessen Sicherung in vieler Hinsicht unter Beobachtung anderer Gesichtspunkte erfolgt, wenn auch in einigen Ländern Europas eine enge Verbindung zwischen militärischer und ziviler Flugsicherung unverkennbar ist.

Die nachstehende Untersuchung ist bewußt auf die Behandlung der betrieblichen und organisatorischen Probleme der europäischen Flugsicherung abgestellt. Daraus ergibt sich u. a., daß auf fachtechnische Fragen, die mit den einzelnen Betriebsmitteln der Flugsicherung in Zusammenhang stehen, nicht eingegangen werden soll. Jedes der Fachgebiete der Flugsicherung erfordert für sich betrachtet umfassende Spezialuntersuchungen, für die in einer Abhandlung wie der vorliegenden kein Raum ist. Es müssen also zum Verständnis der nachstehenden Ausführungen die fachtechnischen Grundlagen der Betriebsmittel der Flugsicherung im wesentlichen als bekannt vorausgesetzt werden. Andererseits wird es sich der Vollständigkeit halber nicht vermeiden lassen, gelegentlich Gebiete mitzubehandeln, die bereits bekannt sind, deren Einbeziehung in die Untersuchung aber zur Erkenntnis der Zusammenhänge nicht zu umgehen ist.

II. Fluggeographische, flugklimatische und politische Gegebenheiten für die Flugsicherung im europäischen Luftverkehr.

Es ist eine feststehende Tatsache, daß die Art der Betriebsmittel der Flugsicherung und ihr Einsatz von Gegebenheiten fluggeographischer, flugklimatischer und politischer Art in erheblichem Maße abhängig sind.

Die fluggeographischen Verhältnisse eines Kontinents, wie Größe, Küstengliederung, Gebirgsverhältnisse und Verteilung der wirtschaftlichen Aktionszentren sind teils allein, teils im Zusammenwirken miteinander ausschlaggebend dafür, ob Land- oder Seestrecken, ob Flachland-, Mittelgebirgs- oder Hochgebirgsstrecken zu sichern sind, ob die Flugsicherung für ein engmaschiges Luftverkehrsnetz oder Einzellinien ausgebaut werden muß. Das Flächengebiet Europas ist verhältnismäßig klein, weist aber in einzelnen Teilen das weitaus dichteste Luftverkehrsnetz aller Kontinente auf, während die Länge der Flugstrecken relativ begrenzt ist. Die an Entfernung weiteste unter ihnen ist im europäischen Luftverkehr die Cidnastrecke Paris—Konstantinopel mit einer Gesamtlänge von etwa 2150 km; wenige andere überschreiten die 1000-km-Grenze, die meisten liegen weit darunter. Es handelt sich fast immer um Flugstrecken, die in Etappen durchgeführt werden. Die überwiegende Zahl der Strecken führt über Festland; doch besitzt Europa — besonders im Bereich des Mittelmeeres — auch zahlreiche Seestrecken, die teils Länder Europas miteinander verbinden, teils zu anderen Kontinenten (Afrika, Asien) führen. Diese Tatsache wirkt sich für die Flugsicherung dahin aus, daß neben der Landflugsicherung auch auf die Seeflugsicherung ein besonderes Augenmerk gerichtet werden muß.

Schließlich ist die orographische Struktur Europas noch wichtig, weil sie die Verteilung der Strecken auf Hochgebirgs-, Mittelgebirgs- und Flachlandstrecken beeinflußt. Als Hochgebirge kommen nur die Alpen und Pyrenäen mit Spitzenhöhen von 4800 bzw. 3400 m in Betracht. Sie bieten der Flugsicherung manche Sonderaufgaben. Im übrigen besitzt Europa zahlreiche Mittelgebirge in Spanien, Italien, dem Balkan, Südfrankreich, Mitteldeutschland, Schottland und den nordischen Ländern, die gelegentlich hochgebirgsartigen Charakter annehmen. Als Flachland kommen dagegen die weiten Flächen des europäischen Rußland und Polens, sowie die daran anschließende Tiefebene in Betracht, die sich über die Randstaaten, über Norddeutschland, Belgien, Holland nach Frankreich und Südengland hin erstreckt. Im Sommerluftverkehr 1931 verteilten sich die Flugstrecken hinsichtlich der Streckenführung über See, Flachland, Mittelgebirge und Hochgebirge ungefähr wie folgt: Seestrecken 11%, Flachlandstrecken 35%, See- und Flachlandstrecken 3%, Mittelgebirgsstrecken 3%, Flachland- und Mittelgebirgsstrecken 28%, Flachland-, Mittel- und Hochgebirgsstrecken 14% und Mittel- und Hochgebirgsstrecken 6%. Flachlandstrecken lassen sich mit sehr viel einfacheren Mitteln sichern als Strecken mit Gebirgscharakter. Bei letzteren spielen als Erschwerungsursache in erster Linie meteorologische Verhältnisse eine Rolle, die sich wegen der besonderen flugklimatischen Lage Europas in vielen Fällen durch verschlechterte Sicht, tiefhängende Wolken usw. bemerkbar machen. Hierbei wirkt sich vor allem die Streichrichtung der Höhenzüge und ihre gegenseitige Lage klimatisch aus.

Die Flugklimatologie stellt eine besondere Form der allgemeinen Klimatologie dar, indem den für die Luftfahrt wichtigsten Faktoren, wie Sicht und Wolkenhöhe, eine bevorzugte Stellung eingeräumt wird. Es kommt der Flugklimatologie besonders auf die Erfassung örtlicher Schlechtwettergebiete an, die für die regelmäßige Flugdurchführung ein wesentliches Hindernis bedeuten und dadurch der Flugwetterorganisation besondere Aufgaben stellen. Die flugklimatischen Verhältnisse Europas sind nicht einheitlich. Man kann jedoch einen gewissen Unterschied zwischen den Ländern machen, die nördlich und nordwestlich einer vom Azorenmaximum über Spanien, die Alpen bis nach Mittelrußland verlaufenden Hochdruckbrücke und denjenigen, die südlich und südöstlich von dieser liegen. Erstere — nämlich Großbritannien, Nordspanien, die größten Teile Frankreichs und Deutschlands — liegen im Bereich der feuchten ozeanischen Luftmassen, die mit überwiegend südwestlichen Winden einströmen und zu starker Wolken- und Nebelbildung Anlaß geben. Eine gewisse Ausnahme machen Finnland und Nordrußland infolge des teilweise schon kontinentalen Witterungscharakters, der von Osten kommend dort beginnt. Das Flugwetter ist in diesen Ländern durchweg schlechter als in Frankreich, Deutschland und auch England. Die flugklimatischen Verhältnisse in den südlich der europäischen Hochdruckbrücke liegenden Ländern, nämlich Mittelspanien, Südfrankreich, Norditalien, einem Teil der Balkanhalbinsel, z. T. auch Südostdeutschland und Polen, sowie Ungarn und die Ukraine sind wegen der vorwiegend nördlichen bis östlichen Winde kontinentalen Ursprungs sehr viel günstiger als die obengenannten Länder nördlich der Hochdruckbrücke. Nennenswerte Niederschläge, die flugbehindernd sein könnten, kommen nur in den Übergangszeiten vor. Das südlich der Hochdruckbrücke vorherrschende Flugklima läßt sich in das asiatische Trockenklima, welches bis zur Donaumündung und in abgeschwächter Form bis nach Rumänien, Nordbulgarien und dem ungarischen Flachland reicht, und das Mittelmeerklima unterteilen. Das asiatische Trockenklima ist für das Fliegen ganz besonders günstig. Auch das Mittelmeerklima bringt durch ein sommerliches Hoch dem Meere selbst, wie auch den Küstenländern Spanien, Italien und Griechenland sehr gleichmäßiges Wetter und ist daher für die Luftfahrt besonders geeignet. Die Flugsicherung wird durch die vorstehenden Verhältnisse insofern stark beeinflußt als in den Ländern nördlich der Hochdruckbrücke eine umfassendere Organisation erforderlich ist als südlich davon.

Einen wichtigen Einfluß auf die Flugsicherung üben schließlich die politischen Verhältnisse eines Kontinents aus. Europa nimmt hier eine Sonderstellung gegenüber anderen Kontinenten ein, indem es eine große Anzahl selbständiger Staaten besitzt, deren Gebiet als Verkehrsraum für die Luftfahrt nicht ausreicht. Die Flugstrecken führen daher in zunehmendem Umfange über die Landesgrenzen hinweg und sind dann auf die Flugsicherungseinrichtungen in den Ländern, die von ihnen berührt werden, angewiesen. Daraus ergibt sich die Notwendigkeit zu internationalen Vereinbarungen, ein Umstand, der nicht dazu angetan ist, die Durchführung einer einheitlichen Flugsicherung zu erleichtern. In Europa spielen überdies die Sprachverhältnisse eine bedeutsame Rolle. Man findet bei den z. Z. in Europa vorhandenen 40 Staaten nicht weniger als 23 verschiedene Sprachgebiete. Die zur Durchführung der Flugsicherung unbedingt erforderliche Verständigung untereinander wird dadurch wesentlich erschwert, insbesondere auf dem Gebiet des Flugzeugfunkdienstes, wie noch auszuführen sein wird. Um eine Anschauung von diesen Verhältnissen zu geben, wird nachstehend die Zahl der internationalen europäischen Flugstrecken angeführt, die im Sommer 1931 über das Gebiet mehrerer Staaten hinwegführten. Es berührten: 32 Strecken je 2 Länder, 19 Strecken je 3 Länder, 8 Strecken je 4 Länder, 4 Strecken je 5 Länder, 1 Strecke 6 Länder und 1 Strecke 10 Länder. Europa hat politisch gesehen noch eine Sonderstellung gegenüber anderen Kontinenten insofern, als es über zahlreiche Kolonien verfügt, die oft das Ziel der von Europa ausgehenden transkontinentalen Strecken bilden, z. B. der Holland—Indien-Strecke der Koninklijke Luchtvaart Maatschappij, der England—Indien- und Kairo—Kap-Strecke der Imperial Airways, zahlreicher italienischer und französischer Strecken, die über das Mittelmeer in die afrikanischen Kolonien führen. Für die Sicherung dieser Strecken bilden die Kolonien gleichzeitig geeignete Stützpunkte, um Funk- und Peilstellen, Flugwetterwarten usw. einzurichten.

III. Die Betriebsmittel der Flughafensicherung im europäischen Luftverkehr.

1. Die Bewegungsvorgänge von Luftfahrzeugen im Bereich der Flughäfen.

Die Flughafensicherung umfaßt der Begriffsbestimmung entsprechend die Sicherung der Bewegungsvorgänge im Bereich der Flughäfen. Als „Flughäfen" werden dabei alle Zivilflughäfen angesehen, die für den öffentlichen plan- oder nichtplanmäßigen Luftverkehr zugelassen sind. Privat- und Militärflughäfen scheiden dagegen bei der Betrachtung aus. Das gleiche gilt für besonders vorbereitete Hilfslandeplätze, die als Betriebsmittel der Flugstreckensicherung an anderer Stelle untersucht werden. Wie sich nach dem heutigen Stande die Flughäfen auf dem europäischen Kontinent verteilen, geht aus Tabelle 4[1]) hervor. Einen Überblick über die dem öffentlichen Verkehr dienenden Zivilflughäfen gibt Abb. 1.

Die Bewegungsvorgänge von Luftfahrzeugen im Bereich der Flughäfen lassen sich in den Flughafennahverkehr, den Start- und Landevorgang und den Rollvorgang untergliedern. Die

---

[1]) Die Feststellung der Zahl der Flughäfen und Landeplätze und der Art ihrer Verwendung ist durch die Tatsache sehr erschwert, daß zuverlässige Unterlagen darüber fehlen. Für die genannte Aufstellung mußten daher verschiedenartige Quellen verwendet werden, so daß kleinere Abweichungen gegenüber den tatsächlichen Verhältnissen möglich sind.

Zeichenerklärung.

- Flugbodenfunkstelle
- Zivillandflughafen
- Zivilseeflughafen
- Zivil-Land- und Seeflughafen
- Luftschiffhafen
- Zivilflughafen mit Flugfernmeldestelle
- „ „ „ „ „ u. Flugfunkpeilstelle
- DAN Küstenfunkstelle mit Rufzeichen
- DBZ Seefunkpeilstelle „ „ „
- ——— Fernschreibverbindung
- - - - - Fernsprechverbindung
- ········ Funkverkehrsbezirksgrenzen

beiden letzteren werden von Pirath[1]) Bewegungsvorgänge erster und zweiter Ordnung genannt und besonders charakterisiert. Der Flughafennahverkehr umfaßt demgegenüber alle Bewegungsvorgänge, die sich in einem Umkreis von etwa 30 km um den Flughafenmittelpunkt herum abspielen. Sie müssen vom Gesichtspunkt der Flugsicherung besonders betrachtet werden.

2. Sicherung der Bewegungsvorgänge von Luftfahrzeugen in der Nahverkehrszone von Flughäfen.

Die Bewegungsvorgänge der Luftfahrzeuge in der Nahverkehrszone von Flughäfen sind dadurch gekennzeichnet, daß in dieser Zone die Freizügigkeit der Bewegungsführung gegenüber dem Streckenflug eine Beschränkung erfährt. Das Luftfahrzeug muß in der Nahverkehrszone bei Start und Landung Rücksicht nehmen auf den übrigen, meist verdichteten Verkehr, der sich in diesem Bereich abspielt, und auf etwaige Luftfahrthindernisse, die in der Richtung seines Flugwegs liegen. Die Bewegungsvorgänge in der Nahverkehrszone sind dort beendet, wo die Luftfahrzeuge zur Landung ansetzen bzw. beginnen dort, wo der Start beendet ist. Der Übergang zum Streckenflug ist naturgemäß fließend.

Für die Flughafensicherung ergeben sich aus den vorstehenden Umständen im wesentlichen 2 Aufgaben:

1. Den Luftfahrzeugen, die von der Strecke kommen, Auffindung und Erkennung der Flughäfen zu erleichtern bzw. erst zu ermöglichen.
2. Die Bewegungsführung der Luftfahrzeuge so zu leiten, daß sie vom erfolgten Start bzw. bis zum Ansetzen zur Landung ohne Gefahr verläuft.

Tabelle 4. **Flughäfen und Landeplätze im europäischen Luftverkehr und die Art ihrer Verwendung (Stand Sommer 1932*).**

Land	Zahl der Landflughäfen bzw. Landeplätze					Zahl der Seeflughäfen bzw. Wasserlandeplätze					Im planmäßigen Luftverkehr angeflogen		Im internationalen planmäßigen Luftverkehr angeflogen	
	Zivil	Militär	Privat	Hilfs	Zusammen 2—5	Zivil	Militär	Privat	Hilfs	Zusammen 7—10	Land	See	Land	See
1	2	3	4	5	6	7	8	9	10	11	12	13	14	15
Albanien	5	—	—	—	5	—	—	—	—	—	5	—	1	—
Belgien	7	5	2	3	17	—	—	—	—	—	5	—	4	—
Bulgarien	5	—	—	3	8	—	—	—	1	1	1	—	1	—
Dänemark	1	2	—	1	4	4	4	—	—	8	1	1	1	1
Deutschland	87	—	9	160	256	14	—	2	4	20	58	10	19	3
Estland	—	—	—	—	—	3	1	—	—	4	—	1	—	1
Finnland	1	—	—	...	1	3	—	—	—	3	1	2	1	2
Frankreich	39	104	22	—	165	4	13	2	—	19	16	2	6	1
Griechenland	8	8	—	1	17	8	3	—	4	15	7	2	5	1
Großbritannien	34	53	23	—	110	6	4	4	—	14	1	—	1	—
Italien	53	3	—	83	139	30	2	6	—	38	16	9	4	2
Jugoslawien	5	7	—	6	16	—	—	—	—	—	5	—	3	—
Lettland	1	1	—	—	2	—	1	—	—	1	1	—	1	—
Litauen	1	1	—	—	2	—	—	—	—	—	1	—	1	—
Niederlande	3	8	3	7	21	1	4	—	—	5	2	1	2	1
Norwegen	2	1	—	—	3	3	—	—	—	3	—	1	—	1
Österreich	5	—	—	4	9	—	—	—	—	—	5	—	5	—
Polen	15	15	4	—	34	—	—	1	—	1	6	—	6	—
Portugal	keine genauen Angaben vorhanden													
Rumänien	11	2	—	9	22	1	—	—	—	1	2	—	2	—
Schweden	5	9	—	1	15	6	7	—	—	13	3	3	3	3
Schweiz	9	14	2	6	30	10	—	1	—	11	9	3	5	3
Spanien	26	32	1	26	85	10	5	—	—	15	4	1	4	1
Tchechoslowakei	11	6	4	2	23	—	—	—	—	—	7	—	5	—
U.S.S.R.	keine genauen Angaben vorhanden													
Ungarn	9	—	—	2	11	—	—	—	—	—	2	—	1	—

*) In der Aufstellung sind Flughäfen bzw. Landeplätze mit einer doppelten Funktion wie z. B. Land- und Seeflughafen, Zivil- und Militärlandeplatz usw. zweimal aufgeführt.

[1]) Pirath, Die Verkehrsflughäfen als Betriebsstellen des Weltluftverkehrsnetzes in „Forschungsergebnisse des Verkehrswissenschaftlichen Instituts für Luftfahrt an der Technischen Hochschule, Stuttgart", 2. Heft, 1930.

Im europäischen Luftverkehr wird die Auffindung und Erkennung von Flughäfen bei Tage durch einen auf der Mehrzahl der europäischen Flughäfen vorhandenen weißen Kreis von etwa 50 m Außendurchmesser sehr erleichtert, zumal in dem Kreis häufig der Name des betreffenden Flughafens angebracht ist.

Bei Dämmerung und zur Nachtzeit wird die Auffindung und Erkennung vorzugsweise durch Ansteuerungsfeuer, Leuchtbomben sowie eine für den Flughafen charakteristische Umrandungsbeleuchtung des Rollfeldes bewirkt. Ansteuerungsfeuer gibt es in den verschiedensten Ausführungen. Sie sollen möglichst im Bereich der Nahverkehrszone sichtbar sein, doch übersteigt die in einzelnen europäischen Ländern vorgesehene Reichweite diese Grenze oft nicht unwesentlich. Die Ansteuerungsfeuer müssen im übrigen so ausgeführt sein, daß sie den Flugzeugführer nicht blenden. Verwendet werden daher häufig Drehfeuer in einiger Entfernung vom Flughafen, die durch im Morsetakt gesteuerte Zusatzfeuer (Neon, auf dem Flughafen selbst, sogenannte „Platzfeuer") ergänzt sind. Besonders geeignet sind nach neueren Feststellungen hinsichtlich der Blendungsfreiheit große Neonfeuer auf dem Flughafen, deren mittlere Reichweite 25 bis 30 km beträgt und die selbst im Morsetakt gesteuert werden können. Das Abschießen von Leuchtbomben und Raketen muß angewendet werden, wenn Ansteuerungsfeuer nicht vorhanden sind. Schließlich ist die Rollfeldumrandungsbeleuchtung, die aus Neonlichtern oder aus roten bzw. orangenen Kuppellampen besteht, ein wirkungsvolles Mittel zur Auffindung eines bestimmten Flughafens bei Nacht, weil die Lichter schon auf verhältnismäßig große Entfernung die charakteristischen Umrisse des betreffenden Flughafens erkennen lassen. Die genannten Hilfsmittel versagen, wenn die Sicht infolge Nebels oder tief hängender Wolken unter eine bestimmte Grenze sinkt. In diesem Falle müssen funkelektrische Signalmittel, die sogenannten Funkpeilanlagen, eingesetzt werden. Diese setzen allerdings voraus, daß die Luftfahrzeuge besondere funkelektrische Einrichtungen an Bord mitführen, um mit den entsprechenden Anlagen am Boden in Verbindung treten zu können. In der Nahverkehrszone von Flughäfen werden heute im europäischen Luftverkehr meist noch die gleichen Funkpeileinrichtungen wie im Flugstreckensicherungsdienst verwendet, so daß sich ein näheres Eingehen auf ihre betriebstechnischen Eigentümlichkeiten an dieser Stelle erübrigt. Das Eigenpeilsystem und das Mischpeilsystem sind für den obigen Zweck in Europa noch nicht zur Anwendung gelangt. Dagegen werden Luftfahrzeuge durch das Fremdpeilsystem in sehr vielen Fällen bei geschlossener Wolkendecke bis über den Flughafen gelotst und ihnen dann das Zeichen zum Durchstoßen gegeben. Die Möglichkeit hierzu besteht auf allen Flughäfen, die eine Fremdpeilanlage besitzen. In welcher Weise dabei das Hereinlotsen erfolgt, wird bei Untersuchung der Sicherung des Start- und Landevorgangs erörtert werden.

Neben dem für den obigen Zweck in Europa eingeführten Fremdpeilsystem gibt es noch eine größere Anzahl peiltechnischer Einrichtungen, deren Verwendung für Ansteuerungszwecke ebenfalls möglich ist. Keines dieser Systeme befindet sich im europäischen Luftverkehr heute in praktischer Anwendung, da die betriebliche Einführung Schwierigkeiten bereitet. Auf eine Erörterung muß daher an dieser Stelle verzichtet werden[1]).

Die Bewegungsvorgänge von Luftfahrzeugen in der Nahverkehrszone sind einmal durch feste Luftfahrthindernisse am Boden und zweitens durch das Vorhandensein anderer Luftfahrzeuge im gleichen Bereich gefährdet. Zu den ersteren zählen Funkmaste, Kirchtürme, Schornsteine, Hochspannungsleitungen, ferner Fesselballons und Drachen, zu den letzteren die im Fluge befindlichen Luftschiffe, Flugzeuge und Freiballons.

Luftfahrthindernisse am Boden bedürfen der Kennzeichnung durch optische Hilfsmittel; diese bestehen in Europa im allgemeinen in einem Rot-weiß-Anstrich, der vor allem bei Gittermasten erforderlich ist. Funkantennen werden bewimpelt. Zur Sicherung der Flüge bei Nacht, Dämmerung oder bei unsichtigem Wetter wird die Kennzeichnung durch Befeuerung mittels roter Neon- oder anderer Lampen vorgenommen. Die Kennzeichnung der Luftfahrthindernisse bei Nacht muß dabei weitgehender sein als am Tage, weil hier einzelne Bauwerke schon allein durch

---

[1]) Vgl. Faßbender, Hochfrequenztechnik in der Luftfahrt, S. 308 ff., und Glöckner: Verfahren zur Erleichterung von Blindlandungen, ZfM, Nr. 12 (23. Jahrg. 1932), S. 347.

ihre Masse kenntlich sind. Es werden also auch Kirchtürme, Schornsteine usw., die am Tage nicht gekennzeichnet sind, mit einer roten Befeuerung versehen. Verwendet werden rote Festfeuer, sofern die Befeuerung die räumliche Ausdehnung der Hindernisse erkennen läßt, sonst (z. B. bei Funkstellen) rote Blinkfeuer. Die Kennzeichnung von Freiballons und Drachen wird am Tage durch Wimpel, bei Nacht durch Lampen, die an dem Aufstiegseil in bestimmten Abständen angebracht sind, bewirkt, soweit der Ort des Aufstiegs nicht zu den „Sperrgebieten" für den Luftverkehr gehört.

Das gegenseitige Erkennen der Luftfahrzeuge bei Dämmerung oder Dunkelheit wird durch eine zweckmäßige Beleuchtung der Luftfahrzeuge ermöglicht. Diese besteht in Europa aus je einem weißen Heck- und Buglicht, wobei letzteres nur bei Wasserflugzeugen vorgesehen ist, ferner aus einem grünen Steuerbordlicht und einem roten Backbordlicht, deren Öffnungswinkel von bestimmten Richtungen aus sichtbar sein müssen. Die mittlere Reichweite ist bei allen Lichtern mit Ausnahme der des Hecklichts auf 8 km festgesetzt, während das Hecklicht eine Reichweite von 5 km betragen soll. Sinngemäß erfolgt auch eine Beleuchtung von Luftschiffen und Freiballons. Von wesentlicher Bedeutung für die Beleuchtung von Luftfahrzeugen ist der Energieaufwand, der naturgemäß eine bestimmte Größe nicht überschreiten darf. Neuerdings ist die Frage einer zweckmäßigen Beleuchtung der Luftfahrzeuge wieder Gegenstand internationaler Erörterungen, weil die Positionslichter optisch schlecht durchgebildet und im übrigen die Bestimmungen betr. Öffnungswinkel der Positionslichter revisionsbedürftig sind.

Die vorstehenden Sicherungsmittel versagen bei stark herabgeminderter Sicht. Dieser Erkenntnis folgend, besteht heute in einigen Ländern Europas die Absicht, einen Nahverkehrsfunkdienst auf den wichtigeren Flughäfen einzurichten, um die Luftfahrzeuge vor Gefahren, die ihnen bei Einhaltung eines bestimmten Kurses — durch Luftfahrthindernisse jeder Art — drohen, warnen zu können. Der Nahverkehrsfunkdienst verlangt eine Funksende- und -empfangsanlage auf dem betreffenden Flughafen, die ausschließlich für die Kontrolle der Bewegungsvorgänge innerhalb des zugehörigen Nahverkehrsbezirks eingesetzt ist. Ferner ist erforderlich, daß ein Flugzeug mit Funkanlage an Bord sich bei Einfliegen in den Nahverkehrsbezirk unter gleichzeitiger Angabe des Standortes, der Flughöhe, der Einflugrichtung und der Wolkenverhältnisse bei der Bodenfunkstelle anmeldet. Eine solche Regelung besteht heute bereits in London-Croydon. Bei nebligem Wetter müssen FT-Flugzeuge auf Anordnung der Bodenfunkstelle bestimmte Flugwege einhalten, während alle sonstigen Flugzeuge den Flug abzubrechen haben, um eine Zusammenstoßgefahr zu vermeiden. Die Kontrolle der Bewegungsvorgänge wird bei der Bodenfunkstelle mit Hilfe einer besonderen Karte, auf der die Fortbewegung der Luftfahrzeuge vermerkt wird, durchgeführt. Die vorgeschriebene laufende Standortangabe der Luftfahrzeuge ist naturgemäß bei fehlender Bodensicht unmöglich gemacht, so daß die übliche Nahfunkanlage einer Ergänzung durch eine Peileinrichtung bedarf, die eine Richtungs- und möglichst auch Standortkontrolle gestattet. Da letztere nur mit Hilfe von 2 Peilanlagen am Boden ermöglicht werden kann, findet zur Zeit in Deutschland die Erprobung einer entsprechenden Funkpeilanlage statt, bei der 2 Rahmen sich stets selbsttätig auf die Richtung einer sendenden Flugzeugfunkstelle einstellen. Eine laufende Standortkontrolle wird durch Fernmeldeübertragung des Ergebnisses der Hilfspeilstelle ermöglicht. Im allgemeinen genügt aber eine fortlaufende Kurskontrolle mit Hilfe einer einzigen Peilanlage auf dem betreffenden Flughafen.

Zu der betriebstechnischen Ausführung einer Nahfunkverkehrs- und Peilanlage auf einem Flughafen darf noch bemerkt werden, daß sich hierfür die Verwendung von Wellenbereichen, die von den gebräuchlichen Flugfunkwellen — 315 bis 350 kHz (950 bis 850 m) — weit entfernt liegen (etwa Zwischenwellen um 1500 kHz (200 m), nicht empfiehlt, weil dann besondere Zusatzeinrichtungen in den Luftfahrzeugen erforderlich sind.

3. Die Sicherung des Start- und Landevorganges.

Der Start- und Landevorgang ist durch die Tatsache charakterisiert, daß dabei
1. ein Wechsel des Verkehrsmediums, d. h. ein Übergang von Luft auf Erde oder Wasser bzw. umgekehrt stattfindet und

2. die Richtung, in der Start und Landung zu erfolgen haben, infolge der Windverhältnisse verhältnismäßig starr vorgeschrieben ist.

Durch diese Umstände werden die Sicherungseinrichtungen naturgemäß in besonderer Weise beeinflußt. Im wesentlichen haben sie folgende 4 Aufgaben zu erfüllen:

1. Richtungsangabe für Start und Landung,
2. Bezeichnung der Start- und Landestelle,
3. Hinderniskennzeichnung,
4. Verständigung mit dem Flughafen über Start und Landung.

In den nachstehenden Ausführungen wird zunächst vorausgesetzt, daß ausreichende Sichtverhältnisse vorhanden sind, um optische Sicherungsmittel erkennen zu können. Der Sonderfall des Fehlens der Sicht, der eine Nebelnavigierung erforderlich macht, wird besonders behandelt werden.

Für die Windrichtungsangabe im Tagesluftverkehr sind in Europa allgemein Windsäcke und das Lande-T, das in Windrichtung ausgelegt wird, oder im Winde drehbar angeordnet ist, in Gebrauch. Daneben findet, vor allem in Deutschland, auf Landflughäfen der Rauchofen weitgehende Verwendung. Der Windsack und der Rauchofen haben den Vorteil, daß er auch die Feststellung der Windstärke und Böigkeit gestattet. Vorrichtungen, mit denen das drehbare T die Windstärke anzeigt, sind wenig eingeführt. Eine besondere Anordnung zur Angabe der Windstärke in Form einer vertikal aufgestellten weithin sichtbaren Skala besitzt Berlin-Tempelhof.

Bei Nacht werden beleuchtete Windsäcke und Lande-T's verwendet, wobei letztere in der Regel auf den beiden Querbalken je eine Reihe weißer Lampen tragen. Gelegentlich findet eine Angabe der Windrichtung auch durch Fallschirmleuchtkugeln statt.

Die Angabe der Landerichtung bei Windstille oder „schralendem" Wind wird durch ein Lande-T, das fest einstellbar ist, bewirkt. Windstille wird durch Aufziehen eines gut sichtbaren Balles an einem Mast gekennzeichnet. Diese Einrichtung besteht jedoch nur in den Cina-Staaten. In Deutschland hat man dem aufgezogenen meist roten Ball die gleiche Bedeutung gegeben wie in der Schiffahrt, nämlich Sturmanzeige bzw. Lande- oder Startverbot.

Start- und Landevorgang der Luftfahrzeuge muß auf einem Flughafen unbehindert voneinander vor sich gehen. Es muß daher Sorge getragen sein, daß Start- und Landebahn möglichst getrennt angeordnet sind. Dies geschieht in Deutschland im Tagesluftverkehr auf Landflughäfen beispielsweise dadurch, daß ein Landekreuz in mindestens 50 m Entfernung von der Startbahn ausgelegt wird. In der Mitte zwischen beiden befindet sich die sogenannte „neutrale Zone", in der die gelandeten Flugzeuge abrollen müssen. Im Nachtluftverkehr werden Beleuchtungseinrichtungen verschiedener Art zur Kennzeichnung von Start- und Landebahn zu Hilfe gezogen. Es stehen sich hierbei in Europa 2 grundsätzlich verschiedene Beleuchtungsarten gegenüber, einmal die diffuse Beleuchtung des Rollfeldes durch einen oder mehrere Scheinwerfer mit größerer Kegelöffnung und zweitens die Angabe von Landeort und Landerichtung durch eine Kette schwacher Lichter, wobei das Luftfahrzeug selbst eine Beleuchtungsquelle in Form von Landefackeln und Scheinwerfern an den beiden Flügeln mitführt.

Die diffuse Beleuchtung des Rollfeldes — entweder durch Kegelscheinwerfer oder Gürtellinsenscheinwerfer — ist in den meisten europäischen Staaten mit Nachtflugbetrieb eingeführt. Die Beleuchtung erfolgt dabei meist durch Scheinwerfer in mehreren Einheiten, die auf einem Lastzug zusammen mit der Stromerzeugungsanlage angeordnet sind, um die Beleuchtung der jeweiligen Windrichtung entsprechend einstellen zu können. Die Kerzenstärke je Einheit bewegt sich in der Größenordnung von 20000 bis zu 200000 Kerzen. Auf blendungsfreie Beleuchtung von Start- und Landebahn muß dabei besonderer Wert gelegt werden. Infolgedessen erfolgt die Landung vielfach senkrecht zur Achse der Scheinwerfer, die zu diesem Zweck parallel zur Windrichtung aufgestellt sind und von Hand so mitgedreht oder abgeblendet werden, daß eine Blendung des Flugzeugführers ausgeschlossen ist. Es finden sich in Europa jedoch auch fest eingebaute Beleuchtungsanlagen für Flughäfen, z. B. in Amsterdam-Schiphol. Diese Anlage besteht aus 8 Scheinwerfern von je 350000 Kerzen in gleichmäßiger Verteilung um den Flughafen herum. Für die Landung wird nur der Scheinwerfer eingeschaltet, dessen Strahl der Windrichtung etwa entgegensteht.

Die Landung mit Lichterkette ist in Deutschland auf allen Flughäfen, auch den größten, üblich. Verwendet werden eine Reihe besonderer Start- und Landelichter, die in bestimmter Entfernung voneinander aufgestellt sind und Aufsetzort, Auslaufbahn und Landerichtung andeuten. Start- und Landevorgang erfolgt ohne gegenseitige Behinderung gegen die Windrichtung von grün über weiß auf rot[1]). In den Cina-Staaten ist dagegen die Anordnung von 3 Lampen vorgeschrieben, die in den Ecken eines gleichschenkeligen Dreiecks (200 m Grundlinie, 400 m Höhe) aufgestellt werden. Dieses Gebilde ist mit der Spitze gegen den Wind gerichtet. Das Aufsetzen des Flugzeuges soll auf der Grundlinie des Dreiecks, das Rollen spätestens bei der Leuchte an der Spitze beendet sein. Zur Trennung von Start- und Landung ist daraus ein ⏌⏉-Gebilde entwickelt worden, das in der Mitte eine neutrale Zone zum Abrollen aufweist. Die Leuchten sind bei dieser Anordnung auf ausländischen Flughäfen teilweise in den Flughafenboden eingelassen und werden elektrisch gespeist, so daß die Möglichkeit besteht, von einer Stelle aus die für die jeweilige Landerichtung erforderliche Lampenkombination zu schalten. Ist dies nicht der Fall, wie bei der Lichteranordnung in Deutschland, so besteht eine gewisse Schwierigkeit, weil die Lampen der Windrichtung entsprechend umgestellt werden müssen, was bei häufig drehendem Wind unangenehm ist. Immerhin hat das deutsche System sich bisher durchaus bewährt, so daß bisher von einer Rollfeldbeleuchtung auf deutschen Flughäfen Abstand genommen wurde. Allerdings verlangt dieses System eine gewisse Übung im Nachtlanden (Schätzung der Bodennähe für das Abfangen).

Start und Landung von Luftfahrzeugen muß ungefährdet von festen und beweglichen Luftfahrthindernissen erfolgen können. Es müssen daher alle in der Anschwebezone liegenden Hindernisse so gekennzeichnet werden, daß sie dem Luftfahrer sofort ins Auge fallen. Es handelt sich dabei außer den früher behandelten Hindernissen auch um sonstige Baulichkeiten an den Flughafengrenzen. Diese Hindernisse sind einem bestimmten Steig- und Gleitwinkel der Flugzeuge entsprechend zu kennzeichnen. Dieser Winkel ist in den europäischen Ländern verschieden festgelegt und bewegt sich zwischen 1:15 und 1:40 von den Rollfeldgrenzen aus gerechnet.

Die Flughafengebäude werden vielfach durch Anstrahlung gekennzeichnet, um die Abschätzung der Ausschwebehöhe zu erleichtern und beim Start einen Anhaltspunkt für das richtige Steigen über die Hindernisse zu geben. Daneben sind Hindernislichter in Gebrauch, die jedoch den genannten Zweck nicht in gleicher Weise erfüllen, da sie im allgemeinen ein Abschätzen der Höhe der Hindernisse nicht gestatten. Die Grenzen des Rollfeldes selbst werden für den Tagesluftverkehr durch rot-weiß bemalte Grenzzeichen bestimmter Länge und Breite in gewisser Höhe vom Erdboden und in Abständen von etwa 50 m angegeben. Wasserflughäfen erhalten zur Abgrenzung der Rollfläche vielfach Bojen, d. h. man verwendet die in der Schiffahrt üblichen Seezeichen. Bei Nacht werden die Grenzen des Rollfeldes auf Landflughäfen durch Neonfeuer oder Lampen verschiedener Art unter wasserdichter roter oder rotweißer Glaskuppel, die in Abständen von 50 bis 100 m voneinander angeordnet sind, angedeutet. Auf kleineren Flughäfen werden vielfach nur die Ecken des Rollfeldes durch Beleuchtung gekennzeichnet.

In vielen Fällen ist es erforderlich, mit den Flugzeugen, die zu landen oder zu starten im Begriff stehen, in einen Signalverkehr zu treten, etwa um ihnen die Erlaubnis zum Landen oder zum Starten zu geben oder sie vor Gefahren bei der Landung zu warnen. Die Signalübermittlung vor dem Landen erfolgt optisch entweder durch Abschießen von Raketen bestimmter Farbe und Anzahl oder mit Hilfe eines griechischen Kreuzes, das auf einigen größeren Flughäfen Europas eingeführt ist. Die Landeerlaubnis wird durch eine grüne, das Landeverbot durch eine rote Rakete angezeigt. Der Landebefehl wird mit Hilfe mehrerer grüner Sterne gegeben. Das griechische Kreuz ist auf den betreffenden Häfen an weithin sichtbarer Stelle angebracht und arbeitet mit einer Kombination von roten und grünen Lampen. Die Signalgebung erfolgt dabei durch Morsezeichen. Die Luftfahrzeuge verwenden zum Signalisieren zum Teil auch Raketen, zum Teil Scheinwerfer oder andere Lichtquellen, wobei jedoch die Stellungslichter nicht benutzt werden dürfen. Bei FT-Flugzeugen ist die Signalübermittlung naturgemäß sehr erleichtert, soweit sich Bodenfunkstellen

---

[1]) Vgl. „Richtlinien für die Befeuerung von Flughäfen", Nachrichten für Luftfahrer 1930, Heft 36.

auf den betreffenden Flughäfen befinden. Beim Starten werden die erforderlichen Befehle durch Flaggen oder Lichtzeichen gegeben.

Die optischen Signalmittel zur Unterstützung des Start- und Landevorganges werden wirkungslos, wenn die Erdsicht fehlt. Sind in diesem Falle funkelektrische Einrichtungen am Boden und im Flugzeug nicht vorhanden, so muß der Start unterbleiben bzw. eine Landung auf einem Ausweichlandeplatz erfolgen. Solche Plätze werden sich im allgemeinen in einiger Entfernung von dem anzufliegenden Flughafen befinden.

An dieser Stelle sollen noch die Anforderungen besprochen werden, die bestimmte Wetterlagen mit fehlender Erdsicht an funkelektrische Spezialeinrichtungen für „Nebelnavigierung" stellen und die Mittel, die sich im europäischen Luftverkehr bisher eingeführt haben. Zwei Fälle lassen sich hierbei unterscheiden: erstens eine Wetterlage, bei der die Wolken oder der Nebel auf dem Erdboden „aufliegen", und zweitens eine solche, bei der noch eine Wolkenhöhe von etwa 50 bis 100 m und eine Horizontalsicht von einigen hundert Metern vorhanden ist. Im ersteren Falle muß die Nebelnavigierung eine vollständige sein, d. h. das Luftfahrzeug muß sich ganz auf Anzeigeinstrumente verlassen, die ihm die Lage im Flughafenbereich andeuten. Dabei kann sich die Funknavigierung entweder auf die horizontale und vertikale Ebene erstrecken, wie dies durch Verwendung des „Gleitwegverfahrens" in Verbindung mit Funkbaken in den Vereinigten Staaten von Amerika geschieht, oder man beschränkt sich auf die horizontale Funk-Navigierung und benutzt für die Höhenangabe einen geeigneten Höhenmesser. In Europa sind diese Systeme praktisch noch nicht eingeführt worden, wenn es auch an Erfolg versprechenden Ansätzen nicht fehlt. An dieser Stelle muß auf die Behandlung verzichtet werden[1]).

Dagegen haben sich für den zweiten Fall bemerkenswerte Ergebnisse mit dem sogenannten „Durchstoßverfahren" erzielen lassen, das in Deutschland entwickelt worden ist, heute aber auch in mehreren anderen Ländern Europas verwendet wird. Dieses Verfahren ist mit Hilfe einer normalen Bodenpeilanlage von jedem FT-Flugzeug ausführbar und arbeitet folgendermaßen: Ein Flugzeug, das über einer geschlossenen Wolkendecke den Flughafen mit Hilfe von Zielpeilungen erreicht hat, wird zunächst in einem vom Flughafenmittelpunkt ausgehenden bestimmten Sektor, der möglichst hindernisfrei ist und einen Öffnungswinkel von etwa 20—30 Grad besitzt, „eingewinkt". Nach einem Fluge von etwa 10 Minuten Dauer mit anschließender Wendung fliegt das Flugzeug die Strecke innerhalb des Sektors nach dem Flughafen zurück, in dem es alle 2 Minuten eine Peilung erhält, um die Mittellinie des Sektors einhalten zu können. Nach Hörbarwerden des Motorgeräuschs gibt eine dafür verantwortliche Person über die Bodenfunkstelle das Durchstoßzeichen „ZZ" an das Flugzeug ab, worauf dieses durch die Wolken hindurch geht und infolge der unterhalb der Wolken noch vorhandenen Sicht den Landevorgang ausführen kann.

Dieses Verfahren hat einige unbestreitbare Mängel, weil z. B. das Motorgeräusch nicht eindeutig bestimmt werden kann, wenn mehrere Flugzeuge in der Luft sind oder ein Kraftwagenverkehr in der Nähe stattfindet, auch ist es verhältnismäßig umständlich und belastet durch die Häufigkeit der Peilungen die Bodenfunk- und Peilstelle in unerwünschter Weise. Trotz alledem ist es heute das einzige Verfahren, das in Europa mit gutem Erfolg in größerem Umfange angewendet wird und in einer großen Anzahl von Fällen Landungen ermöglicht hat, die sonst unausgeführt geblieben wären. Zur Verbesserung dieses Verfahrens sind in Deutschland Betriebsversuche mit einer Funksendeeinrichtung mit gerichtetem Strahl (Funkbake) eingeleitet worden.

4. Die Sicherung der Rollvorgänge auf Flughäfen.

Für die vorliegende Untersuchung sind nur die Rollvorgänge zwischen Start- und Landebahn und dem Flugsteig, nicht dagegen diejenigen auf dem Vorfeld, wo die maschinentechnische Abfertigung erfolgt, von Interesse. Die Bewegungsvorgänge der verkehrlich abgefertigten Flugzeuge müssen auf dem Rollfeld ohne gegenseitige Gefährdung durchführbar sein. Dies geschieht

---

[1]) Nähere Einzelheiten über Peilsysteme, die für die Nebelnavigierung verwendet werden können, finden sich in Faßbender „Hochfrequenztechnik in der Luftfahrt", S. 308ff., und Glöckner: Verfahren zur Erleichterung von Blindlandungen, ZfM, Nr. 12 (23. Jahrg. 1932), S. 347.

durch Signaleinrichtungen verschiedener Art. Die Rollwege selbst pflegt man auf europäischen Flughäfen, soweit nicht bestimmte betonierte Rollbahnen vorhanden sind, für den Tagesluftverkehr durch rotweiß angestrichene Aluminiumfähnchen oder andere Grenzzeichen anzugeben. Dabei müssen etwaige Flächen des Flughafens, die infolge Überschwemmung, Einebnungsarbeiten, Wracks von Flugzeugen nicht benutzbar sind, durch die gleichen Zeichen oder rot-weiß bemalte Dachzeichen sich deutlich hervorheben. Für den Nachtluftverkehr sind in den Ecken der unbenutzbaren Flächen rote Lichter aufzustellen. Auf die Art der Kennzeichnung der Rollfeldgrenze im Tages- und Nachtluftverkehr ist bereits an anderer Stelle hingewiesen worden.

Die vorgenannten optischen Einrichtungen haben nur begrenzten Wert, wenn die Sicht auf dem Flughafen durch Nebel stark herabgemindert ist. Es ruht jedoch dann der Luftverkehr im allgemeinen überhaupt, so daß sich eine Sicherung der Rollvorgänge erübrigt. Gelingt allerdings die Nebellandung, so müssen die Rollvorgänge unter Umständen durch einen besonderen Lotsendienst mit Hilfe von Treckern usw. geleitet werden.

5. Abhängigkeit der Betriebsmittel der Flughafensicherung vom Einsatz der Flughäfen im Luftverkehr.

Art und Umfang der Ausrüstung eines Flughafens mit Flughafensicherungseinrichtungen hängt in hohem Maße von seiner Verwendung im Luftverkehr ab. Man kann auch umgekehrt folgern, daß ein Flughafen nur dann, wenn er gewissen Bedingungen hinsichtlich der Ausrüstung mit Flughafensicherungseinrichtungen genügt, für einen bestimmten Verkehrszweck zugelassen werden kann. Dabei muß der planmäßige Luftverkehr, dessen Betrieb heute weitgehend ohne Rücksicht auf die Flugbedingungen durchgeführt werden muß, besondere Berücksichtigung finden. Den Ausgangspunkt für den Umfang der Ausrüstung wird in allen Fällen eine Mindestausrüstung für jeden dem öffentlichen Luftverkehr dienenden Flughafen bilden müssen, während daran anschließend für einen besonderen Verkehrszweck im Tages- und Nachtluftverkehr behördlicherseits Zusatzeinrichtungen vorzuschreiben sind. Dem Umstand, daß die Flughäfen nicht nur dem inländischen, sondern auch dem ausländischen Luftverkehr dienen, ist hierbei besonders Rechnung zu tragen. Weitgehende Einheitlichkeit der Art und des Umfangs der Ausrüstung mit Flughafensicherungseinrichtungen ist also anzustreben.

IV. Die Betriebsmittel der Flugstreckensicherung im europäischen Luftverkehr.

1. Die Bewegungsvorgänge von Luftfahrzeugen auf den Flugstrecken und ihre Sicherungsbedürfnisse.

Unter „Flugstrecke" wird in den nachstehenden Untersuchungen eine Flugverbindung verstanden, die durch zwei Flughäfen als Endpunkte begrenzt ist. Als Flugstrecken kommen solche über dem Festland und über See in Betracht, wobei man erstere noch in Flachland-, Mittelgebirgs- und Hochgebirgsstrecken unterteilen kann. In welcher Weise sich diese im planmäßigen europäischen Luftverkehr verteilen, wurde im Abschnitt II bereits angedeutet. Von der Flugstrecke zu unterscheiden ist der „Flugweg". Dieser ist die tatsächlich vom Luftfahrzeug durchflogene Strecke zwischen den zu verbindenden Flughäfen. Eine Flugstrecke ist also im Unterschied zum Flugweg die Trasse, die unter theoretischer Berücksichtigung aller Momente, die für die Festlegung des Flugweges in Betracht kommen, auf der Karte vorgesehen ist. Die Trasse ist keineswegs immer die Großkreisentfernung, d. h. die geographische kürzeste Entfernung zwischen den beiden Flughäfen, sie nimmt vielmehr auf die Höhenverhältnisse im Gebirge (Pässe) oder die Breite von Meeresarmen (bei Überflug mit Landflugzeugen) oder Außenlandeschwierigkeiten beim Nachtflug usw. Rücksicht. Eine Festlegung des Flugweges auf längere Zeit im voraus kann dagegen nur selten erfolgen. Dieser wird vielmehr durch den jeweiligen für den Flug günstigen oder ungünstigen Zustand des „Luftmeeres" beeinflußt, der oft zu erheblichen Abweichungen von der trassierten Flugstrecke zwingt. Dies gilt vor allem für Flugstrecken über größere Entfernungen, von denen die in diesem Jahre regelmäßig durchgeführten Südamerikafahrten des Luftschiffs „Graf Zeppelin" besonders erwähnt werden sollen. Es ist Sache der Besatzung eines Luftfahrzeuges, den Flugweg ohne Rücksicht auf die trassierte Flugstrecke so zu wählen, daß den Bedürfnissen der Betriebssicherheit am besten Rechnung getragen ist.

Die Widerstände, die ein Luftfahrzeug bei der Durchführung eines Fluges zu überwinden hat, können in 4 größere Gruppen zusammengefaßt werden. Es sind dies:

1. Wetterverhältnisse,
2. Orientierungsmängel,
3. Außenlandeschwierigkeiten,
4. Eintreten gefahrdrohender Zustände im Luftfahrzeug oder bei der Bodenorganisation.

Die nachstehend zu behandelnden Betriebsmittel der Flugstreckensicherung sind dazu bestimmt, diese Einwirkungen auszuschalten oder wenigstens abzuschwächen. In Frage kommen der Flugwetterdienst, der Signal-, Nachtbefeuerungs- und Funkpeildienst, die Hilfslandeorganisation und die Meldedienste.

2. Betriebsorganisation des Flugwetterdienstes.

Die vom Flugwetterdienst zur Durchführung seiner Aufgaben benötigte Betriebsorganisation wird zweckmäßig in drei Betriebszweige gegliedert:

a) Die Beobachtungsorganisation mit der Aufgabe, die Witterungselemente in der Weise zu beobachten, daß eine Analyse der Wetterlage möglich ist,

b) die Fernmeldeorganisation mit der Aufgabe, diese Beobachtungen zu sammeln und auf dem Funkwege auszustrahlen, um sie einem größeren Verbraucherkreis zugänglich zu machen,

c) die Beratungsorganisation mit der Aufgabe, nach Auswertung des Beobachtungsmaterials die Beratung der Luftfahrer durchzuführen.

Diese Betriebszweige des Flugwetterdienstes haben in Europa eine bestimmte organisatorische Durchbildung erfahren. Auf die Probleme, die dabei zu beachten waren, soll nachstehend näher eingegangen werden.

Zu a: Grundlagen der Beobachtungsorganisation des Flugwetterdienstes.

Für den Flugwetterdienst im europäischen Luftverkehr ist es von Vorteil, daß bereits eine Beobachtungsorganisation für den sogenannten „allgemeinen Wetterdienst" in fast allen Ländern Europas besteht, die die natürliche Grundlage für die weitere Ausgestaltung bilden kann. Dieser allgemeine Wetterdienst ist aus den Bedürfnissen anderer Wirtschafts- und Verkehrszweige entstanden, über die Wetterlage laufend im voraus unterrichtet zu sein, und besteht in vielen Ländern Europas bereits seit Jahrzehnten. Das Beobachtungsnetz des allgemeinen Wetterdienstes enthält fachmeteorologische Beobachtungsstellen in größerer Zahl in jedem Lande, die zu drei bestimmten Terminen am Tage, den sogenannten internationalen synoptischen Terminen[1]) 0800, 1400 und 1900 Uhr regelmäßig Beobachtungen der Wetterlage anstellen. Letztere werden in der Regel durch eine Zentralstelle gesammelt und über einen Sender in jedem Lande ausgestrahlt.

Das Beobachtungsnetz des allgemeinen Wetterdienstes erweist sich für die Flugwetterberatung im europäischen Luftverkehr, vor allem in dichtbeflogenen Gebieten, als unzureichend, weil es verhältnismäßig weitmaschig ist und daher die Feinstruktur des Wetters, die sich aus den geographischen und orographischen Verhältnissen der Erdoberfläche, der Art der Vegetation usw. ergibt, vernachlässigt, keine Beobachtungen aus größerer Höhe der Luftschichten, die für die Luftfahrer besonders wichtig sind, liefert, und schließlich nicht häufig genug beobachtet, um eine ordnungsmäßige Beratung sicherzustellen. Diese Gründe haben dazu geführt, dem vorhandenen Beobachtungsnetz des allgemeinen Wetterdienstes in einigen luftfahrttreibenden Ländern Europas ein Flugwetterbeobachtungsnetz zu überlagern. Ein besonderer Flugwetterbeobachtungsdienst ist entsprechend dem hochentwickelten Luftverkehr dieser Länder in Deutschland, Belgien, Dänemark, Großbritannien, Frankreich, den Niederlanden, Österreich, dem Saargebiet, der Schweiz, der Tschechoslowakei und in Ungarn vorhanden. Alle anderen Länder begnügen sich dagegen mit

---

[1]) Uhrzeiten nach der internationalen Bezeichnung. Beispiel: 0800 == 8 Uhr 00.

dem Beobachtungsnetz des allgemeinen Wetterdienstes, das den Bedürfnissen entsprechend einzelne ergänzende Sonderbeobachtungen wie Höhenwindmessungen usw. für die Luftfahrt liefert.

Für den Flugwetterdienst kommen drei verschiedenartige Beobachtungsnetze in Betracht:

1. Ein synoptisch arbeitendes Netz mit Beobachtungsstellen, die sich über die Fläche eines beflogenen Gebietes verteilen, und das nach Bedarf zu den synoptischen Zeiten um 0200, 0500, 0800, 1100, 1400, 1700, 1900 und 2300 Uhr Beobachtungen anstellt,

2. ein Streckenmeldenetz aus Beobachtungsstellen, die längs der Flugstrecken eingerichtet sind und nur zu den Startzeiten auf benachbarten Flughäfen melden (heute in Deutschland durch das synoptische Netz ersetzt),

3. ein Gefahrenmeldenetz, das aus Beobachtungsstellen hauptsächlich längs der Flugstrecken besteht und nur im Falle gefahrdrohender Witterungserscheinungen (Gewitter, Sturm usw.) meldet.

Diese auf dem Festland bestehenden Netze werden in der Regel durch ein Schiffsmeldenetz, das Spezialbeobachtungen für den Flugwetterdienst liefert, ergänzt.

Die Stellen, die die Beobachtungen vornehmen, können fachmeteorologische oder nichtfachmeteorologische Stellen sein. Der Unterschied zwischen beiden besteht darin, daß die fachmeteorologischen Beobachtungsstellen, die sogenannten „Hauptmeldestellen", mit Hilfe von Instrumenten umfassendere Wetterbeobachtungen anstellen können als die nichtfachmeteorologischen, die sogenannten „Hilfsmeldestellen", deren Beobachtungen Schätzungen sind. Es liegt in der Natur der Sache, daß der Flugwetterdienst dort, wo ein dichtes Beobachtungsnetz notwendig ist, vorzugsweise mit Hilfsmeldestellen arbeiten muß, weil die Aufwendungen für Hauptmeldestellen zu hoch sein würden. Das synoptisch arbeitende Netz besaß bisher vorzugsweise Hauptmeldestellen, zieht aber heute in wachsendem Maße auch Hilfsmeldestellen heran. Zu den wichtigsten Hauptmeldestellen gehören in der Regel die Flugwetterwarten. Es ist nachstehend der Versuch gemacht, die mittlere Dichte der für den Flugwetterdienst in Betracht kommenden Haupt- und Hilfsmeldestellen in den einzelnen Ländern Europas festzustellen, obgleich dieses Verfahren wegen der sich nicht gleichmäßig über die Ländergebiete verteilenden Hilfsmeldestellen nicht ganz einwandfrei ist (vgl. Tabelle 5).

Tabelle 5. **Wettermeldestellen im europäischen Luftverkehr (Stand Sommer 1932).**

Land	Haupt-Flugwettermeldestellen	Hilfs-Flugwettermeldestellen	Sonstige Wettermeldestellen	Insgesamt 2 + 3 + 4	Auf 1 Meldestelle entfallen km²	Bemerkungen
1	2	3	4	5	6	7
Belgien	17	—	—	17	1 700	26 Schiffsmeldestellen
Bulgarien	7	—	—	7	14 750	
Dänemark	7	—	10	17	2 610	
Deutschland	65	338	—	403	1 160	
Estland	—	—	5	5	9 510	
Finnland	—	—	17	17	22 850	
Frankreich	98	89	—	187	2 895	37 Schiffsmeldestellen
Griechenland	—	—	15	15	8 195	
Großbritannien	10	—	55	65	3 720	156 Schiffsmeldestellen
Italien	—	—	97	97	3 195	
Jugoslawien	—	—	66	66	3 770	
Lettland	—	—	5	5	13 160	
Litauen	—	—	4	4	13 975	
Niederlande	8	11	—	19	1 800	
Norwegen	—	—	50	50	6 470	30 Schiffsmeldestellen
Österreich	37	14	31	82	1 020	
Polen	—	—	64	64	6 080	
Portugal	—	—	18	18	4 930	
Rumänien	—	—	19	19	15 500	
Schweden	18	—	46	64	7 000	
Schweiz	6	39	—	45	920	
Spanien	—	—	31	31	16 000	
Tschechoslowakei	20	59	—	79	1 780	
U.S.S.R.	—	—	298	298	14 630	
Ungarn	17	—	10	27	3 440	

Es ist heute im Flugwetterdienst die Tendenz vorhanden, das Streckenmeldenetz in zunehmendem Maße durch ein weiter ausgebautes, synoptisch arbeitendes Meldenetz zu ersetzen, weil die Erfahrungen der letzten Jahre gezeigt haben, daß eine zuverlässige Beratung auch ohne die Beobachtungen der Streckenmeldestellen durch wissenschaftliche Analyse der Wetterlage auf Grund des synoptischen Materials ermöglicht werden kann. Natürlich gilt dies nur für Gebiete mit einem verhältnismäßig dichten Luftverkehrsnetz.

Die Beobachtungen der Meldestellen des Flugwetterdienstes enthalten Angaben über Art der tiefen und mittelhohen Wolken, die Wetterlage (Gewitter, Schnee usw.), Sichtweite, Wolkenhöhe und Grad der Bedeckung, Windrichtung und -stärke, Witterungsverlauf und Gesamtbedeckung des Himmels, ferner Luftdruck, Temperatur, relative Feuchtigkeit, Art der Wolkenbedeckung in großer Höhe, Änderung des Luftdrucks, Art der Luftdruckänderung, Niederschlagsmenge, Extremtemperaturen und Erdbodenzustand. Die Werte für Luftdruck, Temperatur usw. können nur mit Hilfe von Instrumenten gegeben werden; derartige Beobachtungen müssen daher von Hauptmeldestellen angestellt werden. Alle diese Meldungen werden von den Beobachtungsstellen verschlüsselt.

Auf die im Flugwetterdienst zur Anstellung von Beobachtungen verwendeten Hilfsmittel kann im Rahmen dieser Untersuchung nicht näher eingegangen werden. Es wird auf die einschlägige Fachliteratur verwiesen. Aus finanziellen Gründen können nicht alle Hauptmeldestellen vollständig mit Instrumenten ausgestattet werden. Ferner finden Drachen- und Flugzeugaufstiege nur an bestimmten Punkten des Beobachtungsnetzes statt.

Die Zahl der Beobachtungen richtet sich nach der Dichte des Luftverkehrsnetzes und nach der Tageszeit, in der die Flüge durchgeführt werden. Für den Tagesluftverkehr kommen 4 bis 5 dreistündige Termine in Betracht, die noch durch Beobachtungen von Haupt- und Hilfsmeldestellen zu Zwischenterminen zu ergänzen sind. Mit dem Aufkommen des Nachtluftverkehrs mußten weitere Beobachtungstermine nach Bedarf herangezogen werden.

Die vorstehenden Beobachtungen sollen vor allem die Grundlage für die Wetterdiagnose bilden, aus der der Fachmeteorologe die Wetterprognose (Streckenberatung) ableitet.

Zu b: Grundlagen der Fernmeldeorganisation des Flugwetterdienstes.

Die zur Beratung im Luftverkehr erforderlichen Beobachtungen bedürfen wegen der Gefahr des Veraltens einer schnellen Übermittlung vom Beobachtungsort zum Verbrauchsort, eine Aufgabe, die eine besondere Fernmeldeorganisation zu erfüllen hat. Man unterscheidet dabei:

aa) die Fernmeldeorganisation zur Sammlung der Wetterbeobachtungen,
bb) die Fernmeldeorganisation zur Verbreitung der gesammelten Wettermeldungen,
cc) die Fernmeldeorganisation zur Funkaufnahme der benötigten Wettermeldungen am Ort der Flugwetterwarte.

Die Sammlung und Verbreitung des Beobachtungsmaterials des allgemeinen Wetterdienstes erfolgt in der Regel durch eine Stelle in jedem Lande Europas. Dieser Weg ist für den Flugwetterdienst wegen seines besonders umfangreichen Beobachtungsmaterials nicht gangbar, weil sich dabei größere Verzögerungen in der Übermittlung nicht vermeiden lassen würden. Man hat daher das Gebiet eines jeden Landes, das einen Flugwetterdienst besitzt, in „Bezirke" aufgeteilt, in denen je eine „Bezirksflugwetterwarte" für die Sammlung und Verbreitung der Wetterbeobachtungen zuständig ist. Diesen Bezirksflugwetterwarten werden die Wettermeldungen von den Beobachtungsstellen der Bezirke teils über öffentliche Fernmeldestellen, teils auf dem Flugfernmeldenetz zugeleitet.

Die Aufgabe, die gesammelten Meldungen bei geringstem Aufwand an Personal und Material möglichst schnell an die Verbraucherstellen zu leiten, erfolgt im europäischen Luftverkehr durch das sogenannte „Gruppensendesystem". Dieses sieht die Verwendung von drei Sendewellen (228 kc/s (1316 m), 233 kc/s (1288 m), 238 kc/s (1260 m)) und eine wiederkehrende Sendeperiode von einer halben Stunde vor, wobei die Dauer der Aussendung jeder Bezirksflugwetterwarte 5 Minuten beträgt. Durch dieses System ist es möglich, daß zunächst $3 \times 6 = 18$ Sender ihre Ausstrahlun-

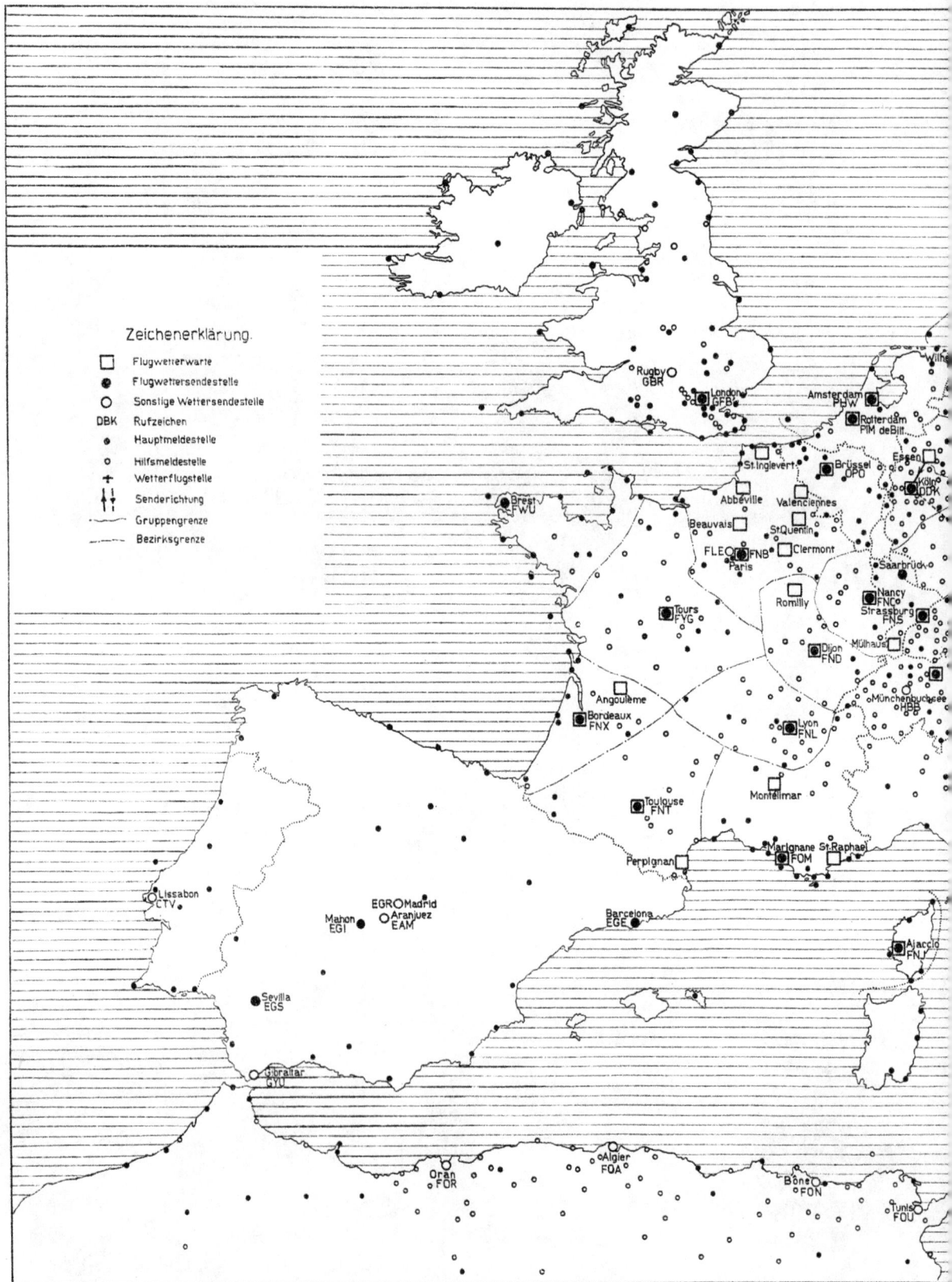

Zeichenerklärung.

☐ Flugwetterwarte
⬖ Flugwettersendestelle
○ Sonstige Wettersendestelle
DBK Rufzeichen
• Hauptmeldestelle
○ Hilfsmeldestelle
⊥ Wetterflugstelle
⬆⬆ Senderichtung
— Gruppengrenze
—·— Bezirksgrenze

Abb. 2. Übersicht über die Flugwetter- und sonstigen Wett
(St

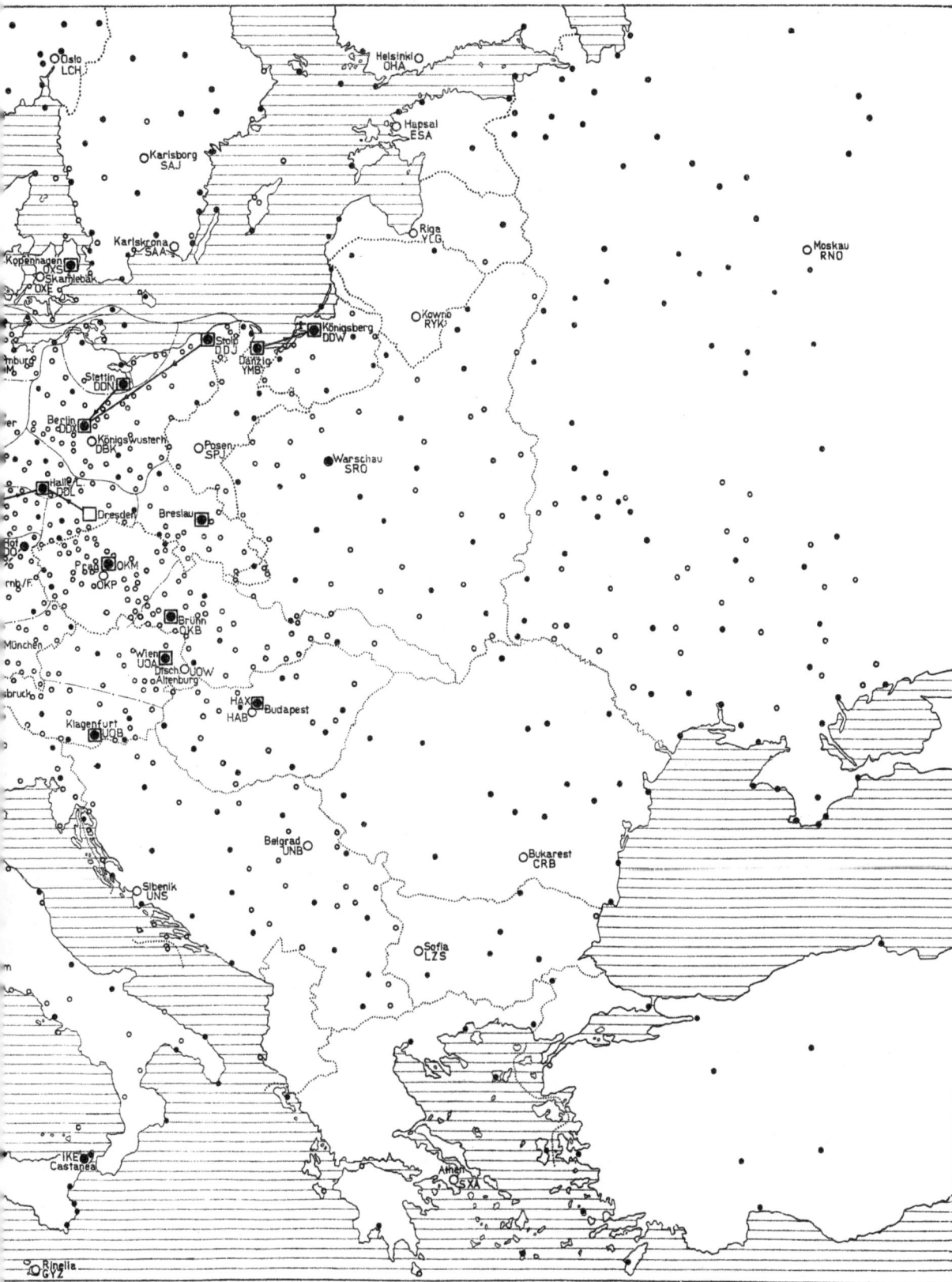

sowie über die Flugwetterwarten im europäischen Luftverkehr.
1932.)

Verlag von R. Oldenbourg, München und Berlin.

gen störungsfrei voneinander vornehmen können. Es bilden dabei immer 6 Sender, die auf der gleichen Welle arbeiten, eine „Gruppe", wonach das System auch „Gruppensendesystem" genannt wird. Da nun weit mehr als 18 Sender für Flugwettersendezwecke in Europa gebraucht werden, hat man weitere Gruppen von je 6 Sendern unter Zuteilung der gleichen Sendewellen geschaffen. Um Störungen weitgehend zu vermeiden, hat man die Sender weiterer Gruppen mit Aussendungen auf gleicher Welle und zu gleichen Zeiten örtlich möglichst weit auseinandergelegt. Heute sind in Europa folgende Gruppenwettersender in Tätigkeit: In Deutschland 7, in Belgien 1, Dänemark 1, Großbritannien 1, Frankreich 11, in den Niederlanden 1, in Österreich 2, im Saargebiet 1, in der Schweiz 1, in der Tschechoslowakei 2 und in Ungarn 1, zusammen 29 Sender. Eine Vermehrung von Sendern kann, wie leicht zu ersehen ist, ohne Schwierigkeiten erfolgen.

Es muß der Vollständigkeit halber noch erwähnt werden, daß die als Sammelstellen von Flugwettermeldungen in Betracht kommenden Bezirksflugwetterwarten nur dann die Aussendung selbst vornehmen, wenn sie über einen eigenen Wettersender am Ort verfügen. Andernfalls muß noch eine Weiterleitung an die zuständige Gruppensendestelle erfolgen. Z. B. laufen die Flugwettermeldungen der Bezirksflugwetterwarten Bremen und Hannover nach Hamburg, das sie zusammen mit den eigenen Bezirksmeldungen ausstrahlt. Auf diese Weise werden in Deutschland Bezirksflugwettermeldungen aus 16 Bezirken von 7 Sendern ausgestrahlt (Abb. 2).

Das Gruppensendesystem hat für den europäischen Luftverkehr große Vorteile, weil es die Flugwetterbeobachtungen mit der geringstmöglichen Verzögerung den Verbrauchern zuführt. Die Verwendung von nur drei Sendewellen macht den Einsatz von höchstens 3 Wetteraufnahmestellen gleichzeitig erforderlich. In den meisten Fällen kommt man jedoch mit zwei Aufnahmestellen aus. Allerdings ist das Gebiet, aus dem Wettermeldungen aufgenommen werden können, begrenzt, weil im Höchstfalle nur die Wettermeldungen von 18 Gruppensendestellen aufgenommen werden können. Indessen genügt dies für die meisten Strecken innerhalb des europäischen Luftverkehrsnetzes vollauf. Erst für die Beratung längerer Strecken müssen Beobachtungen aus einem größeren Gebiet aufgenommen werden, um die „Großwetterlage" beurteilen zu können.

Die Beratung der letztgenannten Flüge erfolgt meist mit Hilfe des von den Sendestellen des allgemeinen Wetterdienstes gelieferten Beobachtungsmaterials, das noch durch Sonderbeobachtungen aerologischen Inhalts ergänzt ist.

Derartige Sammelmeldungen sind in Europa

1. das Meteo-Zentral-Europa mit Einzelwettermeldungen aus Deutschland, Österreich, der Tschechoslowakei, Ungarn, Polen, Litauen, Lettland, Estland, Finnland, Dänemark, Norwegen und Schweden, Welle 89,5 kc/s (3350 m),
2. das Meteo-West-Europa mit Einzelmeldungen aus Algerien, Belgien, Spanien, Frankreich, Großbritannien, den Niederlanden, Irland, Italien, Marokko, Portugal, Schweiz, Saargebiet, Tripolis und Tunis, Welle 41,67 kc/s (7200 m),
3. das Meteo-Ost-Europa mit Einzelmeldungen aus den russischen Sowjetrepubliken, Welle 89,5 kc/s (3350 m).

Aerologische Sammelmeldungen enthalten demgegenüber Beobachtungen von Pilot-, Drachen- und Flugzeugaufstiegen, die zur Erleichterung der Funkaufnahme bei den Verbrauchern in der Regel ebenfalls von einer Funkstelle in jedem Lande ausgestrahlt werden.

Eine Reihe europäischer Länder, die an das oben geschilderte Regionalsendesystem nicht angeschlossen sind, übermitteln für Luftfahrtzwecke z. T. besondere Meldungen, so z. B. Italien, das zweistündig Klartextmeldungen über die Wetterlage auf den einzelnen planmäßigen Flugstrecken ausstrahlt. Zusätzliche Wetterausstrahlungen dieser Art kennt auch Frankreich[1]). Ein Eingehen auf diese Verhältnisse verbietet hier der Raum und der Zweck der Untersuchung.

Zu c: Grundlagen der Beratungsorganisation des Flugwetterdienstes.

Die Aufgabe der Flugwetterberatung im europäischen Luftverkehr besteht darin, auf Grund des zur Verfügung stehenden Beobachtungsmaterials, das in Form von Karten verarbeitet wird,

---

[1]) Vgl. Flugfunkwetter, herausgegeben von der Zentralstelle für Flugsicherung, Berlin SW. 11.

eine Beratung aller Flugstrecken innerhalb Europas und derjenigen, die von Europa nach anderen Kontinenten führen, zu ermöglichen. Dabei muß diese Beratung ohne Rücksicht darauf, ob es sich um planmäßige oder nichtplanmäßige Flüge handelt, durchführbar sein.

Man unterscheidet zwischen:

aa) der mündlichen Beratung des Flugzeugführers durch eine Flugwetterwarte auf dem Startflughafen,

bb) der fernmündlichen oder fernschriftlichen Beratung des Flugzeugführers, der sich auf einem Flughafen ohne Flugwetterwarte befindet,

cc) der drahtlosen Beratung des Flugzeugführers während des Fluges.

Die mündliche Beratung wird Flugzeugführern grundsätzlich durch fachmeteorologisches Personal von Flugwetterwarten auf dem Flughafen kurz vor Antritt des Fluges erteilt. Sie wird dort für erforderlich gehalten, wo längere Flüge auf dem Ausgangshafen einer Flugstrecke „durchberaten" werden sollen. Derartige Flughäfen besitzen daher in Europa in der überwiegenden Mehrzahl Flugwetterwarten mit wissenschaftlich geschultem Personal. In Deutschland sind es 16, in Frankreich 23, in Holland 2, in Großbritannien 2, in Österreich 3, in der Schweiz 3. Bei der mündlichen Beratung ist es besonders wichtig, den Flugzeugführer an Hand der Wetterkarten über die Tendenz der Wetterlage aufzuklären, d. h. ob diese anhält oder Änderungen unterworfen ist. Handelt es sich um Weitstreckenflüge, so ist die Abgabe einer zuverlässigen Prognose durch den Meteorologen oft von entscheidender Bedeutung für die Durchführung der Flüge (vgl. Flüge Do X und Fahrten des Luftschiffes „Graf Zeppelin"). Zur Unterstützung der mündlichen Beratung erhält der Flugzeugführer im innereuropäischen Verkehr einen Wetterzettel, auf dem sich neben den Beobachtungswerten von Streckenmeldestellen auf der zu befliegenden Strecke vor allem in stichwortähnlicher Form eine Prognose, Höhenwindmeldungen, sowie Angabe von Sonnenauf- und -untergang befinden.

Der weitaus größte Teil der Flughäfen Europas verfügt über keine besondere Flugwetterwarte und ist daher auf die indirekte Form der Beratung durch eine benachbarte Flugwetterwarte mit Hilfe des Fernsprechers oder Fernschreibers angewiesen. Daneben wird heute in einigen europäischen Ländern noch das Cina-System angewendet, durch das die Wetterlage auf benachbarten Flughäfen symbolisch durch kleine Holztäfelchen, die an einem Gestell befestigt sind, dargestellt wird. Dieses System ist heute als überholt zu bezeichnen, weil die Wetterentwicklung darin außer Acht bleibt. Der Nachteil einer fernmündlichen oder fernschriftlichen Beratung besteht hauptsächlich darin, daß der Flugzeugführer keinen Überblick über die Wetterlage aus der Wetterkarte hat. Es sind allerdings Bestrebungen im Gange, Karten mit einer Wetterübersicht auf dem Bildfunkwege an solche Flughäfen zu übermitteln. Dadurch würde die Beratung erheblich verbessert werden.

Die beiden vorstehenden Möglichkeiten der Flugberatung leiden darunter, daß der Wert der Beratung mit der zunehmenden Entfernung des Luftfahrzeugs vom Beratungsort laufend abnimmt. Auch eine gute Prognose vermag Zufälligkeiten, wie sie die Wetterlage mit sich zu bringen pflegt, nicht zu übersehen. Aus dieser Tatsache erklärt sich das Bedürfnis der Flugzeugführer, neben der Bodenberatung eine weitere laufende Beratung in der Luft zu erhalten. Dies kann geschehen, wenn den Flugwetterwarten Bodenfunkstellen zur Verfügung stehen und die Luftfahrzeuge mit Funkgerät ausgerüstet sind. In Europa ist die Flugberatung in der Luft ein wichtiges Gebiet des Meldedienstes für Luftfahrzeuge. Die weitaus meisten Bodenfunkstellen sind unmittelbar mit einer Flugwetterwarte durch Fernsprechleitung verbunden. Der Beratungsdienst wickelt sich dann innerhalb der Organisationsform des Bodenfunkdienstes ab, auf die noch zurückzukommen sein wird. Es erübrigt sich daher, auf die Betriebsabwicklung des drahtlosen Wetterberatungsdienstes hier näher einzugehen. Sind Funkverkehrsbezirke vorhanden, so müssen diese möglichst mit den Bezirken, aus denen die betreffende Flugwetterwarte am Sitz der Bodenfunkstelle ihre Wettermeldungen bezieht, zusammengelegt werden, um die Abgabe der Meldungen zu erleichtern. Vielleicht kann diese Wetterberatung, die heute in Form der telephonischen oder telegraphischen Übermittlung erfolgt, später einmal durch Anwendung von Bildfunkübertragung verbessert werden. Die bisherigen Erfolge auf diesem Gebiet sind jedoch wenig ermutigend, so daß man bisher in Europa einen derartigen Dienst nicht eingerichtet hat.

Von besonderer Bedeutung ist der Fall, wo die Luftfahrzeuge nicht über ein Gebiet fliegen, in dem sich ein Bodenberatungsdienst befindet, z. B. über See oder über Länder ohne Luftverkehr. Es besteht dann oft nur die Möglichkeit, die Luftfahrzeuge mittels eines starken Senders von der Heimat aus drahtlos zu beraten. Dieser Fall ist z. B. bei den Fahrten des Luftschiffs „Graf Zeppelin" sowie bei den Flügen des Do X in Erscheinung getreten. Die Beratung erfolgte hierbei durch die Deutsche Seewarte über einen Kurzwellensender der Flughafenfunkstelle Hamburg.

Die vorstehende „individuelle" drahtlose Beratung, wie sie heute in Europa geübt wird, läßt sich bei weiterer Steigerung der Verkehrsdichte in manchen Bezirken u. U. nicht aufrecht- erhalten. Es kann sich dann infolge Überlastung der Bodenfunkstelle die Notwendigkeit ergeben, drahtlose Rundmeldungen an alle in einem Funkverkehrsbezirk fliegenden Luftfahrzeuge in be- stimmten Zeitabständen abzugeben, während eine Einzelberatung auf Sonderfälle beschränkt bleibt.

Es darf an dieser Stelle der Vollständigkeit halber noch erwähnt werden, daß nicht alle Luft- fahrzeuge auf die drahtlose Beratung in der obenstehenden Form angewiesen sind. Wo die Raum- verhältnisse es gestatten, wie z. B. auf Luftschiffen, besteht daneben die Möglichkeit, sich durch Funkempfang an Bord selbst in den Besitz der benötigten Wettermeldungen zu setzen und diese auszuwerten. Es ist bekannt, daß das Luftschiff „Graf Zeppelin" diese Form der „Eigenberatung" in jeder Weise bevorzugt und die Funkstelle an Bord zu einem großen Teil der Betriebszeit mit der Aufnahme von Wettermeldungen beschäftigt ist. Die heutigen Größenverhältnisse der Flug- zeuge gestatten diese Art der Beschaffung von Wettermeldungen jedoch nicht.

3. Unterstützung der Navigation auf Luftfahrzeugen durch optische Signalmittel und Funkpeilung.

Zur Unterstützung der terrestrischen Navigation von Luftfahrzeugen während des Tagesluft- verkehrs können die Namen größerer Ortschaften auf Bahnhofsdächern, Gasometern oder an sonst gut sichtbaren Punkten dieser Orte offen oder als Symbole angebracht werden, um die schnelle Orientierung aus der Luft zu erleichtern. Für weniger geübte Piloten oder Sportflieger, die über ein ihnen unbekanntes Fluggebiet fliegen, bedeuten diese Bodenkennzeichen sicherlich eine Unter- stützung für die Navigation, so daß ihre Einführung bei Aufkommen eines regen Sportluftverkehrs vielleicht empfehlenswert ist. Für Verkehrspiloten haben diese Bodenkennungen weniger Be- deutung, da sie gewohnt sind, sich mit Hilfe ihres Kartenmaterials über Land überall zu orientieren. In Europa haben sich derartige Bodenkennzeichen wegen Fehlens eines ausgedehnten Privat- und Sportflugbetriebes in nur sehr geringem Umfange einführen können. Da diese auch in Zukunft nur für Sport- und Privatflieger usw. in Betracht kommen, dürften Ortsnamen- symbole, die erst ein Nachschlagen in einem Verzeichnis notwendig machen, wenig geeignet sein.

Für die Kennzeichnung von Luftfahrthindernissen auf den Flugstrecken für den Tagesluft- verkehr können nur allgemeine Richtlinien angegeben werden. Die Entscheidung darüber kann grundsätzlich nur im Einzelfalle getroffen werden. Es können jedenfalls immer nur solche Luft- fahrthindernisse kenntlich gemacht werden, die durch ihre Höhe, mit der sie über das umliegende Gelände hinausragen, und die relative Unsichtbarkeit (Gittermasten) eine besondere Gefahr für die Luftfahrt auf viel beflogenen Strecken bedeuten. Dies ist z. B. bei Hochspannungsleitungs- masten, die in einem Tal errichtet sind, nicht der Fall, wohl aber, wenn sie sich auf einer Hügel- kette im Bereich eines viel beflogenen Luftweges befinden. Die Kenntlichmachung der Gitter- masten erfolgt dabei, wie bereits an anderer Stelle hervorgehoben, durch Rot-weiß-Anstrich. So- weit bekannt, wird in Europa von der Möglichkeit, Luftfahrthindernisse derart zu kennzeichnen, kaum Gebrauch gemacht.

In der Dämmerung oder zur Nachtzeit bestehen für Luftfahrzeuge nicht die gleichen Orientie- rungsmöglichkeiten mit Hilfe der terrestrischen Navigation wie am Tage. In dunklen Nächten ist eine solche überhaupt unmöglich. Es müssen dann — da man sich im Luftverkehr nicht allein auf die astronomische Navigation stützen kann — die fehlenden natürlichen Orientierungspunkte am

Boden durch künstliche in Gestalt von Feuern ersetzt werden. Über die Anordnung dieser Feuer gehen die Meinungen im europäischen Luftverkehr heute noch sehr auseinander. Auf der ersten Nachtflugstrecke in Europa, Berlin—Königsberg, wurden von Deutschland im Jahre 1926 Abstände von 25 bis 35 km zwischen den Hauptfeuern, die in gerader Linie angeordnet und als weiße Drehfeuer ohne Kennung ausgebildet waren, vorgesehen. Dazwischen errichtete man längs der Strecke, meist in Ortschaften, rote Hilfsfeuer (Festfeuer) in Abständen von 5 bis 6 km voneinander. Auch auf der Nachtflugstrecke Berlin—Hannover, die im Jahre 1927 eingerichtet wurde, wurde diese Anordnung gewählt. Die Hauptfeuer, „Flugstreckenfeuer" genannt, haben eine mittlere Tragweite von 50 bis 70 km (300 000 bis 1 800 000 H. K.), die Zwischenfeuer eine solche von etwa 20 km, so daß man bei einigermaßen klarer Sicht bei einem Flug über die Strecke oft eine ganze Reihe von Feuern gleichzeitig erkennen kann.

Diese Anordnung ist seit einiger Zeit verlassen worden. Man hat auf den von Hannover nach Westen führenden Nachtflugstrecken die Flugstreckenfeuer in einer Entfernung von 15 bis 25 km voneinander errichtet und auf die Zwischenfeuer verzichtet. Die Feuer besitzen die gleiche mittlere Tragweite wie die oben genannten. Nicht zuletzt durch die zunehmende Verwendung der Funkpeileinrichtungen hat man jetzt die Entfernungen wieder vergrößert, so auf dem holländischen Streckenteil der Strecke Hannover—Amsterdam (40 km) und auf der kürzlich errichteten Ausweichstrecke Hannover—Dortmund—Köln (40 bis 50 km), in beiden Fällen ohne Zwischenfeuer.

Die Geradlinigkeit der Feuerlinien ist ein im europäischen Luftverkehr keineswegs anerkanntes Prinzip. Frankreich, Belgien und auch England haben die Feuer verhältnismäßig willkürlich unter Benutzung geeigneter Stützpunkte errichtet, ohne sich durch ein Abweichen von der geraden Linie stören zu lassen. Auch die Abstände sind nicht so einheitlich wie in Deutschland. Ferner kennt man in Frankreich sogenannte „Großnavigationsfeuer" mit sehr großen Lichtstärken, wie dasjenige auf dem Mt. Affrique, Mt. Cindre und Mt. Valérien. Deutscherseits hält man bei der fortschreitenden Anwendung des Blind- und Überwolkenfluges die absolute Geradlinigkeit der Befeuerungslinien für erforderlich, um die Abtriftbestimmung vor Aufgabe der Bodensicht zu ermöglichen und so das Wiederfinden der Befeuerungslinie zu erleichtern. Im übrigen werden Zusammenstoßgefahren durch die Geradlinigkeit der Strecke vermieden, weil sich die Flugzeuge je nach Flugrichtung in gewissem Abstand rechts oder links von der Strecke halten können.

Die Trassierung der Nachtflugstrecken ist bis vor kurzem immer unter dem Gesichtspunkt erfolgt, Hindernisse wie Gebirgsketten, Industriegelände usw. möglichst zu vermeiden. An diesem Grundsatz kann jedoch heute nicht mehr im gleichen Maße festgehalten werden, weil hierdurch die Anlage von Nachtfeuerstrecken über gebirgigem Gelände unmöglich gemacht würde. Die im Jahre 1932 errichteten Befeuerungslinien Köln—Frankfurt sowie Hannover—Köln weichen daher schon von dieser Gepflogenheit ab. Dadurch werden Knickpunkte, wie man sie bei den bisherigen Befeuerungslinien findet (vgl. Abb. 5), vermieden. Diese Knickpunkte sind heute durch stärkere Flugstreckenfeuer und kleinere (farbige) Zusatzfeuer, die die nach beiden Richtungen abgehenden Zweigfeuerketten kennzeichnen, versehen. In Küstengegenden, z. B. an der holländisch-belgischen Küste, am Fehmarn-Belt usw., bilden die dort vorhandenen Seefeuer vielfach den Ersatz für die sonst notwendigen Flugstreckenfeuer.

Die Zahl der auf den europäischen Nachtflugstrecken vorgesehenen Flugstreckenfeuer ist aus Tabelle 6 ersichtlich.

Ein besonderes Problem ist die Anbringung einer besonderen Kennung für die Flugstreckenfeuer. Diese sind in Europa mit Ausnahme eines Teils der Flugstreckenfeuer in Frankreich und der Seefeuer sämtlich Drehfeuer ohne Kennung (Blink 0,2 Sekunden, Wiederkehr in 3 bzw. 4 Sekunden). Besondere Untersuchungen haben gezeigt, daß eine Morsekennung vom Flugzeug aus schwer erkennbar ist. Man beabsichtigt heute, den Drehfeuern eine Kennung durch Aufsetzen von „Toplichtern", die sich durch Morsezeichen oder Farbe oder beides voneinander unterscheiden, zu geben. Die Tragweite dieser Zusatzfeuer braucht naturgemäß nur gering zu sein. Der Pilot muß dann, um ein Drehfeuer zu erkennen, in größerer Nähe an diesem vorbeifliegen. Infolge der großen Eigengeschwindigkeit der Flugzeuge läßt sich dies ohne weiteres ermöglichen.

Tabelle 6. **Zahl der Flugstreckenfeuer, befeuerten Flughäfen und Hilfslandeplätze auf europäischen Nachtflugstrecken.**

Strecke	Zahl der Flugstreckenhauptfeuer einschl. Seefeuer	Zahl der Zwischenfeuer	Zahl der befeuerten Flughäfen und Hilfslandeplätze
1	2	3	4
Berlin—Danzig—Königsberg	26	4[1])	12
Berlin—Halle/Leipzig	5	1	3
Berlin—Hannover—Amsterdam	31	2	10
Berlin—Hannover—Köln (Hauptstrecke) . .	30	—	13
Berlin—Hannover—Köln (über Dortmund) .	19	—	10
Hannover—Kopenhagen	20	—	6
Köln—Brüssel—London	23	6	7
Köln—Frankfurt (Main)	4	—	4
Brüssel—Paris (Le Bourget)	7	8	2
Paris—London	12	8	3
Paris-Straßburg	14	19	2
Paris—Marseille	12	7	4
Marseille—Perpignan	3	2	3
Perpignan—Bordeaux	9	7	3

[1]) Alle übrigen gelöscht.

Die optischen Signalmittel für den Nachtluftverkehr haben noch die Aufgabe, die auf den Flugstrecken liegenden Hindernisse zu kennzeichnen. Da der Nachtluftverkehr sich auf bestimmte Linien zusammendrängt, ist eine Hindernisbezeichnung bei Nacht bedeutend wichtiger als im Tagesluftverkehr. Sie erfolgt in der Regel durch Beleuchtung der Luftfahrthindernisse mittels roter Lampen. Die Entscheidung über die Notwendigkeit Luftfahrthindernisse der oben bezeichneten Art zu beleuchten, kann nur von Fall zu Fall getroffen werden. In Frage kommen z. B. Großfunkstationen, die in der Nähe von regelmäßig beflogenen Nachtflugstrecken liegen. So ist bei der Hauptfunkstelle der Deutschen Reichspost in Königswusterhausen eine Hindernisbeleuchtung in Form von 4 roten sich drehenden Feuern vorgesehen worden. Ein Bedürfnis für die Kenntlichmachung von Luftfahrthindernissen, die nicht auf den regelmäßig beflogenen Nachtflugstrecken liegen, kann im allgemeinen nicht anerkannt werden.

Die optischen Signalmittel sind in ihrer Anwendung in dreierlei Hinsicht begrenzt:

1. ermöglichen sie eine Unterstützung der Flugnavigation nur auf dem Festland (einschließlich eines schmalen Streifens nach See hin), weil ihre Errichtung in der Regel nur auf dem Festlande möglich und ihre Reichweite begrenzt ist,

2. werden sie unwirksam, wenn die natürliche Sicht unter eine bestimmte Grenze sinkt, weil sie dann nicht mehr vom Luftfahrzeug aus gesehen werden,

3. veranlassen sie die Luftfahrzeuge, sich tunlichst in Richtung der Feuerlinie zu halten, so daß Ausweichflüge, wie sie auf Grund der meteorologischen Bedingungen oft erforderlich sind, unmöglich gemacht werden.

Für den planmäßigen Verkehrsflug, an den dauernd wachsende Anforderungen hinsichtlich Regelmäßigkeit und Sicherheit gestellt werden, sind diese Momente von ausschlaggebender Bedeutung. Infolgedessen hat die Funkpeilung, die die Unzulänglichkeit der optischen Signalmittel weitgehend ausschaltet, im europäischen Luftverkehr umfassende Anwendung gefunden.

Vorherrschend ist auf der ganzen Linie das sogenannte „Fremdpeilsystem", dessen betriebstechnische Eigentümlichkeit darin besteht, daß mit Hilfe besonderer Einrichtungen ein Richtempfang von Zeichen, die vom Luftfahrzeug ausgesandt werden, am Boden stattfindet. Neben dem Fremdpeilsystem gibt es noch das „Eigenpeilsystem" und das „Mischpeilsystem", von denen ersteres mit Richtempfang im Luftfahrzeug und Zeichenaussendung am Boden, letzteres mit Richtsendung am Boden und ungerichtetem Empfang im Luftfahrzeug arbeitet. Die Mischpeilung ist in der Luftfahrt besonders durch das Leitstrahlverfahren (Wechseltastungs- oder Doppelmodulationsverfahren) eingeführt. Die technischen Grundlagen dieser Systeme müssen für die nachstehende Untersuchung als bekannt vorausgesetzt werden, da ein Eingehen darauf an dieser Stelle zu weit führen würde[1]).

Die nachstehende Untersuchung hat festzustellen, in welcher Weise heute die Fremdpeilung im europäischen Luftverkehr arbeitet, um danach eine betriebstechnische Prüfung anzustellen, ob und in welcher Weise auch die beiden anderen Peilsysteme im europäischen Luftverkehr mit Vorteil verwendet werden können.

Das Fremdpeilsystem baut in Europa auf der noch zu behandelnden Bodenfunkorganisation für Luftfahrzeuge auf. Fremdpeilanlagen sind erstmalig von den europäischen Weststaaten (England, Frankreich, Holland) im planmäßigen Luftverkehr eingeführt worden und haben sich später über fast ganz Europa verbreitet. Die betriebliche Ausgestaltung des Fremdpeildienstes erfordert am Boden lediglich eine Richtempfangsanlage (Goniometer oder Einrahmenpeiler) als Ergänzung zu der für den Nachrichtenverkehr erforderlichen Sende- und Empfangsanlage. Im Luftfahrzeug bedarf es außer der für den Nachrichtenaustausch bestimmten Funkanlage keiner besonderen Einrichtungen. Die Anordnung ist also ohne große Aufwendungen herzustellen und wirkt bestechend durch die Tatsache, daß bei einem in der obigen Weise durchgebildeten „Kombinationsbetrieb" am Boden von den Luftfahrzeugen neben Nachrichten auch Peilungen angefordert werden können, ohne daß eine Umschaltung der Funkanlage im Flugzeug nötig ist.

Durch den Funkpeildienst können sowohl Richtungsangaben als auch — bei Vorhandensein anderer Peilstellen in geeigneter Entfernung — Standortangaben gemacht werden. Diese sind besonders wichtig, wenn Ausweichkurse geflogen werden. In dem letztgenannten Fall muß die angerufene Peilstelle, „Hauptpeilstelle" genannt, ein oder zwei andere Peilstellen, „Hilfspeilstellen" genannt, zur Mitpeilung auffordern und das von letzteren übermittelte Peilergebnis auf einer Karte auswerten. Diese Peilung nennt man Kreuzpeilung, weil die von den einzelnen Peilstellen gewonnenen Richtungen sich auf der Karte kreuzen und so den Standort des Luftfahrzeuges im Zeitpunkt der Peilung angeben. Als Anhaltspunkt für den Standort sind in den beteiligten europäischen Ländern in den Karten „Bezugspunkte" festgelegt worden, die auch den Luftfahrern bekannt sind. Kursangaben können zu dem Flughafen, auf dem die Peilstelle sich befindet, und — nach vorheriger Standortbestimmung — auch nach beliebigen anderen Orten gemacht werden. Von ihnen wird in der Regel mehr Gebrauch gemacht als von Standortpeilungen. In Deutschland war die Verteilung in den Jahren 1930 und 1931 folgende:

Jahr	Standortpeilungen		Ziel- und Kurspeilungen	
	Zahl	%	Zahl	%
1930	2509	50,4	2469	49,6
1931	4222	32,2	8885	67,8

Über die sonstigen betrieblichen Eigenschaften des Fremdpeilsystems wird anläßlich des Vergleichs mit den übrigen Peilsystemen eingegangen werden. Das Betriebsverfahren für die Anforderung und Abgabe von Luftfahrtpeilungen ist für das Gebiet der sogenannten ILK-Staaten in der Betriebsordnung für den internationalen Flugfunkdienst festgelegt worden.

Die in Europa vorhandenen Bodenpeilstellen gehen aus Abb. 1 hervor. Sie liegen im Zuge der Linien des planmäßigen Luftverkehrs und werden ergänzt durch Seefunkpeilstellen, die von Wasserflugzeugen in der Regel mitbenutzt werden können. Zahlenmäßig ergibt sich bei den einzelnen europäischen Ländern folgende Verteilung (vgl. Tabelle 7).

Der deutsche Anteil an den Peilstellen ist ein verhältnismäßig großer, weil Deutschland von den meisten mit Funkgerät ausgerüsteten Luftfahrzeugen des planmäßigen Verkehrs überflogen wird und daher um einen entsprechenden Ausbau seines Peilnetzes besorgt sein mußte.

In England und Frankreich hat man außerdem — in erster Linie zur Sicherung der stark beflogenen Linie Paris—London — das Mischpeilsystem durch Verwendung von Richtfunkfeuern

---

[1]) Eingehende Untersuchungen über die Peilsysteme finden sich in Faßbender, Hochfrequenztechnik in der Luftfahrt, Berlin 1932.

Tabelle 7. **Funkpeilstellen für den europäischen Luftverkehr (Stand Sommer 1932).**

Land	Zahl der Flugfunk- peilstellen	Zahl der Seefunk- peilstellen	Zusammen	Bemerkungen
Belgien	2	—	2	
Bulgarien.	2	—	2	
Dänemark	1	—	1	
Deutschland . . .	16	3	19	einschl. Saargebiet und Danzig
Finnland	. .	1	1	
Frankreich	7	13	20	
Griechenland . . .	1	—	1	
Großbritannien . .	3	6	9	
Irland	—	1	1	
Italien	5	2	7	
Lettland	—	3	3	
Niederlande. . . .	2	4	6	
Norwegen.	— —	4	4	
Österreich.	3	—	3	
Portugal	. .	4	4	
Rumänien	2	—	2	
Schweden.	1	4	5	
Schweiz	3	—	3	
Spanien	7	4	11	
Tschechoslowakei .	3	—	3	5 geplant
U. S. S. R.	2	—	2	

in Orfordness und Abbéville versuchsweise eingeführt. Ersteres arbeitet mit umlaufendem, letzteres mit festem Strahl.

Das Fremdpeilsystem ist in Europa nicht nur wegen seiner betrieblichen Einfachheit eingeführt worden, es hatte auch den Vorzug, früher da zu sein, als die beiden anderen Systeme, die erst seit wenigen Jahren als betriebsreif anzusprechen sind. Es ist nun die Frage zu untersuchen, in welchem Umfange sich in Europa die anderen Systeme einführen können, weil ihnen Vorzüge anhaften, die das Fremdpeilsystem nicht besitzt. Dies muß vor allem im Hinblick auf die Tatsache geschehen, daß das Leitstrahlsystem im Luftverkehr der Vereinigten Staaten von Amerika und das Eigenpeilsystem in der internationalen Schiffahrt eine so umfassende Verbreitung gefunden haben. Die Untersuchung soll unter Zugrundelegung der nachstehenden betrieblich wesentlichen Punkte erfolgen. Bei dem internationalen Charakter des Luftverkehrs kann jedoch die Frage des anzuwendenden Peilsystems nicht von einem einzelnen Lande entschieden werden.

Peilreichweite.

Unter Peilreichweite versteht man die Entfernung, in der eine Richtungsbestimmung mittels Richtsenden oder Richtempfang durch Peilstellen noch ermöglicht werden kann. Beim Fremdpeilsystem hängt die Peilreichweite von der Sendeenergie der Funkanlage auf dem Luftfahrzeug ab. Diese kann nur in bestimmten Grenzen vergrößert werden, weil damit eine Gewichtsvermehrung Hand in Hand geht. Über Land kann man mit den größten europäischen Flugzeugsendegeräten mit einer maximalen Peilreichweite von etwa 300 km rechnen, über See vergrößert sich diese auf etwa 500 km. Luftschiffunkgeräte, deren Gewicht nicht so begrenzt ist, ermöglichen Peilreichweiten bis zu 1000 km und darüber. Beim Eigenpeilsystem ist die Peilreichweite von der Stärke der Bodensendeanlagen abhängig und daher theoretisch unbegrenzt. In der Praxis erzielt man mit den vorhandenen starken Küstenfunkstellen Peilreichweiten über See bis zu 2000 km. Ähnlich liegen die Verhältnisse beim Mischpeilsystem. Auch hier wird die Peilreichweite durch die Sendestärke der Bodenfunkeinrichtungen entscheidend beeinflußt. In der Praxis sollen Peilreichweiten mit diesem System von mehreren tausend Kilometern erreicht worden sein.

Die vorgenannten Peilreichweiten erhalten betrieblich ihren Wert dadurch, daß man sie tatsächlich ausnutzen kann. Dies ist für die großen Reichweiten des Eigen- und Mischpeilsystems in Europa nur in beschränktem Umfange der Fall. In Frage kommen Flüge über weite Seestrecken,

z. B. die Transatlantikflüge von Europa aus, ferner Flüge über Asien nach dem fernen Osten. Man wird hier, was die Reichweite anlangt, sicher dem Eigen- oder Mischpeilsystem den Vorzug vor dem Fremdpeilsystem geben müssen. Bei den Entfernungen, die innerhalb Europas in Betracht kommen, kommt man jedoch ohne Schwierigkeiten auch mit dem Fremdpeilsystem aus, zumal die Bodenfunkorganisation für den Luftfahrzeugmeldedienst in dem größten Teil der europäischen Staaten gut ausgebaut ist. Infolgedessen steht hier das Fremdpeilsystem soweit die Reichweite in Betracht kommt, durchaus gleichwertig neben den beiden anderen Peilsystemen.

Vielseitigkeit der Anwendung.

Für die Wahl des Peilsystems ist die Möglichkeit seiner vielseitigen Anwendung von Bedeutung. Für die Luftfahrt handelt es sich zur Unterstützung der Navigation darum, sowohl Kursangaben zu beliebigen Flughäfen eines beflogenen Gebietes als auch Standortangaben zu erhalten. Alle drei Peilsysteme sind in der Lage, Kursangaben zu liefern. Beim Fremdpeilsystem geschieht dies zumeist in der Weise, daß dem Luftfahrzeug die Richtung zu dem Flughafen, auf dem sich die Bodenpeilstelle befindet, angegeben wird. Die Richtungsangabe zu anderen Flughäfen ist dann möglich, wenn vorher durch Kreuzpeilung der Standort des Luftfahrzeuges bestimmt und von dort der Kurs zu dem gewünschten Punkt hin abgesetzt werden kann. Dies ist im europäischen Luftverkehr wegen der ausgedehnten Bodenfunkorganisation meistens der Fall. Zur Kursbestimmung beim Eigenpeilsystem muß ein Sender in der vom Flugzeug einzuschlagenden Richtung vorhanden sein, der in dem vom Eigenpeiler einstellbaren Wellenbereich sendet. Benutzt werden meist Rundfunksender mit Rücksicht auf ihre große Sendeenergie. Andernfalls muß vorher der Standort des Luftfahrzeuges bestimmt werden, um den Kurs absetzen zu können. Beim Mischpeilsystem ist der Kurs durch den Richtstrahl des Bodensenders festgelegt.

Auch Standortangaben kann jedes der drei Peilsysteme liefern. Bei der Fremdpeilung wird die Standortbestimmung in der bereits geschilderten Weise durch Kreuzpeilung ermöglicht. Bei der Eigenpeilung ist die Standortbestimmung vom Flugzeug aus sehr erschwert, weil dazu eine rechnerische Auswertung und Abtragung der Peilstrahlen auf der Karte notwendig ist. Hierzu fehlt in den meisten heute verwendeten Flugzeugtypen der erforderliche Platz. Eine Standortbestimmung durch Eigenpeilung kommt daher bis auf weiteres nur auf Luftschiffen und großen Seeflugzeugen in Frage. Die Standortbestimmung mittels des Mischpeilsystems kann durch Anbringung von „Querstrahlern (marker beacons)" ermöglicht werden. Dieses Peilsystem ist jedoch dadurch, daß es das Flugzeug auf eine bestimmte Linie festlegt, in seiner Anwendung gegenüber den beiden anderen Systemen sehr beschränkt. Ausweichflüge, wie sie in Europa mit Rücksicht auf das Fluggelände, meteorologische Einflüsse usw. häufig gemacht werden müssen, können in der Flugnavigation durch das Leitstrahlsystem nicht unterstützt werden.

Die Peileinrichtungen sollen bei unsichtigem Wetter möglichst auch dazu beitragen, daß Zusammenstöße vermieden werden. Dies geschieht beim Fremdpeilsystem durch häufige Standortkontrolle am Boden. Eine solche ist beim Eigenpeilsystem sehr erschwert, beim Mischpeilsystem in der Regel ausgeschlossen. Bei letzterem liegt zudem die Gefahr vor, daß Flugzeuge, die auf Gegenkurs in gleicher Höhe fliegen, zusammenstoßen, weil von ihnen der gleiche Funkstrahl benutzt wird. Dieser Gefahr wird dadurch zu begegnen versucht, daß die Flugzeugführer durch die Luftfahrtvorschriften angehalten sind, stets auf der rechten Seite des Funkstrahls zu fliegen.

Die Verwendung für Nahpeilzwecke ist sowohl beim Fremd-, als auch beim Mischpeilsystem gegeben, bei letzterem, wenn man die oben geschilderte Gefahr in Kauf nimmt. Beim Eigenpeilsystem besteht diese Möglichkeit nicht, weil Sendestellen in der Nähe von Flughäfen kaum statthaft sind und auch die Genauigkeit für diese Zwecke zu wünschen übrig läßt.

Schließlich muß noch daran gedacht werden, daß ein Peilsystem nicht nur für den planmäßigen Verkehr, sondern auch für den Privat- und Sportflugbetrieb nutzbar gemacht werden muß. In dieser Hinsicht ist das Mischpeilsystem den beiden anderen Systemen wegen der Einfachheit seiner Bedienung offenbar sehr überlegen.

Betriebskapazität.

Die Größe der Betriebskapazität der drei Peilsysteme wird für ihre Anwendung im Luftverkehr von entscheidender Bedeutung sein. Das Fremdpeilsystem ist den beiden anderen Peilsystemen gegenüber insofern sehr im Nachteil, als für jede Peilung ein besonderer Funkverkehr mit der Bodenpeilstelle erforderlich ist. Da eine Zielpeilung etwa eine Minute, eine Standort- oder Kurspeilung etwa 2 Minuten dauern und die Bodenpeilstellen in Europa neben dem Peildienst noch den Nachrichtendienst wahrzunehmen haben, ist ihre Betriebskapazität bald erreicht. Übersteigt der Umfang des Nachrichten- und Peilverkehrs einer Bodenpeilstelle einen bestimmten Punkt, so kann die Güte des Sicherungsdienstes infolge der dann eintretenden Verzögerungen in Frage gestellt sein. Es wird in solchen Fällen unter Umständen eine Trennung des Nachrichten- und Peilbetriebes am Boden erforderlich[1]).

Beim Eigenpeilsystem sind derartige Schwierigkeiten nicht vorhanden, weil die Aussendungen einer Funkstelle von beliebig vielen Luftfahrzeugen zum Zielflug ausgenützt werden können. Das gleiche gilt für die Standortbestimmungen. Allerdings kann ein umfangreicher Eigenpeilverkehr — insbesondere der Zielflug auf einen Bodensender zu — den Nachrichtenbetrieb im Flugzeug sehr beeinträchtigen, wenn die gleiche Funkempfangsanlage für Peilungen und für die Anforderung von Nachrichten benutzt wird. Infolgedessen muß danach getrachtet werden, den Peilempfang im Flugzeug unabhängig vom Nachrichtenverkehr durchzuführen.

Praktisch unbegrenzt ist auch die Betriebskapazität des Mischpeilsystems. Alle auf einem „Strahl" fliegenden Luftfahrzeuge können die Richtungsangabe einer Funkbake ausnutzen.

Genauigkeit.

Die Genauigkeit der Peilungen aller drei Peilsysteme ist innerhalb der Peilreichweiten im Tagesluftverkehr den Bedürfnissen entsprechend. Beim Fremdpeilsystem in Europa sind 90 bis 95% richtige Peilungen die Regel. Eine Einschränkung erfährt die Genauigkeit bei allen drei Systemen heute noch durch den sog. „Nacht- und Dämmerungseffekt", der sich besonders bei Flügen über Land in den Übergangs- und Nachtstunden durch Wanderungen des Peilstrahls bemerkbar macht. Über See sind derartige Peilstrahlwanderungen durch den genannten Effekt nur in geringem Umfang beobachtet worden. In allen Ländern, die Funkpeilanlagen betreiben, ist man bemüht, die Einwirkungen dieses Effekts tunlichst auszuschalten, weil er die Anwendungsmöglichkeiten der Peilsysteme herabsetzt. Zu nennen sind als Abhilfsmittel das Adcocksystem und ein in Deutschland in praktischem Betriebe erprobtes Kurzzeichenpeilverfahren. Eine endgültige Lösung dieses Problems steht jedoch noch aus.

Gewicht und Bedienung der technischen Anlagen im Luftfahrzeug.

Für die Wahl des einen oder anderen Peilsystems ist unter anderem Gewicht und Bedienungsmöglichkeit der Funkanlagen in den Luftfahrzeugen entscheidend, vor allem auf solchen Flugzeugtypen, bei denen Zuladung und Platzverhältnisse beschränkt sind. Das Fremdpeilsystem kommt mit dem vorhandenen Funksende-Empfangsgerät aus, vermeidet also eine Gewichtsvergrößerung. Je nach der Betriebsart des Bodenpeilnetzes können die Peilungen funktelephonisch oder funktelegraphisch angefordert werden.

Beim Eigenpeilsystem ist das Gewicht des Peilempfängers und der Hilfseinrichtungen in der Größenordnung von etwa 30 bis 35 kg in Kauf zu nehmen. Außerdem verursacht der Peilrahmen, der in der Regel über den Rumpf des Flugzeuges hinausragt, stets einen gewissen Fahrtverlust. In Deutschland hat man für Eigenpeilzwecke den Nachrichtenempfänger des stets erforderlichen Flugzeugfunkgerätes mit dem Peilempfänger kombiniert, wodurch eine Gewichtsverminderung der gesamten Funkanlage von 12 kg erzielt wurde. Was die Bedienung anbetrifft, so verlangt diese bei Einschränkung auf den reinen Zielflug lediglich eine Einstellung des Peil-

---

[1]) Wie diese Verhältnisse sich im deutschen Flugzeugfunk- und Peildienst auswirken, wird auf S. 57 behandelt werden.

empfängers auf die Welle des Zielsenders und ein Abhören der Aussendungen. Kompliziert wird die Bedienung erst, wenn Standortbestimmungen mit dem Eigenpeiler gemacht werden sollen.

Das Mischpeilsystem erfordert nur die Mitnahme eines besonders gearteten Empfangsgerätes von geringem Gewicht im Flugzeug. Die Bedienung des Gerätes, das mit Sichtanzeige oder Hörempfang arbeitet, kann durch den Piloten erfolgen.

Verfügbare Wellenbereiche.

Die Frage verfügbarer Wellenbereiche ist für die Anwendung der Peilsysteme von größter Bedeutung. In Europa besteht wegen der besonderen Gruppierung der Staaten bereits eine fühlbare Knappheit an Funkwellen in allen Wellenbereichen. Für den Funkpeildienst kommen in erster Linie Wellen aus dem Bereich der Mittelwellen von 100 bis 1500 kc/s (3000 bis 200 m) in Betracht. Wellen, die darunter oder darüber liegen, sind teils wegen ihrer physikalischen Eigenschaften teils mit Rücksicht auf die technische Ausgestaltung der Peilgeräte weniger geeignet. Aus obigen Wellenbereichen sind bestimmte Wellenbänder für den Funkpeildienst in See- und Luftfahrt vorbehalten. Für die Fremdpeilung kommt der Luftfahrtwellenbereich von 315 bis 350 kc/s (950 bis 850 m) in Betracht, über See kann außerdem die Seefunkpeilwelle von 375 kc/s (800 m) benutzt werden. Für das Eigen- und Mischpeilsystem ist für den Flug- und Seefunkdienst das Wellenband von 285 bis 315 kc/s (1050 bis 950 m) vorgesehen. Die für Peilungen zur Verfügung stehenden Wellenbänder sind daher beschränkt und bedürfen einer möglichst rationellen Ausnutzung. Eine solche ist beim Eigenpeilsystem am weitgehendsten gewährleistet, am wenigsten beim Mischpeilsystem, weil dieses das Anfliegen eines Flughafens nur in bestimmten Strahlrichtungen ermöglicht. Bei dem dichten Flugnetz in Europa würden also verhältnismäßig viele Sender aufgestellt werden müssen, die sich wegen der gegenseitigen Nähe auf den wenigen zur Verfügung stehenden Wellen naturnotwendig gegenseitig stören würden. In der Mitte zwischen diesen beiden Systemen liegt, hinsichtlich des Wellenbedarfs das Fremdpeilsystem, das die in der Luftfahrt verwendeten Nachrichtenverkehrswellen mitbenutzt.

Kosten.

Für die Einführung eines Peilsystems sind die Kosten, die von Seiten der Halter der Luftfahrzeuge und der Bodenorganisation aufgewendet werden müssen, mit in Rechnung zu stellen. Es wurde bereits hervorgehoben, daß die Kosten des Fremdpeilsystems relativ niedrig sind, zumal es Zusatzeinrichtungen in den Luftfahrzeugen entbehrlich macht. Dies ist bei den beiden anderen Peilsystemen nicht der Fall. Es entstehen schon durch die Spezialeinrichtungen in den Luftfahrzeugen zum Teil beträchtliche Kosten. Auch die Bodensendeeinrichtungen erfordern — wenigstens beim Richtstrahlsystem — nicht unerhebliche Aufwendungen, während man sich beim Eigenpeilsystem einstweilen noch mit Rundfunksendern begnügen könnte.

Die vorstehenden Ausführungen über die betrieblichen Vor- und Nachteile der Peilsysteme lassen den wichtigen Schluß zu, daß im europäischen Luftverkehr in Anbetracht seines dichten Netzes an Bodenfunkstellen das Fremdpeilsystem zu bevorzugen ist, weil es den Luftfahrzeugen eine Kurs- und Standortbestimmung in befriedigendem Umfange ermöglicht. Bei Überlastungserscheinungen des Fremdpeilbetriebes, wie sie sich heute bereits in Deutschland bemerkbar machen, könnte, falls sonstige Mittel zur Entlastung wie Einrichtung eines Nahpeildienstes, Trennung von Peil- und Nachrichtenbetrieb, nicht ausreichen, der zusätzlichen Anwendung des Eigenpeilsystems auf einigen Strecken näher getreten werden. Letzteres kommt im übrigen für die Weitstreckenpeilung, insbesondere bei Überseeflügen, in Betracht. Die Vorteile des Richtstrahlsystems könnte man später bei stärkerem Aufkommen des Sport- und Privatflugbetriebes durch Ausbau einer Sonderorganisation ausnutzen, jedoch nur für den Fall, daß ein wirkliches Bedürfnis hierfür besteht und die Wellen entsprechend zur Verfügung gestellt werden. Selbstverständlich bestehen auch gegen die Einführung des Mischpeilsystems auf der einen oder anderen planmäßigen Flugstrecke keine Bedenken; einer allgemeinen Einführung in Europa kann jedoch kaum das Wort geredet werden.

Die Verwendung von optischen Signalmitteln und Funkpeilmitteln in Kombination miteinander.

Während bei Flügen über See allein die Funkpeilmittel geeignet sind, die Flugnavigation zu unterstützen, ist bei Flügen über Land die Form der Kombination zwischen optischen Signalmitteln und Funkpeilmitteln, insbesondere im Nachtluftverkehr, eine wichtige Frage. Nach heutiger Auffassung muß zur Sicherung der Nachtflüge ein gleichzeitiger Einsatz der Nachtbefeuerungsanlagen u n d der Funkpeilmittel erfolgen. Infolgedessen steht einem Luftfahrzeug, das zu diesem Zweck Funkgerät mitführen muß, für den Nachtflug neben den Flugstreckenfeuern stets noch die Bodenpeilorganisation zur Verfügung, auf die es notfalls — bei Verschlechterung der Sichtverhältnisse — zurückgreifen kann. Querabliegende Peilstellen zur Standortbestimmung sind nicht in allen Fällen erforderlich. Sobald mit zunehmender Verbesserung der Motore und der Hilfslandeorganisation der starre Linienflug längs einer Befeuerungsstrecke im Nachtluftverkehr elastischer gestaltet werden kann, wird das Schwergewicht der Navigation, das bis vor kurzem noch bei den optischen Signaleinrichtungen lag, automatisch zu den Funkpeilanlagen übergehen. Hieraus ist auch die heute schon eingetretene Änderung in der Auffassung über die Befeuerung von Nachtflugstrecken zu erklären. Für Nachtflüge ergibt sich unter Umständen Gelegenheit zu einer nutzbringenden Anwendung des Eigenpeilsystems, indem man in größeren Abständen auf den nachtbefeuerten Strecken — vor allem in den Knickpunkten — Funkfeuer errichtet, die es einem mit Funkpeilgerät ausgerüsteten Luftfahrzeug ermöglichen, auch bei fehlender Erdsicht den Kurs einzuhalten, ohne dabei die Befeuerungslinie ganz zu verlieren. Sind Knickpunkte in der Befeuerungsstrecke vorhanden, so kann mit Hilfe des Eigenpeilers gelegentlich ein Teil der Strecke abgeschnitten werden, wenn die Flugverhältnisse dies zulassen.

4. Hilfslandeorganisation.

Bei einer Hilfslandeorganisation muß zwischen Hilfslandeplätzen, die ausschließlich für diesen Zweck bestimmt sind, und solchen, die diese Funktion nur im Notfall übernehmen, wie Flughäfen beliebiger Art, Sportflugplätzen usw. unterschieden werden. Selbstverständlich kann ein Fluggebiet, in dem zahlreiche öffentliche, private, Werft- oder Militärlandeplätze vorhanden sind, die unter normalen Umständen bei erzwungener Außenlandung von einem Flugzeug noch erreicht werden können, auf eine besondere Hilfslandeorganisation verzichten. Voraussetzung dafür ist allerdings, daß alle vorgenannten Landeplätze für den Fall der Notlandung einem Flugzeug zur Verfügung stehen.

Besondere Hilfslandeplätze müssen dort angelegt werden, wo die Zahl der anderen Landeplätze nicht ausreicht, um eine mehr oder weniger gefahrlose Außenlandung zu ermöglichen. Derartige Hilfslandeplätze befinden sich in Europa vorzugsweise auf den Nachtflugstrecken. Auf diesen bedürfen Hilfslandeplätze einer besonderen Ausstattung durch Nachtbeleuchtungsanlagen. Diese besteht auf den deutschen Nachtflugstrecken aus den üblichen Landelichtern, die gleichzeitig auch die Windrichtung anzeigen. Außerdem ist ein Telephonanschluß und Bedienungspersonal für etwa notlandende Flugzeuge vorhanden. Derartige Hilfslandeplätze befinden sich auf deutschen Nachtflugstrecken in einer Entfernung von 50 bis 70 km voneinander. Sie haben einen Rollfelddurchmesser von etwa 400 m und liegen meist in der Nähe eines Flugstreckenfeuers. Ähnliche Einrichtungen besitzen auch die übrigen europäischen Länder, soweit sie einen Nachtflugbetrieb unterhalten. Daneben werden selbstverständlich für etwaige Außenlandungen alle die Flughäfen und Landeplätze benutzt, die längs der Nachtflugstrecke sonst noch vorhanden sind, wie z. B. Abb. 5 zeigt. Sie müssen zu diesem Zweck mit Nachtbeleuchtung versehen sein.

Die Zahl der längs der derzeitigen Nachtflugstrecken vorhandenen Hilfslandeplätze ist aus Tabelle 6 ersichtlich.

Aus der Gesamtzahl der in einem Lande Europas vorhandenen Flughäfen und Landeplätze beliebiger Art läßt sich ein Durchschnittswert feststellen, auf wieviel km² eine Hilfslandegelegenheit entfällt. Die in Betracht kommenden Zahlen sind in Tabelle 8 für die wichtigeren europäischen Länder angegeben. Man muß sich jedoch bei diesem Verfahren darüber klar sein, daß man dadurch nur Durchschnittswerte erhält. Im Bereich der Gebirgs- und Nachtflugstrecken wird also zum Teil eine stärker ausgebaute Hilfslandeorganisation vorhanden sein. Die Zahlen können daher nur als vorsichtige Anhaltspunkte für den Vergleich der Länder untereinander dienen.

Tabelle 8. Zahl und Verteilung der Landflughäfen und Landeplätze im europäischen Luftverkehr[1]) (Stand Sommer 1932).

Land	Zahl der vorbereiteten Landegelegenheiten	km² je Landeplatz	Land	Zahl der vorbereiteten Landegelegenheiten	km² je Landeplatz
Albanien.	5	5 520	Litauen.	2	27 900
Belgien	17	1 710	Niederlande. . .	19	1 800
Bulgarien	8	12 900	Österreich. . . .	9	9 300
Dänemark	3	14 800	Polen.	25	15 500
Deutschland[2]) . .	256	1 830	Rumänien . . .	20	14 700
Frankreich. . .	157	3 510	Schweden. . . .	15	29 900
Griechenland. . .	10	12 290	Schweiz	29	1 420
Großbritannien. .	109	2 210	Spanien	79	6 300
Italien.	136	2 280	Tschechoslowakei	21	6 700
Jugoslawien . . .	13	19 150	Ungarn	11	8 940

[1]) Flughäfen und Landeplätze mit doppelter Funktion sind als e i n e Landegelegenheit verzeichnet.
[2]) einschließlich Saargebiet und Danzig.

5. Meldedienste zwischen Flughäfen.

Zur Sicherung der Bewegungsvorgänge der Luftfahrzeuge hat die europäische Flugsicherung einen besonderen Meldedienst, vorzugsweise zwischen den planmäßig angeflogenen Flughäfen, entwickelt. Dieser Dienst wird gelegentlich durch einen Meldedienst ergänzt, der zwischen besonderen Punkten auf den Flugstrecken (z. B. Hilfslandeplätzen) stattfindet. Diese Meldedienste müssen dem Bedürfnis der Flugsicherung entsprechend organisiert sein. Man kann dabei eine Untergliederung vornehmen in:

a) den regelmäßigen Start- und Landemeldedienst, der gelegentlich durch einen Überflugmeldedienst ergänzt wird, und

b) den Gefahrenmeldedienst.

Die beiden Dienste unterscheiden sich dadurch, daß der erstgenannte bei jedem Start bestimmter Luftfahrzeuge in Tätigkeit tritt, während letzterer nur für den Fall von Unregelmäßigkeiten im Flugbetrieb vorgesehen ist.

Der Start- und Landemeldedienst ist in allen luftfahrttreibenden Staaten Europas für den planmäßigen Luftverkehr eingeführt. Er verlangt bei Durchführung eines planmäßigen Streckenflugs die Abgabe folgender Meldungen:

Einer Startmeldung.

1. Vom Ausgangsflughafen an den nächsten Flughafen und den Endflughafen der Strecke.

2. Von jedem Zwischenflughafen an den jeweils nächsten Flughafen der Strecke und den Endflughafen der Strecke.

Einer Landemeldung.

1. Von jedem Zwischenflughafen an den jeweils rückliegenden Flughafen der Flugstrecke.

2. Von dem Endflughafen an den rückliegenden und den Ausgangsflughafen.

Durch dieses Meldeverfahren werden also alle Flughäfen einer Flugstrecke, bzw. die auf den Flughäfen für den Meldedienst verantwortlichen Stellen über die Flugzeugbewegung hinreichend unterrichtet. Nach Eintreffen einer Startmeldung können alle für die Flugsicherung erforderlichen Maßregeln auf dem Flughafen getroffen werden, während eine Landemeldung über die sichere Durchführung des Fluges Gewißheit gibt. Ist ein Flugzeug überfällig, so können die erforderlichen Maßnahmen in die Wege geleitet werden.

Das obenstehende Meldeverfahren ist für alle Verkehrsflugzeuge der Luftverkehrsgesellschaften in den sogenannten „ILK-Staaten", nämlich Belgien, Dänemark, Deutschland, England,

Frankreich, der Niederlande, Österreich, dem Saargebiet, der Schweiz und der Tschechoslowakei vorgeschrieben. Auf andere Flugzeuge ist es bisher nicht ausgedehnt worden, teils weil hierfür die Notwendigkeit nicht besteht, teils weil — vor allem bei Sportflugzeugen — häufig eine Kursänderung während des Fluges vorgenommen wird, die dann nach Ankunft eine Berichtigungsmeldung erfordern würde. Die 33. ILK in Paris im Jahre 1931 hat lediglich eine Empfehlung ausgesprochen, daß Sportflugzeuge usw. eine Meldung abgeben sollen, um die Zollabfertigung bei Flügen ins Ausland zu erleichtern.

Es erhebt sich die Frage, ob die Start- und Landemeldungen heute, wo der größte Teil der Verkehrsflugzeuge mit Funkgerät ausgerüstet ist und dadurch eine laufende Kontrolle der Flugzeugbewegung durchgeführt werden kann, noch die gleiche Bedeutung haben, als zur Zeit ihrer Einführung vor längeren Jahren. Die Wichtigkeit der Startmeldungen als Mittel der Flugsicherung ist durch die obigen Umstände zweifellos sehr vermindert, zumal eine für den planmäßigen Verkehrsflug hergerichtete Flughafenorganisation allgemein vorhanden ist. Von Bedeutung sind die Startmeldungen jedoch nach wie vor für alle außerplanmäßig durchgeführten Verkehrsflüge. Auch auf die Landemeldungen wird nicht verzichtet werden können, weil die Kontrolle der Bewegungsvorgänge durch die rückliegende Flugbodenfunkstelle von einem bestimmten Punkt zwischen zwei Flughäfen aufhört, die verlassenen Flughäfen also über die Fortbewegung der Flugzeuge ununterrichtet bleiben.

Im Laufe der Zeit hat sich die Startmeldung zu einer wichtigen Passagemeldung entwickelt, indem darin neben den vorgeschriebenen Angaben über Hoheits- und Eintragungszeichen des Flugzeugs, Zeitpunkt des Starts und Namen des Flugzeugführers eine große Anzahl von Mitteilungen enthalten sind, die die Flugleitungen interessieren. Hierzu gehören: Zahl der Passagiere, Gewicht der Fracht und Post, Art der Ladung nach den verschiedenen Flughäfen usw. Diese Nachrichten beziehen sich also nicht auf den eigentlichen Flugsicherungsdienst, sind aber wohl dazu angetan, den Flugbetriebsdienst der Luftverkehrsgesellschaften zu erleichtern und zu beschleunigen. Man hat daher in Europa keine Bedenken getragen, diese Mitteilungen in die offiziellen Startmeldungen mit aufzunehmen. Die Folge war, daß Start- und Landemeldungen für Verkehrsflugzeuge nur noch in den seltensten Fällen von amtlichen Stellen abgegeben werden; ihre Abgabe gehört heute zu den Obliegenheiten der Luftverkehrsgesellschaften.

Neben den vorstehend geschilderten zwischen Flughäfen abzugebenden Meldungen spielen solche, die zur Sicherung des Überfluges zwischen gewissen Punkten der Flugstrecke dienen, nur eine untergeordnete Rolle. Erwähnt sei hier lediglich der Überflug über den Kanal durch Landflugzeuge ohne Funkgerät an Bord, für die ein besonderer Meldedienst zwischen den Funkstellen Lympne (England) und St. Inglevert (Frankreich) eingerichtet worden ist.

Der Gefahrenmeldedienst tritt in Tätigkeit, wenn sich Unregelmäßigkeiten im Flugbetriebe durch Unbrauchbarwerden eines Teils oder der ganzen Rollfläche von Flughäfen, durch Ausfall von Leuchtfeuern, von Bodenfunk- und Peilstellen, durch Auftreten vorübergehender Luftfahrthindernisse wie Fesselballons, Schießübungen auf der Strecke usw. ergeben, die eine Gefährdung des Flugbetriebes bedeuten und daher allen Beteiligten auf schnellstem Wege zur Kenntnis kommen müssen. Man nennt diese Meldungen „Nachrichten für Luftfahrer". Die Bekanntgabe muß, da es sich in der Regel um plötzliche Betriebsstörungen handelt, möglichst umgehend erfolgen. Drei Möglichkeiten der fernmeldetechnischen Übermittlung lassen sich dabei unterscheiden:

1. Benachrichtigung in der Luft befindlicher Flugzeuge mit Funkgerät an Bord.
2. Benachrichtigung der Flughäfen, von denen aus ein planmäßiger Start zu dem gefährdeten Flughafen bzw. auf der gefährdeten Flugstrecke stattfindet.
3. Benachrichtigung aller sonst interessierten Flughäfen eines zusammenhängenden Fluggebietes.

Zu 1 werden Ausführungen an anderer Stelle gemacht werden. Eine Regelung zu 2 findet sich in sämtlichen ILK-Staaten vor, d. h. die Benachrichtigung der — meist benachbarten — Flughäfen muß auch über die Grenzen der Länder hinweg erfolgen. Die Benachrichtigung anderer interessierter Flughäfen wird nur von Deutschland — durch Ausstrahlung der „Flugeilfunkmel-

dungen" — und von Frankreich durch drei Sammelmeldungen ähnlicher Art vorgenommen. Diese
Meldungen können von jedem interessierten Flughafen funktelegraphisch aufgenommen werden.

Die Bekanntgabe der „Nachrichten für Luftfahrer" auf den Flughäfen geschieht in der
Regel durch Aushang am „Schwarzen Brett", so daß jeder Luftfahrer sich vor Antritt des Starts
unterrichten kann.

Die Meldedienste der obenbezeichneten Art sind auf das Vorhandensein von Fernmeldever-
bindungen zwischen den in Frage kommenden Flughäfen angewiesen. An diese Fernmeldeanlagen
werden ganz besonders hohe Anforderungen hinsichtlich der Übermittlungsgeschwindigkeit gestellt, die in der Regel von den öffentlichen Fernmeldeanlagen (Telegraph, Fernsprecher) nicht
erfüllt werden können. Man verwendet daher Fernmeldeanlagen, die ausschließlich für Zwecke
der Luftfahrt zur Verfügung stehen, sogenannte Flugfernmeldeanlagen. Zwischen einem großen
Teil der Flughäfen in Europa mit planmäßigem Luftverkehr findet man daher derartige Fern-
meldeverbindungen, die sich in der Regel im behördlichen Betrieb der Luftfahrtverwaltungen
befinden.

Die Flugfernmeldeanlagen sind entweder Flughafenfunkstellen, die miteinander in Wechselverkehr stehen, oder Kabelleitungen. Beide haben betriebliche Vorzüge und Nachteile. Im europäischen
Luftverkehr bevorzugte man anfänglich allgemein Funkstellen, weil diese die betrieblich nicht
zu unterschätzende Eigenschaft haben, einen direkten Verkehr mit einer großen Reihe von anderen
Flughäfen zu ermöglichen, und außerdem noch für andere Zwecke (Verkehr mit Flugzeugen, Wetter-
aussendungen) mitbenutzt werden können. Noch heute wird das Hauptkontingent der Nachrich-
tenverbindungen zwischen Flughäfen durch den Funkweg gebildet. Benutzt werden dafür Tele-
graphiesender von 1 bis 2 kW Leistung, deren Verkehrsreichweite in Anbetracht der verhältnismäßig kurzen innereuropäischen Strecken selten 1000 km zu übersteigen braucht. Für den Verkehr sind international die Wellen 248 kc/s (1210 m) in Mittel-, Nord- und Osteuropa und
217,5 kc/s (1380 m) in West- und Südeuropa als Hauptverkehrswellen, ferner die Wellen 243 kc/s
(1235 m) und 273 kc/s (1100 m) als Ausweichwellen vorgesehen. Letztere wird vorzugsweise für
den Verkehr zwischen Frankreich und seinen afrikanischen Kolonien verwendet. In Einzelfällen
benutzen die Funkstellen auch die Flugzeugwelle 333 kc/s (900 m), wenn der Verkehr so schwach
ist, daß eine Besetzung von zwei Wellen sich nicht lohnt. Welche Funkstellen auf europäischen
Zivilflughäfen vorhanden sind, geht aus Abb. 1 hervor. Daneben ist man heute in Europa lebhaft
bemüht, Kurzwellen für den Verkehr zwischen Flughäfen zu verwenden. Der Einsatz der Kurzwellensender erfolgt teils parallel zu den Langwellensendern, um durch Doppelaussendung einen
sicheren Verkehr zu gewährleisten, teils für den Verkehr auf große Entfernungen. In Deutschland
wurde anläßlich der Südamerikafahrten des Luftschiffs „Graf Zeppelin" im Jahre 1932 ein regelmäßiger Verkehr zwischen Hamburg und Rio de Janeiro durchgeführt.

Funkverbindungen haben den großen Nachteil, daß ihr Betrieb in erheblichem Maße atmosphärischen Störungen unterliegt, wodurch die Geschwindigkeit der Übermittlung — vor allem
während der Sommermonate — stark beeinträchtigt wird. Außerdem verlangt der Funkdienst
besonders vorgebildetes Spezialpersonal. Diese Gründe haben in einer Reihe europäischer Staaten,
Deutschland an der Spitze, dazu geführt, die Funkverbindungen allmählich durch Kabelverbin-
dungen zu ersetzen. Wie aus der Abb. 1 ersichtlich ist, sind ein großer Teil der Flughäfen Mittel-
europas bereits durch Kabelleitungen miteinander verbunden; weitere werden in den nächsten
Jahren folgen. Die Kabelleitungen werden dabei nicht besonders gelegt, sondern für den genannten
Zweck von den Telegraphenverwaltungen ermietet. Es handelt sich fast ausschließlich um Fern-
schreibleitungen, die mit verschiedenen in den europäischen Staaten eingeführten Springschreiber-
systemen arbeiten. Der betriebliche Vorzug dieser Geräte für den Flugfernmeldedienst beruht
im wesentlichen in folgendem:

1. Sie benötigen keine dauernde Bedienung am Empfangsapparat, d. h. sie lassen sich selbsttätig von anderen Flughäfen aus einschalten und betätigen.
2. Sie lassen eine erhebliche Übermittlungsgeschwindigkeit zu (etwa 350 Zeichen in der
   Minute gegen 100 bis 125 im Funkdienst).

3. Mit Hilfe von Zusatzeinrichtungen können Zusammenschaltungen erfolgen, so daß auch Durchschreibverkehr auf große Entfernungen möglich ist.

4. Sie vermeiden Sprachschwierigkeiten, die im internationalen Verkehr bei Verwendung von Sprechkabelleitungen unvermeidlich sind.

5. Die Bedienung ist sehr einfach, weil die Springschreiber eine der Schreibmaschine ähnliche Tastatur besitzen.

Ein mit Flugfernmeldeeinrichtung versehener Flughafen hat den großen Vorzug vor anderen nicht mit einer solchen ausgestatteten, daß er in allen flugdienstlichen Angelegenheiten auf schnellstem Wege erreicht werden kann. Auf Europa übertragen bedeutet dies, daß sämtliche derart eingerichteten Flughäfen zusammengenommen ein Flugfernmeldenetz bilden. Von den 440 Zivilflughäfen und Landeplätzen Europas sind nach dem Stande vom Sommer 1932 192 Flughäfen und Landeplätze an das Flugfernmeldenetz angeschlossen.

Es darf dazu bemerkt werden, daß alle am internationalen Luftverkehr beteiligten Flughäfen Anschluß an das Flugfernmeldenetz haben. Dies ist erforderlich, weil eine größere Anzahl europäischer Staaten sich gegenseitig zugestanden haben, Meldungen des Flugsicherungsdienstes auch im Durchgang unentgeltlich und auf schnellstem Wege zu befördern. Der nicht an das Flugfernmeldenetz angeschlossene Teil der Flughäfen ist genötigt, die in Betracht kommenden Nachrichten über die öffentlichen Fernmeldeanlagen befördern zu lassen, wobei in einer Reihe europäischer Staaten diese Luftfahrtmeldungen einen besonderen Vorrang selbst vor dringenden Privatgesprächen erhalten.

6. Meldedienste für Luftfahrzeuge.

Die Wichtigkeit des Funkpeildienstes und der drahtlosen Wetterberatung für die Sicherung der Flugdurchführung wurde bereits an anderer Stelle hervorgehoben. Sie werden ergänzt durch eine Reihe von Meldediensten besonderer Art, die zur sicheren Betriebsabwicklung ebenfalls unerläßlich sind. Es sind dies:

a) Der Standortmeldedienst der Luftfahrzeuge zur Kontrolle ihrer Bewegungsvorgänge,

b) der Not-, Dringlichkeits- und Sicherheitsmeldedienst.

Der Standortmeldedienst, der bei den ILK-Staaten allgemein eingeführt ist, sieht vor, daß ein mit Funkgerät ausgerüstetes Flugzeug des planmäßigen Luftverkehrs verpflichtet ist, an bestimmten Punkten der Flugstrecke eine Standortmeldung an eine vorher bestimmte Bodenfunkstelle abzusetzen. Letztere kann auf diese Weise den jeweiligen Standort des Flugzeuges laufend kontrollieren und eine Warnung abgeben, wenn die Gefahr eines Zusammenstoßes besteht. Diese Standortmeldung wird ergänzt durch Start- und Landemeldungen, die die Flugzeuge aus Anlaß eines Startes bzw. einer bevorstehenden Landung ebenfalls an eine bestimmte Bodenfunkstelle abzugeben haben. Letztere ist also praktisch ständig unterrichtet, wo sich die Flugzeuge in ihrem Bereich jeweils befinden. Alle Standortmeldungen werden über Land unter Bezugnahme auf vorher festgelegte Punkte, meist Ortschaften, abgegeben. Über See tritt an deren Stelle die Angabe nach Länge und Breite in bestimmten Zeitabständen.

Not- und Dringlichkeitsmeldungen sind Meldungen, die ein Luftfahrzeug abgibt, wenn es einen Notstand andeuten will. Notmeldungen mit Kennzeichen SOS im Telegraphie- und Mayday im Telephonieverkehr werden ausgestrahlt, wenn Menschenleben in Gefahr sind; in allen anderen Fällen (z. B. Ölrohrbruch, unregelmäßiger Gang des Motors, Verlieren der Orientierung) verwendet man im Luftverkehr — telegraphisch und telephonisch — das Wort PAN; über See gelegentlich auch XXX.

Als Welle wird 333 kc/s (900 m) im Funkverkehr über Land, 500 kc/s (600 m) im Funkverkehr über See verwendet.

Sicherheitsmeldungen sind Nachrichten besonderen Inhalts, die im allgemeinen von Bodenfunkstellen abgegeben werden und Warnungen an die Luftfahrer vor Gefahren enthalten. Hierzu gehören einmal die schon erwähnten Nachrichten für Luftfahrer, ferner auch meteorologische Gefahrenmeldungen über Gewitter- und Böenfronten usw. Das Einleitungszeichen für diese Meldungen ist TTT im Telegraphie-, „sécurité" im Telephonieverkehr; sie werden auf den gleichen Wellen wie Not- und Dringlichkeitsmeldungen abgegeben.

Not-, Dringlichkeits- und Sicherheitsmeldungen sind in der genauen Form ihrer Abfassung durch den Weltfunkvertrag, Washington 1927, geregelt und werden in den meisten europäischen Staaten dementsprechend angewendet. Von besonderer Bedeutung ist noch die Sicherheitsforderung, daß die Abgabe von Not- und Dringlichkeitsmeldungen auch nach erfolgter Notlandung auf dem Wasser oder Lande möglich sein soll. Zur Sicherung der Flugzeuge bei Notlandungen über See ist im allgemeinen ein besonderer Seenotmeldedienst erforderlich, um die Rettungsaktion in Gang zu setzen. Die Weiterbeförderung von Notnachrichten kann international auf Landfernmeldeleitungen durch urgent-avion-Gespräche (in Deutschland: Dringend-Luftgespräche) bzw. durch SVH-Telegramme erfolgen.

Die vorstehenden Meldedienste bedürfen zu ihrer Durchführung einer Bodenfunkorganisation, die in Europa gleichzeitig auch zur Abwicklung des drahtlosen Wetterberatungsdienstes, des Funkpeildienstes und eines Flugbetriebsmeldedienstes verwendet wird. Letzterer ermöglicht es der Luftfahrzeugbesatzung, Meldungen über Betriebsstoffbereithaltung, Ersatzteilanforderungen, Anschlüsse usw. an die zuständigen Flugleitungen auf den Flughäfen zu richten und dadurch den Abfertigungsdienst zu erleichtern. Neuerdings werden die genannten Meldedienste noch ergänzt durch einen Privattelegrammverkehr von Reisenden, der aber neben der flugdienstlichen Nachrichtenübermittlung zurückzutreten hat.

Die Flugbodenfunkstellen in Europa sind allgemein für Langwellenbetrieb eingerichtet, und zwar findet der Verkehr in dem international festgelegten Wellenbereich 315 bis 350 kc/s (950 bis 850 m) auf den Wellen 333 kc/s (900 m), 323 kc/s (930 m) und 345 kc/s (870 m) statt. Der Betrieb erfolgt teils funktelegraphisch, teils funktelephonisch. Die Funktelephonie ist jedoch in den letzten Jahren erheblich zurückgedrängt worden, weil sie sich für den internationalen europäischen Verkehr als ungeeignet erwiesen hat. Im wesentlichen ist dies auf Sprachschwierigkeiten, mangelnde Verständlichkeit bei Telephonie und gegenseitige Störungen der Flugzeuge beim Verkehr zurückzuführen. Im inneren Verkehr bedienen sich jedoch belgische, holländische, englische und französische Funkstellen heute noch der Telephonie, um den Verkehr mit Flugzeugen mit nur einköpfiger Besatzung zu erleichtern.

Die einwandfreie Durchführung der für die Flugsicherung wesentlichen Meldedienste erfordert eine besondere Betriebsorganisation für den Funkdienst der Luftfahrzeuge. Infolgedessen sind einige Länder, z. B. Deutschland, Belgien, die Tschechoslowakei und Holland dazu übergegangen, jeder Flugbodenfunkstelle einen besonderen Funkverkehrsbezirk zuzuweisen, in dem sie für alle Anfragen allein zuständig ist. Zur Erleichterung der Abfertigung der Luftfahrzeuge bestehen in Deutschland direkte Sprechverbindungen zur Flugleitung, Flugwetterwarte und sonstigen Dienststellen auf dem Flughafen. Ferner ist die Möglichkeit gegeben, über Flugfernmeldeverbindungen oder öffentliche Fernmeldeanlagen Nachrichten an andere Flughäfen weiterzuleiten. Der Vorteil eines solchen Funkverkehrsbezirks für die Flugsicherung ist einleuchtend, wenn man bedenkt, daß die Bodenfunkstelle über jedes Luftfahrzeug mit Funkgerät an Bord im Bezirk unterrichtet ist und ihm daher eine individuelle Sicherung durch Wetterberatung, Gefahrenmeldungen u. a. m. angedeihen lassen kann.

Funkverkehrsbezirke empfehlen sich jedoch nur dann, wenn ein Land mit einem verhältnismäßig dichten Luftverkehrsnetz überzogen ist. Wenn nur einige wenige Luftverkehrslinien über ein Land führen, kann von dieser Organisationsform auch abgesehen werden. Die Sicherung der Luftfahrzeuge findet dann von den Bodenfunkstellen für bestimmte Streckenabschnitte statt. Dies ist beispielsweise in Frankreich und England der Fall, ohne daß dadurch die Belange der Flugsicherung beeinträchtigt werden[1].

---

[1] Nähere Ausführungen hierüber finden sich in Faßbender: „Hochfrequenztechnik in der Luftfahrt" in dem vom Verfasser bearbeiteten Kapitel über: „Betriebsorganisation des Flugfunkdienstes im europäischen Luftverkehr", Berlin 1932.

Eine besondere Bedeutung hat in den letzten Jahren die Weitstreckensicherung für Luftfahrzeuge erlangt, deren Wirksamkeit über die Grenzen der europäischen Staaten hinausgeht. Während die Sicherung der innerhalb Europas stattfindenden internationalen Verkehrsflüge jeweils von den Bodenfunkstellen des betreffenden gerade überflogenen Landes zu übernehmen ist, läßt sich dies bei Weitstreckenflügen, vor allem solchen, die über Gebiete ohne Bodenfunkorganisation oder über See verlaufen, nicht durchführen. Selbstverständlich besteht bei Flügen längs der Küsten die Möglichkeit, sich der dort vorhandenen Küstenfunkstellen für den Schiffsverkehr zu bedienen. Auch ist man bestrebt, sich bei den von Europa nach anderen Kontinenten führenden Strecken in den Zwischengebieten einer besonderen Bodenfunkorganisation zu versichern, wie z. B. England auf der Cairo-Kap- und der Indienstrecke, Frankreich auf den nach seinen afrikanischen Kolonien und nach Südamerika führenden

Strecken usw. Doch bedarf diese Form der Funksicherung gelegentlich noch der Ergänzung durch eine Bodenfunkstelle, die eine ständige Verbindung zwischen Luftfahrzeug und der Heimat aufrecht erhält. Eine solche ist dann ganz unerläßlich, wenn dem betreffenden Lande die Gelegenheit, eine eigene Bodenfunkorganisation in den überflogenen Gebieten zu errichten, nicht gegeben ist. Deutschland hat daher für Weitstreckenunternehmungen eine besondere Bodenfunkstelle in Hamburg in Betrieb, die auf Kurzwellen arbeitet und für die Sicherung der Flüge des Do X, der Südflüge der DLH im Jahre 1931 zwischen Cadiz—Canaren—Gambia, der Fahrten des Luftschiffs „Graf Zeppelin" ausgezeichnete Dienste geleistet hat. Es ist anzunehmen, daß auch andere europäische Staaten diesem Beispiel folgen werden.

Schließlich darf noch auf eine Besonderheit der europäischen Bodenfunkorganisation hingewiesen werden: Die Kombination der Betriebsstellen des Nachrichtendienstes mit denen des Funkpeildienstes. Es ist als ein besonderer Vorteil für die Sicherung der Flüge über dem europäischen Luftverkehrsgebiet anzusprechen, daß es den Luftfahrzeugen möglich ist, neben Nachrichten auch Peilungen von den gleichen Bodenfunkstellen anfordern zu können. In Deutschland sind zu diesem Zweck die Peilbezirke mit den vorgenannten Funkverkehrsbezirken identisch.

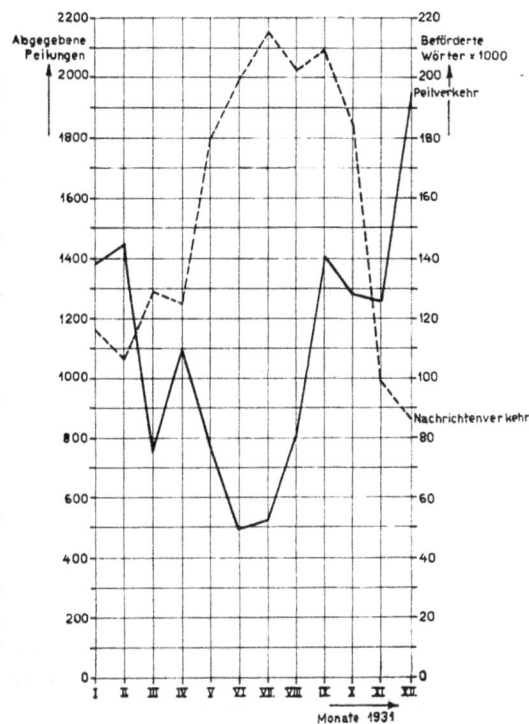

Abb. 3. Nachrichten und Peilverkehr der Flugbodenfunk- und Peilstellen Deutschlands im Jahre 1931.

Abhängig ist diese Betriebskombination von dem Umfang der verkehrlichen Belastung der Bodenfunkstelle. Es zeigt sich aber, daß die besonders gelagerten Verhältnisse des europäischen Luftverkehrs diese Vereinigung gestatten. Im Sommerluftverkehr geht die Peilbeanspruchung aus Gründen der besseren Sicht erheblich zurück, während der Nachrichtenverkehr wegen der zahlreichen Luftverkehrsstrecken, die während des Sommers beflogen werden, steigt. Im Winter ist der Peilverkehr verhältnismäßig stark, dagegen sinkt der Umfang des Nachrichtenverkehrs, weil die Zahl der eingesetzten Luftfahrzeuge eine wesentliche Verringerung erfahren hat. Der Ausgleich, der dadurch eintritt, geht beispielsweise aus Abb. 3 hervor, in der der Umfang des Nachrichten- und Peilverkehrs der deutschen Bodenfunkstellen für das Jahr 1931 eingetragen ist. Steigt allerdings der Verkehr bei gewissen Bodenfunkstellen so stark an, daß die Verkehrsabwicklung darunter leidet, so müssen Entlastungsmöglichkeiten ins Auge gefaßt werden, die darin bestehen, daß der Peilverkehr entweder ganz vom Nachrichtenverkehr getrennt — was nach obigem einen erheblichen Nachteil für die Flugsicherung bedeutet — oder daß der Einführung eines anderen Peilsystems nähergetreten wird.

Die heute für den Nachrichten- und Peildienst für Luftfahrzeuge eingesetzten Bodenfunkstellen sind aus Abb. 1 ersichtlich. Zahlenmäßig ergibt sich für die einzelnen Länder folgendes Bild (vgl. Tabelle 9).

Tabelle 9. **Zahl und Verteilung der Flugbodenfunk- und Peilstellen bezw. Küstenfunkstellen im europäischen Luftverkehr (Stand Sommer 1932).**

Land	Zahl der Flugbodenfunkstellen	davon mit Peilanlage ausgerüstet	Zahl der Küstenfunkstellen f. d. öffentl. Verkehr	Auf 1 Flugbodenfunkstelle entfallen km²	Bemerkungen
1	2	3	4	5	6
Belgien	3	2	3	10 150	
Bulgarien	2	2	1	51 580	
Dänemark	1	1	3	44 325	
Deutschland . . .	17	16	4	27 550	einschl. Danzig und Saargebiet
Estland	1	1	1	47 550	
Finnland	—	—	4	—	
Frankreich	18	7	10	30 610	
Griechenland . . .	1	1	7	122 930	
Großbritannien . .	5	3	10	48 300	
Irland	—	—	2	—	
Italien	55	5	15	6 500	
Jugoslawien . . .	2	—	2	124 500	
Lettland	2	—	2	32 900	
Litauen	1	—	1	55 900	
Niederlande	2	2	2	17 100	
Norwegen	1	—	15	323 800	
Österreich	4	3	—	21 000	
Polen	3	—	1	129 500	
Portugal	—	—	4	—	
Rumänien	3	1	1	98 000	
Schweden	4	1	6	112 000	
Schweiz	3	3	—	13 800	
Spanien	18	7	9	27 650	
Tschechoslowakei .	4	3	—	35 100	5 weitere geplant
Ungarn	1	—	—	92 900	

Die Nutzbarmachung der vorgenannten Meldedienste für Luftfahrzeuge ist davon abhängig, ob geeignete Funkgeräte an Bord vorhanden sind. Sie müssen dazu besonderen Anforderungen hinsichtlich Größe, Leistung, Bedienung, Gewicht usw. entsprechen. Eingehende Untersuchungen über die technischen Bedingungen der heute im europäischen Luftverkehr verwendeten Geräte sind von der Deutschen Versuchsanstalt für Luftfahrt gemacht worden, so daß sich ein Eingehen hierauf an dieser Stelle erübrigt[1]). Es soll lediglich die betriebstechnische Verwendbarkeit dieser Geräte für den europäischen Luftverkehr untersucht werden.

Es lassen sich je nach Verwendung unterscheiden:

1. Funkgeräte für einen Verkehr in einem Umkreis bis zu 300—400 km,
2. Funkgeräte für einen Verkehr in einem Umkreis bis zu 600—800 km,
3. Funkgeräte für einen Verkehr bis zu 800 km und darüber.

Funkgeräte der ersten Gruppe, deren Leistung in der Größenordnung von etwa 20 Watt liegt, genügen vollauf für den Nachrichten- und Peilverkehr in allen Teilen des europäischen Festlandes mit Ausnahme von Osteuropa, weil dort keine entsprechende Bodenfunkorganisation vorhanden ist. Derartige Geräte müssen Telegraphieeinrichtung besitzen und für Mittelwellenbetrieb eingerichtet sein, weil die Bodenorganisation darauf eingestellt ist. Es darf noch bemerkt werden, daß die Peilreichweite solcher Geräte etwa die Hälfte der genannten Entfernung beträgt. Sie ist in Mittel- und Westeuropa in den meisten Fällen noch ausreichend, weil hier der Abstand der Bodenpeilstellen voneinander 300 km selten übersteigt.

[1]) Vgl. Faßbender: Hochfrequenztechnik in der Luftfahrt, Berlin 1932.

Funkgeräte der zweiten Gruppe werden gebraucht, wenn die Bodenfunkorganisation größere Lücken aufweist. Dies ist innerhalb Rußlands, sowie auf einer Reihe von Seestrecken im Bereich Europas der Fall. Die Leistung solcher Geräte bewegt sich in den Grenzen von 70 bis 100 Watt. Mittelwellentelegraphiebetrieb ist erforderlich, wenn Seestrecken beflogen werden, um mit den Funkstellen des Seefunkdienstes in Verkehr treten zu können. Die Peilreichweite solcher Geräte beträgt 250 bis 300 km über Land; über See werden jedoch größere Peilreichweiten erzielt.

Die dritte Gruppe von Geräten ist bei den oben erwähnten Weitstreckenunternehmungen anzuwenden. Hier ist Kurzwellenbetrieb am Platze, weil das Gewicht und der Raumbedarf von Mittelwellensendern dieser Reichweite das zulässige Maß schon überschreiten. Ergänzt werden diese Stationen — vor allem, wenn Seeflüge in Betracht kommen — durch Langwellengeräte einer der beiden obigen Gruppen. Eine Kombination beider Geräte, die gelegentlich angestrebt wird, ist in vielen Fällen unzweckmäßig, weil dann bei Ausfall eines Gerätes meist auch das andere betriebsunfähig wird.

Sämtliche im europäischen Luftverkehr verwendeten Funkgeräte in Verkehrsflugzeugen sind Sende- und Empfangsgeräte, um den aus Sicherheitsgründen erforderlichen Wechselverkehr mit den Bodenfunkstellen ermöglichen zu können. Die Bedienung dieser Geräte erfordert bei Telegraphiebetrieb ein besonders ausgebildetes Besatzungsmitglied, doch kommen dafür — im Gegensatz zur Seeschiffahrt — wegen der beschränkten Raumverhältnisse an Bord Berufsfunker meist nicht in Betracht. Vielmehr wird der Funkdienst, wo es irgend angängig ist, nebenamtlich durch den zweiten Führer oder den Bordwart übernommen. Jeder mit dem Funkdienst in Luftfahrzeugen Beauftragte muß nach den Bestimmungen des Weltfunkvertrages, Washington 1927, ein Funkzeugnis besitzen.

Die Pflichtausrüstung von Luftfahrzeugen des europäischen Luftverkehrs mit Funkgerät und die Besetzung mit Funkpersonal wird in den europäischen Staaten verschiedenartig gehandhabt. Die Cina schreibt Ausrüstung vor, wenn mindestens 10 Fluggäste mitgeführt werden können. In Deutschland wird den Luftverkehrsgesellschaften die Auflage gemacht, sämtliche Flugzeuge für den gewerbsmäßigen Personenverkehr mit Funkgerät auszurüsten. Ausnahmen werden nur mit besonderer Begründung zugelassen. Neuerdings sind Erwägungen im Gange, die Ausrüstung zum Teil auch von der Schlechtwetterperiode, sowie von der Absicht, Nacht- und Überseeflüge auszuführen, abhängig zu machen. Als Grundsatz soll ferner eingeführt werden, daß alle Luftfahrzeuge, d. h. nicht nur Verkehrsflugzeuge, mit Funkgerät ausgerüstet sein müssen, wenn sie im Bereich eines dicht beflogenen Gebietes Flüge ohne Sicht (Blindflüge) ausführen, weil in solchen Fällen jedes nicht mit Funkgerät ausgerüstete Luftfahrzeug eine erhebliche Gefahr für die übrigen Luftfahrzeuge bedeutet. Die Ausrüstung der Luftfahrzeuge mit Funkgerät ist heute in Europa — wenigstens auf den internationalen Strecken — eine Selbstverständlichkeit, weil bei allen Luftverkehrsgesellschaften sich die Erkenntnis durchgesetzt hat, daß ein Fliegen ohne Funkgerät an Bord die Verkehrseigenschaften eines Luftfahrzeugs wesentlich herabsetzt.

Es darf zum Schluß noch betont werden, daß die europäische Regelung des Funkdienstes an Bord jedoch ganz auf den planmäßigen Verkehrsflug eingestellt ist, während die Interessen des Sportfluges in den Hintergrund treten. Es sind jedoch Bestrebungen im Gange, auch den Sportflug an der Funksicherung teilnehmen zu lassen, wozu unter Umständen eine Ergänzung der für den Verkehrsflug telegraphisch arbeitenden Bodenfunkorganisation Europas durch einen besonderen Telephoniedienst in Betracht kommt.

V. Das Zusammenwirken der Betriebsmittel der Flugsicherung im europäischen Luftverkehr.

In den vorhergehenden Kapiteln sind die Betriebsmittel der Flugsicherung getrennt für sich untersucht worden, um die betrieblichen Grundlagen jedes Betriebszweiges genau kennenzulernen. Im Luftverkehr selbst stehen sie in enger Wechselwirkung miteinander, wie die nachstehenden Ausführungen zeigen.

Um diese innere Verbundenheit zu kennzeichnen, können beliebige Flugstrecken des europäischen Luftverkehrs herausgegriffen werden. An dieser Stelle sollen zwei typische europäische Luftverkehrsstrecken untersucht werden, und zwar der Streckenabschnitt Amsterdam—Essen der Tagesflugstrecke Amsterdam—Essen—Köln—Frankfurt (Main)—Mannheim—Basel—Genf und der Abschnitt Köln—London der Nachtflugstrecke (Postfrachtstrecke) Berlin—Hannover—Köln—London. Die erste Strecke wird zur Zeit von der Deutschen Lufthansa A. G. in Betriebsgemeinschaft mit der Swissair, Schweizerischen Luftverkehrsgesellschaft A. G., die letztere von der Deutschen Lufthansa A. G. allein beflogen.

1. Tagesflugstrecke Amsterdam—Genf.

Streckenabschnitt Amsterdam—Essen (Flugzeit: 1140—1230).

Durchgehende Flugwetterberatung in Amsterdam durch Flugwetterwarte. Dazu Meldungen
    aus eigenem Bezirk und Aufnahme Wetterausstrahlungen Brüssel, Köln, Paris, Saar
    brücken, Frankfurt, Straßburg usw.,
Flughafensicherung Amsterdam,
Startmeldung auf Fernschreibkabel über Köln an Essen sowie über Frankfurt—Stuttgart—
    Zürich nach Genf,
Flugbodenfunk- und Peilstellen Amsterdam und Dortmund,
Hilfspeilstelle Brüssel,
Flughafensicherung Essen,
Landemeldung an Amsterdam auf Fernschreibkabel über Köln.

In gleicher Weise erfolgt auch die Sicherung auf den übrigen Streckenabschnitten sowie der in umgekehrter Richtung verkehrenden Flugzeuge (Start: Genf 0845; Landung: Amsterdam 1640). Einen Überblick über die eingesetzten Betriebsmittel gibt Abb. 4.

Der Umfang des Einsatzes der vorstehenden Sicherungsmittel ist naturgemäß nach der gerade vorherrschenden Wetterlage verschieden. Dies bezieht sich insbesondere auf die meteorologische Beratung des Fliegers, die bei sehr schlechter Wetterlage erhebliche Vorbereitungen hinsichtlich der Einholung der Wettermeldungen und deren Verarbeitung notwendig macht. Das gleiche gilt für die Flugsicherung durch Funkpeilung. Die Flughafensicherung tritt ebenfalls bei schlechtem Wetter mehr in Erscheinung, insbesondere dann, wenn die Wolkenhöhe die Anwendung des „Durchstoßverfahrens" notwendig macht.

2. Nachtflugstrecke Berlin—Hannover—London.

Streckenabschnitt Köln—London (Flugzeit: 0325—0635).

Flugwetterberatung in Köln,
Flughafensicherung Köln,
Startmeldung auf Funkweg an London,
Flugbodenfunkstellen Köln, Brüssel, Ostende, St. Inglevert und London, ·
Peilstellen Köln, Brüssel, Lympne, London,
28 Flugstreckenfeuer einschließlich Seefeuer,
13 befeuerte Hilfslandeplätze,
Flughafensicherung London,
Landemeldung an Köln auf Funkweg und Berlin auf Funkweg und Fernschreibkabel.

Die Flugzeuge werden auf den übrigen Teilstrecken sowie auf der Gegenstrecke (Start: London 2200, Landung: Berlin 0600) in gleicher Weise gesichert. Einen Überblick über die eingesetzten Sicherungseinrichtungen gibt Abb. 5.

Eine Nachtflugstrecke stellt, wie aus vorstehendem hervorgeht, wesentlich höhere Anforderungen an die Flugsicherung als eine Tagesflugstrecke. Der Aufwand ist auch deswegen im Verhältnis größer, weil am Tage in dem dichten europäischen Luftverkehrsnetz sehr viel mehr Flugzeuge Nutznießer der Flugsicherungseinrichtungen sind, als auf einer Nachtflugstrecke.

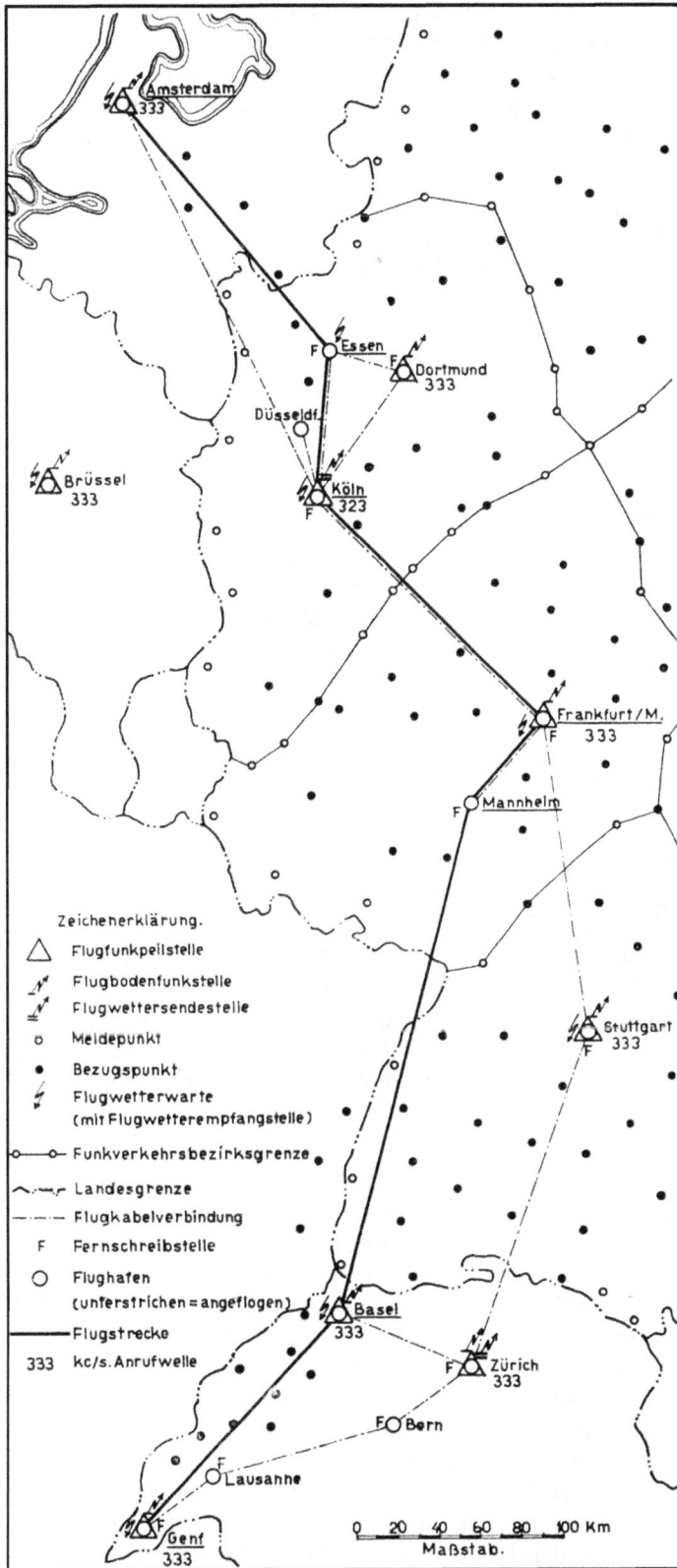

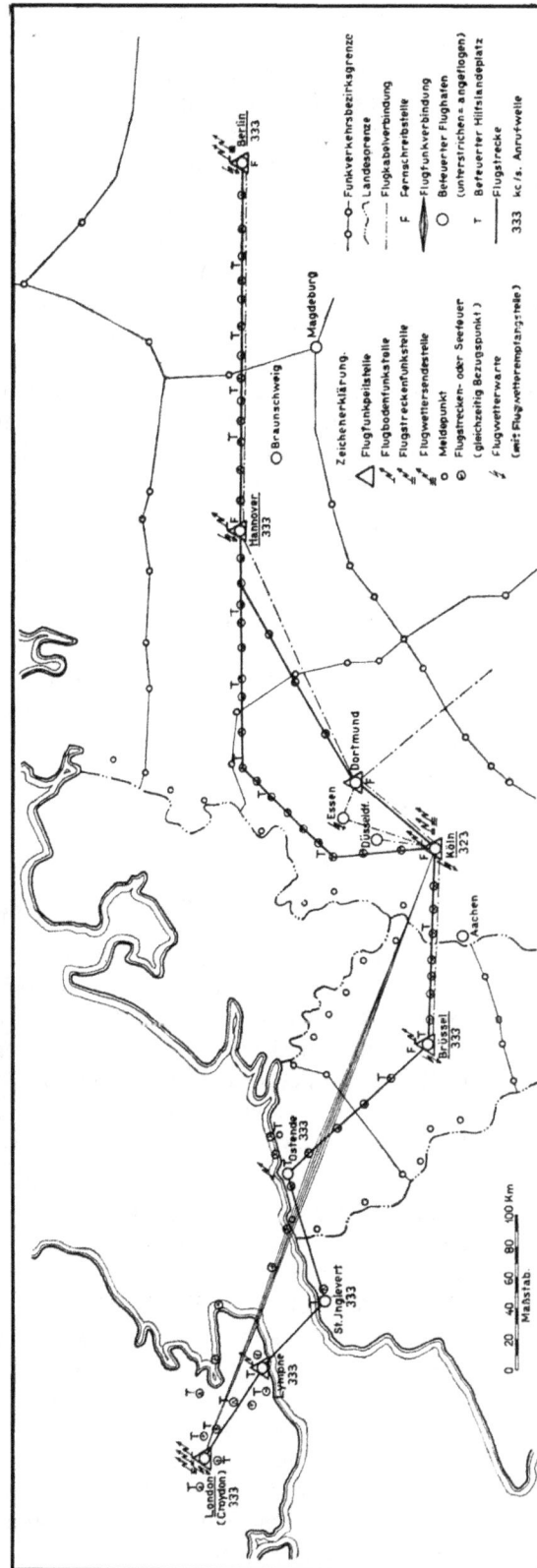

Abb. 4. Einsatz der Betriebsmittel der Flugsicherung auf der Tagesflugstrecke Amsterdam—Essen—Köln—Frankfurt a. M.—Mannheim—Basel—Genf.

Abb. 5. Einsatz der Betriebsmittel der Flugsicherung auf der Nacht-(Postfracht-)Flugstrecke Berlin—Hannover—Köln—London.

Aus der Art des Zusammenwirkens der Flugsicherungseinrichtungen können wichtige Rückschlüsse für die Organisation des Flugsicherungsdienstes gezogen werden. Schon bei oberflächlicher Betrachtung fällt die enge Verflechtung zwischen den Betriebsmitteln der Flughafen- und Flugstreckensicherung auf, zumal bei jeder der oben angeführten Strecken mehrere ¡Länder an der Flugsicherung beteiligt sind, ein Umstand, der sich bei einem wesentlichen Teil der europäischen Flugstrecken wiederholt.

Das Zusammenwirken der Flugsicherungsmittel ist in Europa allein auf den planmäßigen Verkehrsflug abgestellt. Danach richtet sich auch die Besetzung der Fernschreibstellen, Flugbodenfunk- und Peilstellen, der Flugwetterwarten, der Nachtbefeuerung usw. Es ergeben sich daraus auch die besonders großen Unterschiede in der Besetzungsdauer während der einzelnen Flugperioden im Jahre, weil die Zahl der während des Sommers beflogenen europäischen Flugstrecken wesentlich größer ist als im Winter. Nachtflugstrecken fallen während des Winters wegen der dann eintretenden Schlechtwetterperiode ganz aus. Die Flugsicherung trägt heute noch einen Saisoncharakter, der nur dadurch gemildert wird, daß der Grad der Beanspruchung der Flugsicherung während des Übergangs und der Wintermonate ein wesentlich größerer ist als während der Sommermonate.

Schließlich darf noch bemerkt werden, daß die Art des Zusammenwirkens der Flugsicherungsmittel in sehr starkem Maße auch von der Geschwindigkeit der Verkehrsflugzeuge abhängt. Die vorstehende Betriebsorganisation setzte eine bis heute durchschnittliche Reisegeschwindigkeit von 160 bis 180 km/h voraus. Diese Geschwindigkeit wird heute schon auf einigen Fluglinien durch neuere Flugzeugtypen ganz wesentlich überschritten. Geschwindigkeiten bis zu 300 km werden in absehbarer Zeit keine Seltenheit mehr sein. Damit ändert sich die Flugsicherungsorganisation in wesentlichen Punkten, vorzugsweise, weil dann andere Funkgeräte in den Luftfahrzeugen verwendet werden müssen und an die Schnelligkeit der Abfertigung durch den Flugsicherungsdienst noch weit höhere Anforderungen gestellt werden als heute.

VI. Die Kosten der Flugsicherung im europäischen Luftverkehr.

1. Die Bedeutung der Kosten für die Flugsicherung.

Eine Untersuchung, die sich mit den organisatorischen und betrieblichen Fragen der Flugsicherung befaßt, kann an der Tatsache, daß Ausgestaltung und Umfang des Betriebes in erheblichem Maße auch von den wirtschaftlich notwendigen Aufwendungen abhängt, nicht vorübergehen. In zweierlei Hinsicht vermögen die Kosten auf die Organisation der Flugsicherung einzuwirken, erstens durch Festlegung des Betriebsumfangs der Flugsicherung und zweitens durch Beeinflussung der Wahl und Kombination bestimmter Sicherungseinrichtungen, um den Flugsicherungszweck mit dem vergleichsweise geringsten Aufwand zu erreichen.

Nachstehend werden nähere Angaben über die bei Einrichtung einer Flugsicherungsorganisation entstehenden Kosten gemacht. Es handelt sich dabei um Durchschnittswerte, wie sie in der deutschen Flugsicherungsorganisation festgestellt wurden. Um eine gute Vergleichsmöglichkeit zu haben, sind — unter Trennung der festen und veränderlichen Kosten — die Einheitskosten der Flugsicherung in den einzelnen Zweigen für verschiedene Belastungsmöglichkeiten ermittelt worden. Bei diesen Berechnungen wurde ein Zinsfuß von 8% zugrunde gelegt, aus dem eine mittlere Verzinsung über die ganze Zeit der Abschreibung errechnet wurde. Für die Abschreibung sind die in der Praxis gebräuchlichen Werte eingesetzt worden. Gewisse Schwierigkeiten ergaben sich bei der Feststellung der Unterhaltungskosten, die bekanntlich teils zu den festen Kosten (z. B. Unterhaltung von Bauwerken, Funkmasten usw.), teils zu den veränderlichen Kosten (z. B. Unterhaltung von Sendern, Maschinen usw.) gehören. Hierbei wurden ebenfalls Erfahrungswerte zugrunde gelegt. Schließlich darf noch darauf hingewiesen werden, daß wegen der Verwendung von Durchschnittssätzen für die Berechnung der Kosten der Flugsicherung Unterschiede gegenüber der Praxis nicht zu vermeiden sind.

2. Die Kosten der Flughafensicherung.

Die Aufwendungen für Sicherungseinrichtungen auf Land- und Seeflughäfen für den Tagesluftverkehr sind verhältnismäßig gering. Die Anlagekosten für alle erforderlichen Einrichtungen (weißer Kreis mit Namensauslegung, Rollfeldgrenzzeichen, Hinderniszeichen, Rauchofen, Windsack, roter Ball, Landekreuz, Startfahne usw.) bewegen sich in der Größenordnung von 6000 bis 10000 RM. Nicht einbezogen sind dabei die Kosten für die Nahfunkpeilanlagen, da diese sich heute in Europa noch in der Erprobung befinden. Für Tilgung, Verzinsung des aufgewendeten Kapitals sowie für laufende Instandsetzung kann ein durchschnittlicher Betrag von 2400 RM. an jährlich auflaufenden festen Kosten angenommen werden. Betriebskosten erwachsen dem Flughafensicherungsdienst in geringem Umfange durch sächliche Aufwendungen (z. B. Rauchofen), in größerem Umfange durch die Wartung und Inbetriebhaltung der Einrichtungen. Da für den letztgenannten Zweck auf größeren deutschen Flughäfen 2 bis 3 Beamte je acht Stunden Schicht in Betracht kommen, lassen sich die veränderlichen Gesamtkosten im Durchschnitt auf 4,20 RM. je Betriebsstunde berechnen.

Für eine 365tägige Flugzeit jährlich ergeben sich dann insgesamt an Kosten je Betriebsstunde:

bei täglicher Betriebsdauer in Stunden	4	8	12	16
Kosten RM.	5,84	5,02	4,75	4,61

Diese Beträge sind in Abb. 6 graphisch aufgetragen.

Sehr viel höhere Kosten verursacht die Sicherung des Nachtflugbetriebes. Nicht nur die Anlagekosten von Nachtbefeuerungseinrichtungen sind höher, es kommen auch Betriebskosten

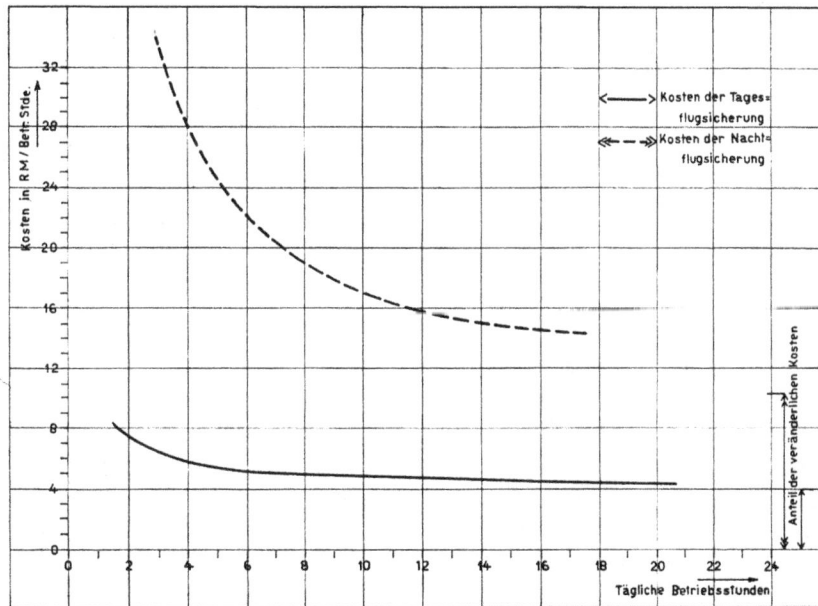

Abb. 6. Abhängigkeit der Kosten der Flughafensicherung von der Dauer der Inbetriebhaltung.

in erheblichem Umfang hinzu. Die Anlagekosten schwanken nach der Größe des betreffenden Flughafens beträchtlich. Sie werden vorzugsweise durch den Umfang der zu kennzeichnenden Luftfahrthindernisse beeinflußt.

Die Kosten für Umrandungsbefeuerung mit Neonlichtern bewegen sich — zusammen mit der sonstigen Hindernisbeleuchtung auf dem Flughafen selbst (Hallen, Gebäude, Leitungen usw.) in der Größenordnung von 50 bis 100000 RM. Für die Beleuchtung von Schornsteinen, Kirchtürmen usw. müssen an einmaligen Kosten zwischen 6 und 11000 RM. aufgewendet werden. Ein Ansteuerungsfeuer für den Flughafen mit Zusatzfeuer mit Kennung kostet 9 bis 12000 RM. Hinzukommen dann noch Aufwendungen für die Landebahnbeleuchtung, für Windrichtungsanzeiger usw. Betriebskosten entstehen durch Strom- und Materialverbrauch sowie durch Personalaufwand für Inbetriebhaltung und Wartung. Für ein Ansteuerungsfeuer betragen die sächlichen Aufwendungen im Durchschnitt 0,55 RM., für Umrandungs- und Hindernisbeleuchtung 2 RM., für Start- und Landelichter 0,45 RM., für Schornsteinbeleuchtung 0,30 RM. je Betriebsstunde. Hiezu kommen Personalkosten von etwa 6,70 RM. je Stunde bei größeren Flughäfen. Die vorstehenden Beträge sind naturgemäß nur Mittelwerte, die je nach Ausführung der Einrichtungen und ihrer Bedienung sowohl über-, wie unterschritten werden können.

Es interessiert, die Gesamtaufwendungen eines Flughafens für die Nachtbefeuerung kennenzulernen, um einen Vergleich gegenüber den Aufwendungen für die Tagesflugsicherung zu haben. Hierbei sollen die vorstehenden Zahlen zugrundegelegt werden. Die festen, dem Flughafen jährlich entstehenden Kosten sind aus der Tabelle 10 ersichtlich.

Tabelle 10. **Feste Kosten für die Nachtbefeuerung eines größeren Flughafens.**

Art der Einrichtung	Kapitalbetrag RM.	Tilgung jährlich RM.	Mittlere Verzinsung jährlich RM.	Unterhaltung, Verwaltungszuschläge usw. RM.	Feste Kosten insgesamt jährlich RM.
1	2	3	4	5	6
Ansteuerungsfeuer	11 000	1 100	540	1 100	2 740
Umrandungs- und Hindernisbefeuerung auf Flughäfen	80 000	8 000	3 920	5 750	17 670
Start- und Landelichter (Sturmlaternen)	120	120	10	40	170
1 Schornstein mit Neonbefeuerung . .	11 000	1 100	540	2 000	3 640
1 Schornstein mit roten Kuppellampen	6 000	600	290	1 020	1 910
Zusammen	108 120	10 920	5 300	9 910	26 130

Daraus ergeben sich unter Berücksichtigung der vorangegebenen Betriebskosten bei wechselnder Dauer der täglichen Inbetriebhaltung insgesamt an Kosten je Betriebsstunde:

Betriebsdauer Stunden täglich	2	4	8	12	16
Kosten RM.	45,80	27,90	18,95	15,95	14,50

Die vorstehenden Werte sind in Abb. 6 eingetragen worden. Es zeigt sich, daß die Nachtflugsicherung auf Flughäfen ein Mehrfaches der Tagesflugsicherung kostet.

3. Die Kosten der Flugstreckensicherung.

Die Kosten des Flugwetterdienstes gliedern sich in die Kosten für die Beobachtungs-, die Fernmelde- und die Beratungsorganisation. Die Kosten der Beobachtungsorganisation sind verhältnismäßig gering. Der Hauptteil der fachmeteorologischen Beobachtungen wird von den Flugwetterwarten und Flugwetterhilfsstellen im Rahmen des von ihnen zu versehenden Dienstes ausgeführt. Die hierbei entstehenden Kosten können von denjenigen, die im Bereich der Flugwetterwarten sonst noch entstehen, nicht getrennt werden. Andere Hauptmeldestellen, wie die der meteorologisch-wissenschaftlichen Landesinstitute, erhalten in Deutschland eine Entschädigung von 500 RM. jährlich für die Anstellung von täglich 5 Beobachtungen. Die Hilfsmeldestellen erhalten für ihre Beobachtungstätigkeit in der Regel keine Vergütung; es handelt sich dabei fast ausschließlich um Postämter oder sonstige Amtsstellen.

Demgegenüber arbeitet die Fernmeldeorganisation des Flugwetterdienstes mit relativ sehr hohen Aufwendungen. Die Übermittlung der Beobachtungen an die Bezirksflugwetterwarten beträgt in Deutschland auf dem Telegraphenwege mindestens 1,50 RM. je Telegramm, bei Verwendung des Fernsprechers auf geringere Entfernungen unter Umständen weniger. Da im Mittel 5 fachmeteorologische Beobachtungen täglich gegeben werden (6 dreistündige Termine im Sommer, 4 dreistündige Termine im Winter), so sind die Aufwendungen je Stelle $5 \times 30 \times 12 \times 1,50 = 2700$ RM. jährlich. Bei Hilfsmeldestellen kommen durchschnittlich etwa 3 Termine täglich in Frage, so daß die dabei auflaufenden Kosten 1620 RM. jährlich je Stelle betragen. Hinzu treten Gefahrenmeldungen, deren Umfang nicht im voraus berechnet werden kann. Die Aufwendungen dafür betrugen in Deutschland in den letzten Jahren etwa 40000 RM. bei insgesamt 16 Flugwetterwarten. Eine Kostenverbilligung in bestimmtem Umfang tritt ein, wenn vorhandene Flugfernmeldeanlagen durch das Beobachtungsnetz mitbenutzt werden können; dies geschieht regelmäßig für den Zubringerdienst von den Bezirksflugwetterwarten zu den Wettersendestellen.

Die Kosten für die Ausstrahlung der Bezirkswettermeldungen können aus Tabelle 11 ersehen werden, da es sich dabei um Sender etwa gleicher Leistung handelt. Die Sendekosten betragen dann 13,08 RM./h bei 8stündigem Betrieb, 8,20 RM./h bei 16stündigem Betrieb. Da 6 Bezirkswettersendungen theoretisch von einem Sender in einer Stunde übernommen werden können, entfallen an Kosten auf jede Sendung (2×5 Minuten) 2,18 RM. bzw. 1,36 RM., außer für die Tastung, die in der Regel durch den Wetterempfangsfunker am Sendeort mitbesorgt werden kann. Wird der Sender nicht, wie oben angegeben oder durch andere Zweige des Flugfunkdienstes voll ausgenutzt, so steigen die Kosten für die einzelne Aussendung naturgemäß beträchtlich an, weil die festen Kosten bestehen bleiben. In ähnlicher Weise berechnen sich auch die Kosten für die Sammelwetterausstrahlungen des Flugwetterdienstes.

Die Kosten für die Empfangsorganisation sind wesentlich geringer als die des Sendedienstes. Sie betragen je Empfangsstelle 2,41 RM./Stunde bei 8stündigem Betrieb, 2,11 RM./Stunde bei 16stündigem Betrieb und 2 RM./Stunde bei 24stündigem Betrieb. Diese Sätze multiplizieren sich entsprechend, wenn mehrere Empfänger eingesetzt sind.

Die festen Kosten einer Flugwetterwarte mittlerer Größe setzen sich aus der Instrumentenausrüstung, den Mietkosten für die Räumlichkeiten, Verwaltungszuschlägen usw. zusammen. Es empfiehlt sich, zu der Ausrüstung der Flugwetterwarte auch die etwa erforderliche Ausstattung angeschlossener Meldestellen innerhalb der zugehörigen Meldebezirke hinzuzurechnen, um die Berechnung zu vereinfachen. Anteilig entfallen auf eine Flugwetterwarte ferner die Kosten für Höhenaufstiegstellen (Drachen, Flugzeuge). Einmalig können die festen Kosten einer Flugwetterwarte mit 11500 RM. und jährlich mit 25000 RM. angenommen werden, wovon 22000 RM. anteilig auf die Wetterflugstellen entfallen.

Die veränderlichen Kosten setzen sich aus den Personalkosten für die wissenschaftlichen Angestellten und die Hilfskräfte und den sächlichen Kosten für Kartenmaterial, Wetterzettel, Pilotaufstiege, Heizung, Beleuchtung, Reinigung zusammen. Werden je 8 Stunden Schicht $1^1\!/_2$ Meteorologen und 3 Hilfskräfte angesetzt, so entstehen veränderliche Kosten von 8 RM. je Betriebsstunde. Selbstverständlich können sowohl die Kosten für die Instrumentenausrüstung als auch die veränderlichen Kosten einer Flugwetterwarte in weiten Grenzen schwanken; eine genaue Berechnung ist immer nur an Hand eines praktischen Falles möglich.

Unter Zugrundelegung eines Abstandes von 20 km zwischen Flugstreckendrehfeuern (von 1,7 bis 2 Mill. Kerzen) kommt man bei einer Strecke von 100 km Länge im Flachland auf einen Betrag von 85000 RM. Anlagekosten. Eingeschlossen sind alle Kosten für die technische Einrichtung, Masten, elektrische Zuleitung usw., Zwischenfeuer sind nicht miteingerechnet. Die festen jährlich entstehenden Kosten setzen sich zusammen aus Tilgung, Verzinsung und Unterhaltung der Feuer und betragen 23700 RM., während sich die Betriebskosten (Strom, Birnenersatz, Wartung) als veränderlicher Faktor auf 6,80 RM./Betriebsstunde stellen.

Da der Fremdpeildienst heute in allen Ländern Europas mit dem Bodenfunkdienst kombiniert ist, sollen die Kosten für den Kombinationsbetrieb angegeben werden. Die Anlagekosten für eine Sendeanlage am Boden für Mittelwellen einschließlich Senderhaus betragen 129000 RM. Die Verteilung der Kostenelemente ergibt sich aus Tabelle 11.

Die Anlagekosten für eine Bodenfunkempfangs- und Peilstelle sind mit insgesamt 22000 RM. erheblich geringer als diejenigen für die Sendeanlage. Die Kostenelemente sind aus Tabelle 12 ersichtlich.

Tabelle 11. **Feste Kosten einer Funksendeanlage von 0,5 kW.**

Kostenelemente	Feste Kosten				
	Kapitalbetrag	Tilgung jährlich	Mittlere Verzinsung jährlich	Unterhaltung, Verwaltungszuschläge und sonstige feste Kosten	Feste Kosten insgesamt jährlich 3 + 4 + 5
	RM.	RM.	RM.	RM.	RM.
1	2	3	4	5	6
Sender, einschließlich Montage und Versandkosten	24 000	3 000	1 200	240	4 440
Maschinenanlagen	13 000	2 600	715	130	3 445
Masten- und Antennenanlage, 2 Türme von 50 m Höhe	42 000	2 100	2 200	840	4 140
Fernmeldekabel zur Betriebszentrale .	—	—	—	4 000	4 000
Pacht für Grundstück	—	—	—	300	300
Sendergebäude mit allen Anschlüssen .	50 000	1 000	3 250	500	3 750
Verwaltungskostenzuschlag	—	—	—	6 450	6 450
Zusammen	129 000	8 700	7 365	12 460	28 525

Tabelle 12. **Feste Kosten einer Bodenfunkempfangs- und Peilstelle.**

Kostenelemente	Feste Kosten				
	Kapitalbetrag	Tilgung jährlich	Mittlere Verzinsung jährlich	Unterhaltung, Verwaltungszuschläge und sonstige feste Kosten jährlich	Feste Kosten insgesamt jährlich 3 + 4 + 5
	RM.	RM.	RM.	RM.	RM.
1	2	3	4	5	6
Technische Einrichtung (Peilempfänger, Verkehrsempfänger, Ladeeinrichtung usw.)	8 000	1 600	400	80	2 080
Fernmeldekabelverbindung mit erforderlichen Anschlüssen auf Flughafen	2 000	100	104	—	204
Gebäudekosten mit Anschlüssen . . .	12 000	240	780	120	1 140
Verwaltungskostenzuschlag	—	—	—	—	1 100
Zusammen	22 000	1 940	1 284	200	4 524

Die Betriebskosten setzen sich aus Kosten für Röhren, Strom sowie sonstige sächliche Aufwendungen und den Kosten für das Betriebs- bzw. das technische Personal zusammen. Für die Funksendeanlage ergibt sich daraus ein Kostenbetrag von 3,50 RM./Betriebsstunde, für die Bodenpeilanlagen ein solcher von 3,55 RM./Betriebsstunde, wobei eine gleichzeitige Besetzung mit 2 Betriebsbeamten angenommen wurde.

Es darf noch bemerkt werden, daß die Kosten sich nicht unwesentlich erhöhen würden, wenn man den Peilbetrieb vom Nachrichtenbetrieb trennen würde.

Soweit besondere Hilfslandeplätze im Flachland zur Sicherung von Nachtflugstrecken angelegt werden müssen, betragen die einmaligen Aufwendungen (Aufenthaltsraum für den Wachtposten, Geräte usw.) etwa 3 bis 4000 RM. Durchschnittszahlen lassen sich im übrigen schwer angeben, weil die Kosten der Hilfslandeplätze von dem vorzubereitenden Gelände und der Art der Ausstattung abhängig sind. Im gebirgigen Gelände ist die Anlage von Hilfslandeplätzen mit erheblich größeren Kosten verknüpft. Als Betriebskosten kommen sächliche und personelle Kosten in Höhe von etwa 5,50 RM./Betriebsstunde in Betracht. Werden andere Flughäfen für Hilfslandezwecke mitbenutzt, so sind dafür stündliche Bereithaltungsgebühren zu entrichten.

Soweit für den Nachrichtenverkehr zwischen Flughäfen öffentliche Fernmeldeanlagen benutzt werden, müssen die für ihre Benutzung von den Telegraphenverwaltungen festgelegten Gebühren entrichtet werden. In Deutschland gibt es die besondere Einrichtung der Dringend-Luftgespräche, die bei Entrichtung einer dreifachen Gebühr eines einfachen Gesprächs als Blitzgespräche vermittelt werden.

Ist ein Flugfernmeldedienst vorhanden, so entstehen Kosten für die benutzten Funkstellen bzw. Kabelanlagen. Die Anlagekosten für eine in Europa gebräuchliche Flughafenfunkstelle von 1 bis 1,5 kW für Mittelwellenbetrieb belaufen sich einschließlich Masten, Antennen, Senderhaus auf rund 165 000 RM. Die Kostenelemente verteilen sich in gleicher Weise, wie schon angegeben. Feste jährliche Kosten entstehen in Höhe von 36 650 RM. Die Anlagekosten für die Empfangsstelle belaufen sich auf 3500 RM. Einschließlich Mietkosten und Verwaltungszuschlägen betragen die festen jährlichen Kosten 1785 RM. Die Betriebskosten betragen bei der Funksendeanlage 4,85 RM./Betriebsstunde, bei der Empfangsanlage 1,80 RM./Betriebsstunde, wobei angenommen wird, daß die Empfangsstelle mit einem Betriebsbeamten besetzt ist.

Fernschreibanlagen bedürfen zum Betriebe einer Kabelleitung und zweier Fernschreiber auf den beiden durch die Kabelleitung verbundenen Flughäfen. Die festen jährlichen Kosten einer Fernschreibstelle können bei einem Gesamtanlagewert von 3200 RM. mit 990 RM. angenommen werden, während sich die veränderlichen Kosten auf 1,55 RM./Betriebsstunde belaufen. Die Mietkosten für 1 km Fernschreibleitung betragen in Deutschland 48 RM. jährlich. Mit diesen Zahlen läßt sich ein Vergleich zwischen den bei Benutzung von Funk- und Kabelanlagen zwischen den Flughäfen entstehenden Kosten anstellen. Angenommen seien 2 Flughäfen in einem Abstand von 400 km und 8stündigem Betrieb. Es entstehen dann folgende Kosten:

a) für die Flugfunkverbindung: $\left(\dfrac{36\,650 + 1785}{365 \cdot 8} + 4,85 + 1,80\right) \cdot 2 = 39,70$ RM.

b) für die Flugkabelverbindung: $\dfrac{2 \cdot 990 + 400 \cdot 48}{365 \cdot 8} + 1,55 \cdot 2 = 10,35$ RM.

Die Kosten sind bei der Funkverbindung im vorliegenden Fall also höher. Die Tatsache, daß eine Funkstelle ihren Verkehr auch auf wesentlich größere Entfernungen und nach mehreren Richtungen hin abwickeln kann, kann dieses Übergewicht jedoch beträchtlich verringern oder aufheben. Hinzu kommt noch, daß bei Vorhandensein mehrerer Sender sich erhebliche Ersparnisse am Senderhaus, der Maschinen- und Mastanlage usw. erzielen lassen, so daß dadurch eine weitere Senkung der Kosten eintreten kann. Die Kostenverhältnisse lassen sich daher in der Regel nur im Hinblick auf einen konkreten Fall übersehen.

Die Anlagekosten der deutschen Flugzeugfunkgeräte betragen mit Montage für die Großgeräte etwa 8300 RM., für die Kleingeräte etwa 5200 RM. Die Betriebskosten sind stark davon abhängig, ob ein besonderer Funker an Bord mitgeführt wird oder nicht. Die Aufwendungen für einen solchen betragen mit Reisespesen usw. etwa 7500 RM. jährlich. Übernimmt der Bordwart die Bedienung der Funkanlagen, so erhält er nur eine Funktionszulage, die 1000 RM. jährlich kaum überschreiten dürfte. Bei Annahme von 1000 Betriebsstunden und Vorhandensein eines Funkers an Bord betragen die Kosten für eine Betriebsstunde beim Großgerät 10,16 RM. (5jährige Abschreibung, feste Unterhaltungskosten 5%, Strom- und Röhrenverbrauch 350 RM.), sind also nicht unbeträchtlich. Beim Kleingerät mit nebenamtlicher Bedienung durch den Bordwart entstehen unter gleichen Betriebsumständen nur Kosten in Höhe von 2,76 RM./Betriebsstunde (Abschreibung und Unterhaltung wie oben, Strom- und Röhrenverbrauch 200 RM.). Hieraus ersieht man, welche erheblichen Ersparnisse man im europäischen Luftverkehr bei Benutzung des Kleingerätes mit nebenamtlicher Bedienung im Bereich der Verkehrszone I machen kann, ganz abgesehen davon, daß ein hauptamtlicher Funker noch Platz im Flugzeug beansprucht und durch sein Gewicht die Zuladung verringert.

Die Kosten für eine komplette Beleuchtungsanlage der Flugzeuge, die zum gegenseitigen Erkennen und zum Signalisieren erforderlich ist, stellen sich einmalig auf etwa 3500 bis 4000 RM.

Die Betriebskosten sind, abgesehen von den Landefackeln, gering. Das einmalige Abbrennen letzterer stellt sich auf etwa 8 RM.

Es bereitet Schwierigkeiten, mit einiger Genauigkeit die Kosten der Flugstreckensicherung im ganzen sowie in ihrer Abhängigkeit von der Betriebszeit ohne Kenntnis gegebener Betriebsverhältnisse im Luftverkehr rechnerisch festzustellen, so daß man nur auf dem Wege der Abstraktion durch Vereinfachung der Verhältnisse zu einem Ziele kommt.

In Europa ist ein dichtes Luftverkehrsnetz vorhanden, so daß es sich empfiehlt, die Kosten der Flugstreckensicherung unter den Gesichtspunkten der Sicherung eines Netzteiles und nicht einer einzelnen Flugstrecke zu bestimmen. Zu diesem Zweck wird hier der Begriff des „ideellen Flugsicherungsbezirks" eingeführt, auf den alle Kostenfeststellungen bezogen werden. Der Einfachheit halber sei angenommen, daß dieser ideelle Bezirk ein Kreis von 300 km Durchmesser sei und nur einen Flughafen in der Mitte habe, so daß also Flugzeuge, die auf dem Flughafen starten, bei 150 km je Stunde Reisegeschwindigkeit 1 Stunde bis zur Grenze des Bezirks in jeder Rich-

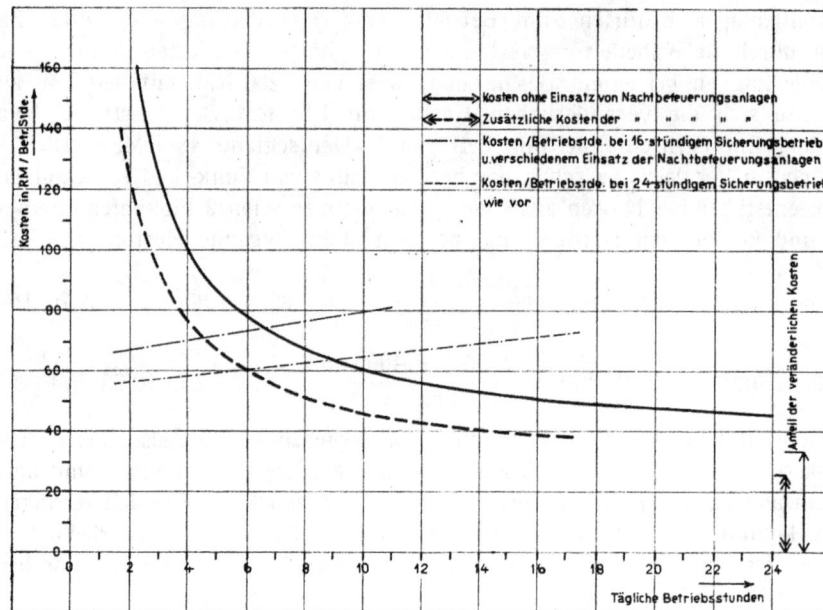

Abb. 7. Abhängigkeit der Kosten der Flugstreckensicherung in einem ideellen Flugsicherungsbezirk von der Dauer der Inbetriebhaltung.

tung zu sichern sind. Für den Nachtluftverkehr sei diese Bewegungsmöglichkeit der Luftfahrzeuge auf 2 Strecken, die befeuert und mit Hilfslandeplätzen versehen sind, begrenzt. Ferner soll in diesem Flugsicherungsbezirk ein Flugwetterdienst (Beobachtungs-, Fernmelde- und Beratungsorganisation), eine Flugbodenfunk- und Peilstelle und eine Flughafenfunkstelle für den Streckenmeldedienst als vorhanden angenommen werden. Für die letztgenannten Einrichtungen soll eine Betriebskapazität zugrunde gelegt werden, die es ermöglicht, zwischen 1 bis 8 Flugzeugen während einer Stunde in dem Bezirk zu sichern. Man kann sich ein größeres Luftverkehrsnetz aus einzelnen Flugsicherungsbezirken der genannten Art zusammengesetzt denken, und daraus die Gesamtkosten für ein solches Netz errechnen. Bei Annahme gleichbleibender Belastung der Flugsicherungseinrichtungen ergeben sich für den ideellen Flugsicherungsbezirk die in nachstehender Tabelle 13 aufgeführten Kosten je Betriebsstunde.

In Abb. 7 sind die Kosten der Flugstreckensicherung für den Tagesluftbetrieb besonders aufgeführt, während die Kosten der Nachtflugsicherung als zusätzliche Kosten eingetragen sind, wobei angenommen wurde, daß die am Tage erforderliche Flugstreckensicherung in vollem Umfange auch in der Nacht aufrecht erhalten wird. Man erkennt, daß die Nachtflugsicherung die Gesamt-

Tabelle 13. **Kosten der Flugstreckensicherung in einem ideellen Flugsicherungsbezirk bei gleichbleibender Belastung im Tages- und Nachtflugbetrieb.**

Art der Kosten	Veränderliche Kosten RM./h	Feste Kosten je Betriebsstunde bei täglichem Betrieb von Stunden					
		4 RM./h	8 RM./h	12 RM./h	16 RM./h	20 RM./h	24 RM./h
1. Wetterberatung 6 Hauptmeldestellen, dreistündlich meldend .	3,00						
12 Hilfsmeldestellen, dreistündlich meldend	6,00						
Aussendung 2 x Stunde je 5 Min.	0,81	4,18	2,09	1,39	1,05	0,84	0,70
2 Aufnahmeempfänger	3,60	2,44	1,22	0,82	0,61	0,49	0,41
1 Flugwetterwarte	8,00	17,10	8,56	5,70	4,28	3,42	2,86
2. Flugbodenfunk- und Peilstelle .	6,85	22,00	11,45	7,65	5,75	4,60	3,82
3. Flughafenfunkstelle für Streckenmeldedienst (übernimmt gleichzeitig Ausstrahlung zu 1) . . .	5,55	21,94	10,97	7,31	5,48	4,39	3,85
Summe 1 bis 3	33,81	67,66	34,29	22,87	17,17	13,74	11,64
Veränderliche Kosten je Betriebsstunde		+33,81	33,81	33,81	33,81	33,81	33,81
Gesamtkosten je Betriebsstunde .		101,47	68,10	56,68	50,98	47,55	45,45
4. Streckenbefeuerung 300 km . .	20,40	48,60	24,30	16,20	12,15		
5. Hilfslandeplätze, befeuert (4 in 60 km Entfernung)	5,50	2,74	1,37	0,91	0,69		
Summe 4 u. 5	25,90	51,34	25,67	17,11	12,84		
Veränderliche Kosten je Betriebsstunde		+25,90	25,90	25,90	25,90		
Gesamtkosten je Betriebsstunde für 300 km Streckensicherung im Nachtflugbetrieb		77,24	57,57	43,01	38,74		

kosten der Flugstreckensicherung ganz erheblich beeinflußt. Von Interesse ist im übrigen die Abhängigkeit der Kosten der Flugstreckensicherung von der Dauer der Nachtflugsicherung. Es ist zu diesem Zweck der Fall eines 16- und 24-Stundenbetriebes der Flugstreckensicherung herausgegriffen. Abb. 7 zeigt ein lineares Ansteigen der Kosten je Betriebsstunde mit zunehmendem Anteil der Dauer der Nachtflugsicherung.

4. Kosten der Flugsicherung je Start und Landung bzw. je geflogenes Streckenkilometer.

Die Kosten, die anteilig auf Start und Landung bzw. das geflogene Streckenkilometer entfallen, werden um so größer sein, je weniger Flugzeuge die Flugsicherungseinrichtungen benutzen, während sie sich im entgegengesetzten Falle verringern. Zur Feststellung der bestehenden Abhängigkeit soll eine Flugsicherungsorganisation mit 8-Stunden-Betrieb betrachtet werden, die verschieden beansprucht ist. Dabei wird ein 8stündiger Tagesluftverkehr und ein 8stündiger Nachtluftverkehr gesondert betrachtet. Der Kapazitätsbereich des betreffenden Flughafens ist mit 24 Starts und Landungen/Stunde, derjenige der Streckensicherungseinrichtungen innerhalb des „ideellen" Flugsicherungsbezirks mit 8 Flugzeugen/Stunde angenommen. Das Ergebnis ist in Abb. 8 und Abb. 9 eingetragen.

Die Kosten der Flughafensicherung sind gemäß Abb. 8 bei nur wenigen Starts oder Landungen — vor allem im Nachtflugbetrieb — recht beträchtlich. Die Kapazitätsgrenze ist hier durch die Bewegungsvorgänge auf dem Flughafen, nicht durch die Sicherungseinrichtungen gegeben. Aus Abb. 9 ergibt sich, daß die Flugstreckensicherung bei geringer Belastung nicht unerhebliche Kosten je Flugstreckenkilometer verursacht, vor allem im Nachtflugbetrieb, der im übrigen die Kosten

je Kilometer fast verdoppelt. Es muß allerdings betont werden, daß die Kapazität der Nachtbefeuerungsanlagen durch die als Grenzwert angegebene Zahl der Streckenkilometer bei weitem
nicht erreicht ist, so daß hier noch Möglichkeiten einer Kostenverminderung je Streckenkilometer

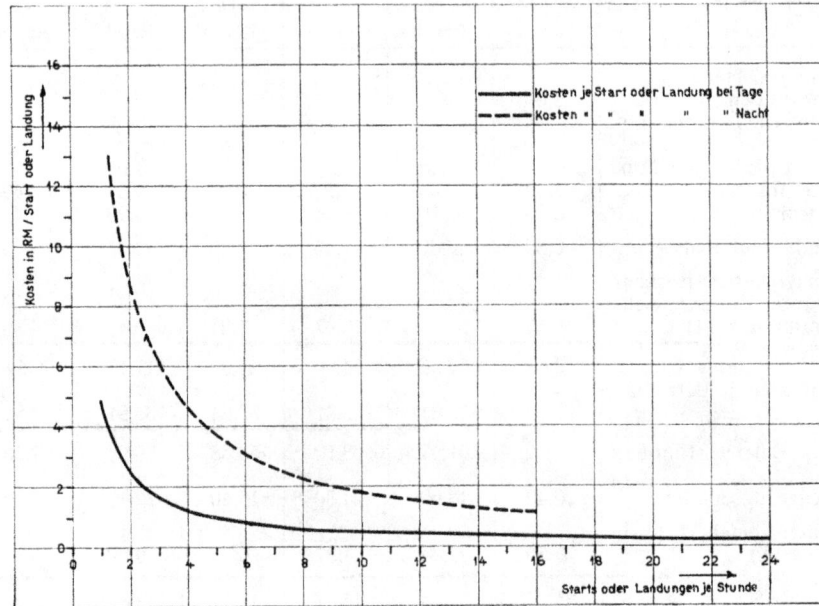

Abb. 8. Kosten der Flughafensicherung in Abhängigkeit von der Zahl der Starts und Landungen.

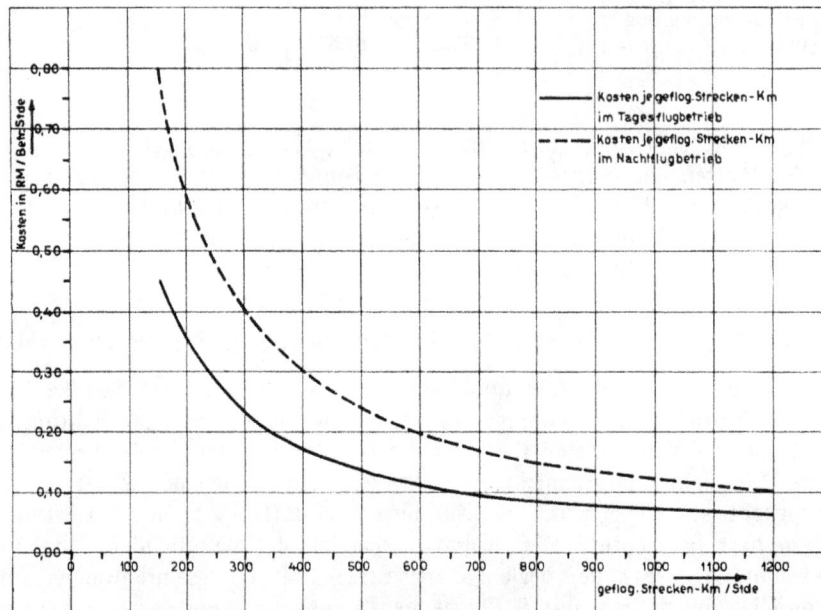

Abb. 9. Kosten der Flugstreckensicherung in Abhängigkeit von der Zahl der geflogenen Strecken-km.
(Statt „Betr.Stde." in der Abb. setze: „geflog. Strecken-km"!).

bestehen. Bei einer größeren Belastung der übrigen angegebenen Einrichtungen der Flugstreckensicherung müßten dagegen neue Funkanlagen, mehr Personal usw. vorgesehen werden, die die
Kosten je Streckenkilometer wieder heraufsetzen würden.

VII. Organisation des Flugsicherungsdienstes im europäischen Luftverkehr.

1. Organisatorische Zusammenfassung der Betriebsmittel der Flugsicherung.

Das zeitliche und räumliche Ineinandergreifen der Funktionen der Flugsicherung zur Erfüllung einer bestimmten Aufgabe verlangt in erster Linie eine zweckmäßige Betriebsorganisation, d. h. die mit der Durchführung der Flugsicherung beauftragten Stellen müssen ohne Rücksicht darauf, ob sie in ihrer Gesamtheit verwaltungsmäßig verbunden sind oder nicht, ein reibungsloses Zusammenarbeiten ermöglichen. Daneben ist es von Wichtigkeit, festzustellen, welche Stellen diese Aufgabe am besten zu erfüllen vermögen und in welchem Umfange sich der Staat selbst hieran beteiligen soll. Die Untersuchung dieser Fragen zielt darauf ab, eine zweckmäßige Form der Verwaltungsorganisation der Flugsicherung zu finden.

Für die Betriebsmittel der Flughafensicherung ergibt sich die Forderung, daß ihr Einsatz zur Sicherung der Bewegungsvorgänge von Luftfahrzeugen tunlichst von einer Stelle auf dem Flughafen veranlaßt wird. Es muß sichergestellt sein, daß die Start- und Landezeichen, die Signalgebung usw. im Tages- und Nachtluftverkehr in Übereinstimmung miteinander betätigt werden, um Irrtümer irgendwelcher Art auszuschalten. Eine solche Handhabung ist daher auch auf der Mehrzahl der dem öffentlichen Verkehr dienenden europäischen Zivilflughäfen vorgesehen. In vielen Fällen werden die Anordnungen von einem Turm oder einem sonstigen erhöhten Standplatz des Flughafens aus, von dem die Flughafenzone gut übersehen werden kann, gegeben.

Eine Ausnahme bildet bei diesem Verfahren in der Regel die Sicherung der Bewegungsvorgänge im Bereich der Flughäfen durch Funkeinrichtungen. Es ist betriebsorganisatorisch nicht durchführbar, diese von den Funkeinrichtungen für die Flugstreckensicherung zu trennen. Es wird daher in anderer Weise auf eine enge Verbindung zwischen der mit der Flughafensicherung beauftragten Stelle und der Funkbetriebsstelle — etwa durch eine Fernsprechleitung — gesehen werden müssen, damit durch den Paralleleinsatz von optischen und funkelektrischen Mitteln nicht Verwirrung der Flugzeugführer und damit Gefährdung der zu sichernden Luftfahrzeuge eintritt. In idealer Weise ist dieses Problem auf dem Flughafen in London-Croydon gelöst worden, wo auf dem Überwachungsturm die Leitung des Einsatzes der optischen und funkelektrischen Sicherungsmittel in einer Hand vereinigt ist. Die Sicherung erstreckt sich dabei nicht nur auf die Bewegungsvorgänge auf dem Flughafen und im Nahbereich von Croydon, sondern auch auf die Flüge bis zum Kontinent.

Die Vereinigung der Funktionen ist in Croydon dadurch erleichtert worden, daß es sich dort um einen staatlichen Flughafen des Air Ministry handelt, dem der gesamte Flugsicherungsdienst verwaltungsmäßig untersteht. Bei Flughäfen, auf denen die Betriebsleitung nicht in ähnlicher Weise zusammenfällt, werden andere Verwaltungsgrundsätze anzuwenden sein, um den betrieblichen Erfordernissen der Flughafensicherung Rechnung zu tragen. Dies gilt auch für Flughäfen, auf denen verschiedene staatliche Verwaltungsstellen für Flughafensicherung und die Funkorganisation zuständig sind.

Die Betriebsleitung der Flughafensicherung wird auf staatlichen Flughäfen stets bei der für die Flughafenverwaltung zuständigen Stelle liegen. Es kann nun für die im planmäßigen Luftverkehr im Sommer 1932 angeflogenen europäischen Flughäfen festgestellt werden, daß sich in den meisten europäischen Ländern, abgesehen von Deutschland, die Flughäfen mit und ohne staatliche Verwaltung zahlenmäßig etwa die Waage halten. Geht man dagegen von der Bedeutung der Flughäfen aus, so zeigt sich, daß bei der Mehrzahl der wichtigeren und daher mit einem komplizierteren Flughafensicherungsbetrieb ausgestatteten Flughäfen Europas die staatliche Verwaltung überwiegt, so in Paris, Straßburg, Marseille, Madrid, Wien, Belgrad, Warschau, Kopenhagen usw.

Deutschland macht eine Ausnahme insofern, als es staatlich verwaltete Flughäfen überhaupt nicht gibt, sondern vorzugsweise solche mit kommunaler Verwaltung. Man hat es für zweckmäßig befunden, die Betriebsleitung auf diesen Flughäfen in die Hände besonderer staatlicher Stellen, nämlich der Polizeiflugwachen der Länderregierungen zu legen, um dadurch eine größtmögliche Einheitlichkeit in der Sicherung zu erzielen. Eine ähnliche Einrichtung besteht auf den Flughäfen

mit nichtstaatlicher Verwaltung in den übrigen europäischen Ländern nicht. Auf derartigen Flughäfen ist vielmehr der Konzessionsinhaber des Flughafens auf Grund der ihm gemachten Auflagen
für den Flughafensicherungsbetrieb verantwortlich, in der Regel jedoch nur für die optischen Sicherungsmittel, während die funkelektrischen sich meist in Händen einer staatlichen Organisation
befinden. Eine engere Zusammenarbeit der oben skizzierten Art wird hier also erforderlich. Eine
Ausnahme machen eine Reihe schweizer Flughäfen, z. B. Basel und Genf, auf denen die Funkanlagen auch dem Flughafenunternehmer mit unterstehen.

Die organisatorische Zusammenfassung der Betriebsmittel der Flugstreckensicherung
ist erheblich komplizierter als diejenige der Flughafensicherung. Dies ergibt sich zunächst aus
der Tatsache, daß die zur Anwendung kommenden Mittel eine erheblich größere Verschiedenheit
untereinander aufweisen. Im übrigen spricht die Tatsache mit, daß das Bedürfnis zur organisatorischen Vereinigung von dem Entwicklungsstand des Luftverkehrs abhängig ist, der in den europäischen Staaten nicht einheitlich ist. Zudem wird beim Wetterdienst und Funkdienst vielfach
auf schon bestehende Einrichtungen zurückgegriffen, während als „neuartige" Betriebsmittel der
Flugstreckensicherung lediglich die Streckenbefeuerung, der Peildienst und die Hilfslandeplätze
angesehen werden können. Beim Funkdienst und Wetterdienst kommt also, wenn ein Zusammenschluß sich als erforderlich erweist, eine Loslösung von bestehenden Organisationen in Betracht,
die nicht ohne Schwierigkeiten möglich ist und daher verschiedentlich zu Zwangslösungen geführt hat.

Eine zweckmäßige Betriebsorganisation ist auch bei der Flugstreckensicherung die nächst-
liegende Forderung. Sie wird mit mancherlei Verwaltungsformen erzielt werden können. Die
nachstehenden Untersuchungen zeigen, daß sich in den europäischen Staaten dem Bedürfnis entsprechend verschiedene Organisationsformen herausgebildet haben. Es finden sich Länder ohne
eine eigentliche Flugstreckensicherung und solche, die bereits eine besondere abgeschlossene Organisation besitzen. Der staatliche Einfluß ist überall unverkennbar, da für private Initiative die
erforderlichen Voraussetzungen in der Regel fehlen.

Für Länder, die eine eigene Verkehrsluftfahrt nicht oder nur in geringem Umfange entwickelt
haben, erübrigt sich in der Regel eine Flugstreckensicherung, wenn ihr Gebiet nicht durch aus-
ländische Gesellschaften überflogen wird. In Ländern wie Litauen, Estland, Lettland, Finnland,
Rumänien, Bulgarien, Portugal usw. findet man daher keinen eigentlichen Flugstreckensicherungsdienst vor. Dort übernehmen Militär- oder Küstenfunkstellen die Beförderung der notwendigen
Meldungen, während der Flugwetterdienst durch die vorhandene Wetterorganisation ausgeübt
wird. Nachtbefeuerungseinrichtungen mit besonderen Hilfslandeplätzen sind nicht vorhanden.
Im Bedarfsfalle haben Gesellschaften, die über das Gebiet dieser Länder fliegen, Funk- und Peilstellen selbst errichtet, z. B. die Cidna in Sofia und Bukarest, die Deutsch-Russische Luftverkehrs-
A. G. in Welikije Luki und Moskau. Auch einige andere Länder Europas haben die Sicherungs-
organisation den Luftverkehrsgesellschaften überlassen oder sich nur gelegentlich beteiligt, z. B.
Spanien, wo die Cie. Aéropostale eigene Funkstellen unterhält, und bis vor kurzem auch Schweden,
wo die A. B. Aero-Transport Funkstellen in Kalmar und Stockholm betrieb, während sich in Malmö
eine staatlich betriebene Bodenfunk- und Peilstelle befand. Heute sind die Funkstellen in Schweden
sämtlich in staatlicher Verwaltung. In Italien, Jugoslawien und Polen wird der Flugstrecken-
sicherungsdienst für den privaten Luftverkehr von den Funk- und Peileinrichtungen der Militär-
luftfahrt mit erledigt. Den Wetterdienst übernehmen in den genannten Ländern die meteorologischen Zentralinstitute.

Demgegenüber besitzen die sogenannten ILK-Staaten, nämlich Belgien, Dänemark, Deutschland, England, Frankreich, Holland, Österreich, das Saargebiet, die Schweiz und die Tschechoslowakei bereits eine ausgeprägte Flugstreckensicherung für den zivilen Luftverkehr, auf die nachstehend näher eingegangen werden soll. Eigentümlich ist in diesen Ländern die Zusammenfassung
betriebstechnisch zusammengehöriger Flugsicherungsmittel, so der Fernmeldeeinrichtungen (einschließlich Funkpeilanlagen in einem Flugfernmeldedienst, der Flugwetterwarten in einem Flugwetterdienst und schließlich der Beleuchtungseinrichtungen für Nachtflugstrecken in einen Nachtbefeuerungsdienst.

Die Leitung der Flugstreckensicherung ist in diesen Ländern bei den Luftfahrtverwaltungen zentralisiert. Für die Nachtbefeuerung und die Hilfslandeplätze besitzen die genannten Verwaltungen eine ausschließliche Zuständigkeit, während die Organisation des Flugwetterdienstes und des Flugfernmeldedienstes verschiedenartig geregelt ist. In Frankreich und England ist eine zentrale Organisation des gesamten Wetterdienstes den Luftfahrtministerien unterstellt. In den übrigen Ländern außer Deutschland wird, soweit nicht eine ressortmäßige Zuständigkeit der obigen Verwaltungen für den Flugwetterdienst schon besteht, besonderes Fachpersonal von den meteorologischen Zentralinstituten zur Verfügung gestellt. In Deutschland, das die Einrichtung eines meteorologischen Zentralinstituts nicht kennt, werden Meteorologen und Hilfskräfte von den öffentlichen Wetterdienststellen zur Dienstleistung in Flugwetterwarten auf den Flughäfen abgeordnet. Die betriebstechnische Leitung liegt in Händen der Zentralstelle für Flugsicherung. Daneben besteht bei der deutschen Seewarte ein Seeflugreferat für die Wettersicherung auf Überseeflügen.

Die Fernmeldeanlagen für den Flugsicherungsdienst, insbesondere Funk- und Peilanlagen, werden in den genannten Ländern fast ausschließlich durch die Luftfahrtverwaltungen selbst errichtet und betrieben. So ist auch in Deutschland der Betrieb aller Flugfernmeldeanlagen in der Zentralstelle für Flugsicherung zusammengefaßt.

Ob es sich empfiehlt, die in der Mehrzahl der Länder durchgeführte Zentralisation der Leitung des Flugstreckensicherungsdienstes auch auf die Dienststellen auf den Flughäfen (Flughafenfunkstellen, Flugwetterwarten, Höhenflugstellen usw.) zu übertragen, läßt sich allgemein nicht entscheiden. Sie erscheint zweckmäßig, um die Zuständigkeit der Dienststellen der Flugstreckensicherung gegenüber derjenigen der Betriebsleitung der Flughäfen abzugrenzen, soweit hierfür ein Bedürfnis gegeben ist. Eine einheitliche Verwaltungsorganisation im ganzen hat unzweifelhaft den Vorteil, daß alle Anordnungen sich mit dem geringstmöglichen Reibungsverlust ausführen lassen. Die rationelle Betriebsführung wird dadurch wesentlich erleichtert.

Schließlich soll noch auf die Frage eingegangen werden, ob es angebracht ist, ein Betriebsmonopol des Staates für Flugstreckensicherungseinrichtungen zu schaffen, das eine Betätigung anderer Stellen ausschließt oder von einer Konzession abhängig macht. Diese Frage kann von einem bestimmten Stande der Entwicklung ab bejaht werden, um eine einheitliche Betriebsführung, z. B. bei Befeuerungsanlagen und in der Wetterberatung, zu ermöglichen und Beeinträchtigungen durch Nebenorganisationen auszuschließen. Im übrigen besteht ein Betriebsmonopol des Staates bereits bei allen Fernmeldeanlagen in europäischen Staaten.

2. Die Betriebsregelung im inner- und zwischenstaatlichen Luftverkehr.

Eine Betriebsregelung ist erforderlich, um die im Flugsicherungsdienst zur Anwendung gelangenden Betriebsmittel zu vereinheitlichen und den Umfang ihres Einsatzes dem jeweiligen Verkehrszweck entsprechend festzulegen. Das Bedürfnis für eine Betriebsregelung ist verschieden groß und richtet sich in der Regel nach dem Umfang des planmäßigen Luftverkehrs in einem zusammenhängenden Fluggebiet. Für den Luftverkehr in Europa muß weitgehende zwischenstaatliche Einheitlichkeit der Betriebsmittel gefordert werden, da alle wichtigeren Strecken mehrere Länder berühren. Dies gilt vor allem für die Staaten Mittel- und Westeuropas. Die in den einzelnen Staaten Europas durch die Luftfahrtgesetzgebung getroffene Regelung des Flugsicherungsdienstes geht daher, soweit vorhanden, auf internationale Abmachungen zurück. Aus diesem Grunde kann sich die Untersuchung auf letztere beschränken.

Mit der allgemeinen Regelung der Flugsicherung befassen sich in Europa:

a) das Luftverkehrsabkommen von Paris 1919,
b) das Ibero-Amerikanische Luftverkehrsabkommen 1926,
c) die Internationalen Luftfahrtkonferenzen in den Jahren 1919 bis 1931,
d) die Luftfahrtkonferenzen der Mittelmeerstaaten in den Jahren 1930 und 1931.

Die durch Luftfahrtorganisationen getroffene Regelung des Flugsicherungsdienstes findet eine Ergänzung durch Verträge und Abmachungen, die von den für die entsprechenden

Fachgebiete der Flugsicherung verantwortlichen Organisationen getroffen worden sind. In Frage kommen für den Flugfunkdienst die Internationalen Funkkonferenzen und das Comité Consultatif International des Communications Radioélectriques (CCIR), für den Flugwetterdienst das Internationale Meteorologische Comité, für den Nachtbefeuerungsdienst die Internationale Beleuchtungskommission usw. Vereinbarungen dieser Organisationen werden bei der internationalen Regelung des Flugsicherungsdienstes durch die Luftfahrtbehörden bedarfsweise herangezogen.

Das Luftverkehrsabkommen von Paris — nach der durch das Abkommen festgelegten Internationalen Luftfahrtkommission (Commission Internationale de la Navigation Aérienne) auch „Cina" genannt — und das Ibero-Amerikanische Luftverkehrsabkommen — Ciana genannt — sind, soweit Flugsicherungsangelegenheiten betroffen werden, identisch und können daher gemeinsam behandelt werden. An der Cina[1]) sind am 1. Januar 1932 18 europäische und 11 außereuropäische Staaten beteiligt gewesen, und zwar in Europa alle Staaten außer Deutschland, Österreich, Ungarn, Schweiz, Litauen, Lettland, Estland, Finnland, Albanien und Spanien. Spanien ist als einziges Land neben 20 außereuropäischen an der Ciana[2]) beteiligt. Auf die nicht der Cina angehörenden Staaten Europas ist die von dieser festgelegte Regelung naturgemäß nicht ohne Einfluß geblieben; mit ganz geringen Abweichungen finden sich in den Luftfahrtverordnungen dieser Länder die gleichen Grundsätze wieder.

Die Regelung, die das Pariser Luftverkehrsabkommen in Flugsicherungsangelegenheiten getroffen hat, ist in den Anhängen zu dem Abkommen enthalten, und zwar in

Anhang A, Abschnitt IX: Rufzeichen für optischen Signalverkehr und Funkanrufe,
„ D, „ I: Regeln über Lichterführung von Luftfahrzeugen,
„ II: Signalregeln im optischen Signalverkehr und bei Funkübermittlung, insbesondere über Not-, Sicherheits- und Dringlichkeitsverkehr,
„ V: Luftfahrtkennzeichen auf Flughäfen für Tages- und Nachtluftverkehr,
„ F, „ II: System der Bodenkennzeichen für Tagesluftverkehr,
„ G, „ I bis IV und Anhang G 1 bis G 8: System des Flugwetterberatungsdienstes mit Schlüsseln,
Verordnung gemäß Art. 14 des Abkommens: Gebrauch von Funkgerät an Bord von Luftfahrzeugen und Ausrüstungspflicht.

Die vorstehende Regelung ist für die Durchführung der Flugsicherung auf einer Reihe von Gebieten unzureichend. Insbesondere ist eine Regelung der Meldedienste und des Peildienstes, der Nachtbefeuerung auf Flugstrecken und der Hilfslandeplätze in den Anhängen zum Cina-Abkommen nicht enthalten. Die schnelle technische Entwicklung auf diesen Gebieten, ferner der Umstand, daß nicht alle der Cina angehörenden Staaten an einer Regelung der obigen Fragen interessiert sind, haben eine Reihe europäischer Staaten bewogen, diese Gebiete auf besonderen Internationalen Luftfahrtkonferenzen[3]) durch einfache Beschlußfassung zu regeln. Es sind heute folgende Staaten (ILK-Staaten) daran beteiligt: Belgien, Dänemark, Deutschland, England, Frankreich, Holland, Österreich, Saargebiet, Schweiz und die Tschechoslowakei. Die Arbeiten werden auf drei Kommissionen: Flugbetrieb, Funkwesen und Meteorologie verteilt. Bisher haben 33 Konferenzen stattgefunden.

Die wichtigsten Ergebnisse für die Flugsicherung sind in der „Betriebsordnung für den Internationalen Flugfunkdienst" und der „Betriebsordnung für den Internationalen Flugwetterdienst" festgelegt worden.

Erstere enthält in Abschnitt I die Grundsätze der Organisation des Flugfernmeldedienstes (Strecken-, Flugzeug- und Wettermeldedienst) sowie in einer Reihe von Anhängen Angaben über sämtliche in den genannten Staaten vorhandenen Flugfunkstellen, über Funkverkehrsbezirke usw.

---

[1]) Vgl. Revue Aéronautique Internationale, Nr. 2, herausgegeben von A. Roper, Paris, S. 148.
[2]) Vgl. ebenda, Nr. 1, S. 17.
[3]) Vgl. ebenda, Nr. 1, S. 18.

Abschnitt II regelt die Abfassung der im Flugfernmeldedienst zugelassenen Meldungen. In den dazugehörigen Anhängen sind die entsprechenden Schlüssel aufgeführt. Abschnitt III enthält schließlich das Betriebsverfahren für den Funkpeilverkehr sowie die Übermittlung der Meldungen im Funk- und Kabelverkehr. Es ist mit einigen Ergänzungen dem Weltfunkvertrag, Washington 1927, entnommen. Die Betriebsordnung für den internationalen Funkwetterdienst legt neuere, größtenteils von der Cina-Regelung abweichende Grundsätze fest.

Die beiden vorstehenden Betriebsordnungen regeln die betriebliche Anwendung der genannten Gebiete erschöpfend, jedoch nur für die aufgeführten Länder, so daß verschiedentlich Sonderverhandlungen stattgefunden haben, um auch andere Länder (Schweden, Polen, Jugoslawien, Italien) zur Annahme der darin festgelegten Grundsätze zu bewegen. Neuerdings beschäftigen sich die Internationalen Luftfahrtkonferenzen eingehend auch mit Beleuchtungsfragen, deren Wichtigkeit heute für Flughafen- und Flugstreckensicherung hinter denen des Funk- und Wetterdienstes nicht zurücksteht.

In ähnlicher Weise wie die Internationalen Luftfahrtkonferenzen sind auch die Luftfahrtkonferenzen der Mittelmeerstaaten[1]) Frankreich, Italien und Spanien organisiert. Bisher haben drei Konferenzen stattgefunden. Sie beschäftigten sich vorzugsweise mit Fragen des Seefluges über das Mittelmeer und haben entsprechende Sicherungsgrundsätze festgelegt. Eine formale Annahme der oben erwähnten Betriebsordnungen durch Spanien und Italien hat bisher nicht stattgefunden.

Betrachtet man die heute in Europa bestehende Regelung der Flugsicherung im ganzen, so ist festzustellen, daß zwar Ansätze für eine einheitliche umfassende Regelung vorhanden sind, diese aber durch die Zersplitterung der beteiligten Organisationen sehr erschwert ist. Es ist fraglich, ob eine festere Regelung, als sie heute für große Gebiete des Flugsicherungsdienstes erfolgt, überhaupt erwünscht ist, solange die technische Entwicklung noch so schnell vorwärts schreitet wie bisher. Jedenfalls wird bei einer späteren einheitlichen Gesamtregelung dieser Punkt im Auge behalten werden müssen. Es wird dann auch ein Mangel abzustellen sein, der den heute bestehenden Regelungen anhaftet, nämlich, daß eine schnelle und lückenlose Unterrichtung aller beteiligten Staaten über die in diesen vorhandenen Betriebsmittel der Flugsicherung erfolgt, wie dies heute durch die Organisation des Internationalen Büros des Welttelegraphenvereins in Bern für Telegraphen-, Fernsprech- und Funkanlagen bereits geschieht.

3. Die finanziellen Grundlagen.

Durch die Bereitstellung des Flugsicherungsdienstes entstehen, wie aus früheren Ausführungen hervorgeht, nicht unerhebliche Kosten, die von den Beteiligten aufgebracht werden müssen. Dies geschieht im europäischen Luftverkehr in verschiedener Weise.

Die Kosten der Flughafensicherung erscheinen z. T. in den den Flughafenverwaltungen zustehenden Start- und Landegebühren. Da die Kosten der Flugsicherung bei Nacht erheblich höher sind als am Tage, drückt sich dies im allgemeinen auch in der Höhe der Start- und Landegebühren aus, die die Luftfahrzeuge tariflich zu zahlen haben. Die Regelung ist in den einzelnen europäischen Ländern verschieden. Es sind im Nachtluftverkehr z. B. zu entrichten[2]) in

Belgien: Doppelte Landegebühr, Zuschlag 30 Frs. je Start oder Landung,
Deutschland: 20% Aufschlag auf Start- und Landegebühren,
Frankreich: Doppelte Landegebühr, Zuschlag 24 Frs. je Start oder Landung,
Schweiz: 12 Frs. bei voller, 6 Frs. bei teilweiser Beleuchtung je Stunde, Zuschlag 5 Frs. je Start oder Landung.

Es ist die Regel, daß die Flughäfen mit den amtlich festgelegten Tarifsätzen für Start- und Landegebühren und etwaigen sonstigen Einnahmen (Restaurant, Veranstaltungen, Besucher usw.) nicht auskommen, so daß die für die Verwaltung des Flughafens verantwortlichen öffentlichen Körperschaften Zuschüsse zu gewähren haben. Diese kommen dann auch der Flughafensicherung

---

[1]) Vgl. Revue Aéronautique Internationale, Nr. 1, herausgegeben von A. Roper, Paris, S. 18.
[2]) Vgl. Internationales Flughandbuch, 2. Ausgabe, Bd. II.

zugute. In Deutschland übernimmt der Staat im übrigen die Bezahlung der für die Bedienung der Sicherungsanlagen vorgesehenen Polizeiflugwachen, zieht allerdings den Flughafenunternehmer zur Kostentragung durch Bereitstellung entsprechender Unterkunftsräume heran. Soweit vorhanden, werden die Kosten für Nahfunk- und Peilanlagen von den für den Flugfunkdienst zuständigen Behörden übernommen.

Es besteht in allen luftfahrttreibenden Ländern Europas der Grundsatz, den Flugstrecken-sicherungsdienst den Luftfahrern gebührenfrei zur Verfügung zu stellen. Da die Einrichtungen für den innerstaatlichen und internationalen planmäßigen Luftverkehr hergerichtet sind, ist hierin eine Art indirekter Subvention zu erblicken. Eine Abrechnung im zwischenstaatlichen Verkehr erübrigt sich in der Regel, da die Benutzung der Flugsicherungseinrichtungen von den Gesell-schaften auf der Grundlage der Gegenseitigkeit erfolgt. Die Kosten trägt in diesem Falle der Staat, beteiligt in einzelnen Ländern jedoch den Flughafenunternehmer an der Kostentragung durch Gestellung der Baulichkeiten, z. B. des Sender- und Peilerhauses, der Räume für die Funk-betriebszentrale und die Wetterwarte usw. Dies ist naturgemäß nur dann von Bedeutung, wenn der Flughafen sich nicht selbst in staatlicher Verwaltung befindet.

VIII. Zusammenfassung und Schlußfolgerungen.

In der vorliegenden Abhandlung sind die Betriebsmittel der Flugsicherung in ihrer Anwendung im europäischen Luftverkehr, ihr Zusammenwirken bei der Erzielung eines bestimmten Betriebs-erfolges, ihre Kosten und ihre organisatorischen Grundlagen untersucht worden. Die Untersuchung beschränkte sich auf die europäische Flugsicherung, weil diese strukturelle Eigentümlichkeiten besonderer Art aufweist. Es wurde dabei festgestellt, daß die heutige Organisation der europäischen Flugsicherung im wesentlichen auf den planmäßigen Luftverkehr abgestellt ist und die Bedürfnisse des Privat- und Sportfluges nur teilweise berücksichtigt. Diese Tatsache ist darauf zurückzuführen, daß die Verkehrsluftfahrt zur Erzielung eines betriebssicheren, regelmäßigen und pünktlichen Ver-kehrs auf das Vorhandensein von Flugsicherungseinrichtungen in hohem Maße angewiesen ist, während gleiche Bedürfnisse heute beim Sportflugbetrieb noch nicht vorliegen.

Die zwischen den Betriebsmitteln der Flugsicherung bestehenden Zusammenhänge machen es erforderlich, den Flugsicherungsdienst in jedem Lande unter einheitlichen Gesichtspunkten auszugestalten. Innerstaatlich ist auf eine zweckmäßige Form der Betriebsorganisation der Flughafensicherung und Flugstreckensicherung, sowie auf eine reibungslose Zusammenarbeit zwischen beiden besonderes Gewicht zu legen, um den angestrebten Betriebserfolg mit dem ver-gleichsweise geringsten Aufwand zu erzielen. Unter bestimmten Umständen empfiehlt es sich, eine einheitliche Verwaltungsorganisation des Flugsicherungsdienstes zu schaffen. Die Frage, wer die Kosten für die Flugsicherung zu tragen hat, wird künftig in höherem Maße Gegenstand von Erörterungen sein müssen als heute.

Die zwischenstaatliche Regelung spielt in Europa eine besonders wichtige Rolle, weil zahl-reiche Staaten auf beschränktem Raum vorhanden sind und der planmäßige Luftverkehr sich über das Gebiet meist mehrerer Staaten erstreckt. Weitgehende Vereinheitlichung der Betriebsmittel der Flughafen- und Flugstreckensicherung bzw. des Umfangs ihrer Verwendung ist daher zu for-dern und findet zur Zeit ihren Niederschlag in einer größeren Anzahl von Abkommen zwischen den europäischen Staaten. Ergänzungen sind teilweise noch wünschenswert. Wichtig ist, daß in Anbetracht des schnellen technischen Fortschritts die elastische Anpassung der Abmachungen an die Entwicklung auf dem Gebiete der Flugsicherung gewahrt bleibt.

Die Flugsicherung
in den Vereinigten Staaten von Amerika.

Von Dr.-Ing. Edgar Rößger.

I. Der organisatorische Aufbau der Luftverkehrssicherung der Vereinigten Staaten von Amerika.

Der Luftverkehr in den Vereinigten Staaten von Amerika ist in bezug auf die Regelung und Überwachung des Betriebs besonders dadurch charakterisiert, daß das ganze Luftverkehrsfeld in geopolitischer Hinsicht eine völlige Einheit darstellt. Wenn auch zur Wahrung besonderer Interessen der 48 einzelnen Bundesstaaten für den Luftverkehr innerhalb eines jeden Bundesstaats völlige Freiheit in der Luftfahrtgesetzgebung besteht, so treten doch für den zwischenstaatlichen Luftverkehr die speziellen Interessen gegenüber einer für das gesamte Gebiet der Union gleichartigen Luftverkehrsregelung zurück. Die Spitzenorganisation der bundesstaatlichen Betätigung in Luftfahrtfragen ist die Luftfahrtabteilung im Handelsministerium, Department of Commerce in Washington. Ihr unterstehen zur Durchführung der Luftverkehrssicherung eine Reihe von Unterabteilungen zur Bearbeitung der Einzelgebiete, deren organisatorische Zusammenfassung aus Abb. 1 hervorgeht. Bei ihrer Wichtigkeit für die vorliegenden Untersuchungen werden einige der Unterabteilungen einer kurzen Betrachtung unterzogen.

Die Aufgabe des Überwachungsdienstes erstreckt sich auf die Prüfung und Zulassung des Luftfahrtpersonals, also der Piloten, Monteure und der Fluglehrer, auf die Bauüberwachung und Musterprüfung von Flugzeugen, auf die Überwachung von Flugzeugwerken, Flugschulen und Werkstätten für Instandsetzungsarbeiten an Flugzeugen, ferner auf die Untersuchung von Flugunfällen und die Berichterstattung über Verletzung von Luftverkehrsregeln mit der Befugnis, vorläufige Strafen dafür festzusetzen.

Zum Zwecke der Durchführung der Luftverkehrsüberwachung, deren Aufgaben zentral und einheitlich festgelegt sind, ist das Luftverkehrsfeld der Union verwaltungsmäßig in 9 Überwachungsbezirke eingeteilt. Es wird dadurch für die Durchführung der Überwachung eine günstige Dezentralisation erreicht.

Die innerhalb der Abteilung für die Erteilung der Lizenzen organisierte technische Abteilung trägt rein wissenschaftlichen Charakter. Sie legt die Anforderungen fest, die beim Entwurf der Flugzeuge berücksichtigt werden müssen, damit die Erteilung der Lufttüchtigkeit später erfolgen kann. Zur Festlegung der grundsätzlichen Daten werden die Erfahrungen des Bureau of Standards, der Technischen Hochschulen, der Heeresluftfahrt, des National Advisory Committee for Aeronautics und vor allem der Flugzeughersteller selbst gesammelt und verarbeitet[1]). Ein beträchtlicher Anteil bei der Aufstellung der Anforderungen ergab sich aus der Verarbeitung der Berichte über die Flugunfälle. Außer dieser grundsätzlichen Festlegung der Anforderungen prüft diese Abteilung die von den Flugzeugherstellern eingereichten Entwürfe von Flugzeugen auf die Erfüllung der gestellten Anforderungen. Diese Prüfungen werden nach der Billigung des Entwurfs ergänzt durch die Tätigkeit des Überwachungsdienstes an der Konstruktion selbst und gelten als Nachweis der Luft-

---

[1]) Die Anforderungen, die an die Konstruktion der Fluggeräte gestellt werden, sind in dem vom Department of Commerce herausgegebenen Aeronautics Bulletin Nr. 7 „Air Worthiness Requirements" niedergelegt.

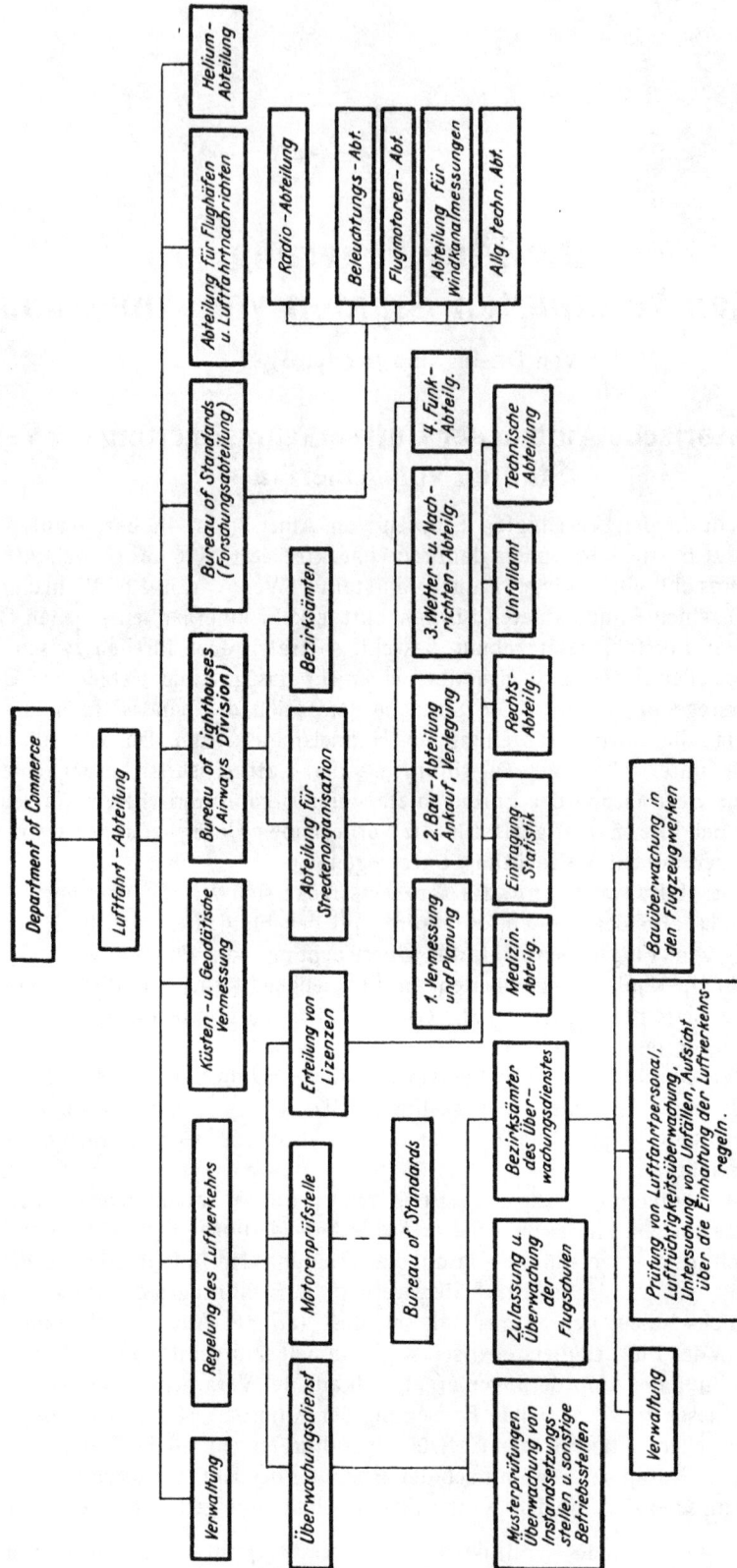

Abb. 1. Die Leitung der Luftfahrt der Vereinigten Staaten von Amerika.

tüchtigkeit. Diese ist für die Erteilung der Zulassung zum zwischenstaatlichen Verkehr Voraussetzung. Die Zulassung und Eintragung erfolgt durch die Abteilung für Eintragungen.

Eine weitere wichtige Stellung nimmt das Bureau of Lighthouses mit seiner ausschließlich der Flugstreckensicherung dienenden Abteilung für Streckenorganisation ein. Diese umfaßt wiederum 4 Abteilungen, deren Aufgabenbereiche wie folgt festgelegt sind:

1. Vermessungs- und Planungsabteilung:
   a) Bestimmung des Verlaufs der Flugstrecke,
   b) Auswahl der Plätze für Leuchtfeuer und Zwischenlandeplätze,
   c) Abschluß von Verhandlungen.
2. Bauabteilung:
   a) Ankauf und Transport der Befeuerungsausrüstungen,
   b) Überwachung der Bau- und Einrichtungsarbeiten, die an Privatunternehmer vertraglich vergeben oder auch durch eigenes Personal ausgeführt werden.
3. Nachrichtenabteilung:
   a) Auswahl der Wettermelde- und Nachrichtenstationen,
   b) Einrichtung der Wettermelde- und Nachrichtenstationen,
   c) Betriebsüberwachung der Wettermelde- und Nachrichtenstationen.
4. Funkabteilung:
   a) Planung der Bau- und Einrichtungsarbeiten der Flugfunkstationen und Richtfunkbaken,
   b) Beschaffung der Einrichtungen der Flugfunkstationen und Richtfunkbaken,
   c) Überwachung der Bau- und Einrichtungsarbeiten der Flugfunkstationen und Richtfunkbaken.

Neben der Luftfahrtabteilung des Department of Commerce ist das Department of Agriculture durch seinen Flugwetterdienst an der Flugsicherung beteiligt.

II. Die fluggeographischen, flugklimatischen und politischen Gegebenheiten in den Vereinigten Staaten von Amerika.

Der weitgehende Einfluß der geographischen Gegebenheiten auf die flugklimatischen Verhältnisse erfordert es, beide Faktoren im Zusammenhang zu untersuchen.

Das Luftverkehrsnetz in den Vereinigten Staaten von Amerika läßt zwei Hauptflugliniensysteme erkennen, das Nord-Süd- und das Ost-Westsystem. Das erstgenannte Liniensystem verbindet Nord und Süd der Vereinigten Staaten über eine Entfernung von etwa 3000 km und vermittelt den luftverkehrlichen Anschluß nach Kanada einerseits, nach Mexiko und besonders Südamerika anderseits. Das Ost-West-Liniensystem durchschneidet die Vereinigten Staaten in ihrer ganzen Breite von der atlantischen bis zur pazifischen Küste. Dieses Liniensystem verbindet in der Hauptsache die wirtschaftlichen Aktionszentren der Vereinigten Staaten von Amerika und besitzt Luftlinien von über 5000 km Länge.

Während nun für das Nord-Süd-Liniensystem klimatische Verschiedenheiten lediglich gradueller Art festzustellen sind, zeichnet sich das Ost-Westsystem durch eine kaum gekannte Mannigfaltigkeit flugklimatischer Vorbedingungen aus. Durch die beiden sich von Nord nach Süd ziehenden Gebirgsketten, die Alleghanies in der Nähe der atlantischen Küste und die Rocky Mountains in der Nähe der pazifischen Küste wird das Gesamtgebiet in folgende Längszonen geteilt: Die atlantische Küstenzone, die Talebene des Mississippi, die Hochebene der Salzseen und das pazifische Küstenland. Entsprechend ihrer Lage stellen die verschiedenen Gebiete an die Flugsicherung verschiedenartige Anforderungen. Das nebel- und niederschlagsarme Hochplateau der Salzseen z. B. stellt an die Trassierung der Flugstrecke bei weitem nicht so hohe Anforderungen wie die Gegend östlich der Alleghanies, wo fast jeder Taleinschnitt schon der Schauplatz einer Notlandung infolge Nebels gewesen ist. Ebenso schwierig in dieser Hinsicht zeigt sich die noch nebelreichere Gegend an der pazifischen Küste.

Die nordöstlichen Gebietsteile der Vereinigten Staaten werden beherrscht durch häufige Bewölkung, die vielfach das Fliegen in der normalen Flughöhe nicht mehr ermöglicht. Diese Bewölkungserscheinungen werden einerseits durch die Nähe der großen Seen, anderseits durch den Einfluß der atlantischen Küste hervorgerufen. Die Wolkenbildungen treten sehr rasch auf, bestehen oft mehrere Tage lang und reichen bis herunter auf Höhen von 150 m über Grund. Infolge der Möglichkeit der Unterkühlung in der kalten Jahreszeit bringen diese niedrigen Wolkendecken die Gefahr des Vereisens der Flugzeuge mit sich. Eine erhöhte Aufmerksamkeit in der Beobachtung von Temperaturänderungen ist daher notwendig. Eigentümlich für diese Gebietsteile ist ferner die häufige Nebelbildung.

Geringe Häufigkeit der Bewölkung weisen die südöstlichen Gebietsteile auf, jedoch bilden hier häufig auftretende Gewitter an warmen Tagen im Sommer eine Beeinträchtigung der Flugbedingungen. Durch Frühnebel sind die Gebietsteile um den Mississippi gekennzeichnet.

Je mehr sich die Flugstrecken den Rocky Mountains nähern, desto weitere Strecken unbebauten und unbewohnten Landes müssen überwunden werden. Dazu kommen noch plötzliche Höhenunterschiede bis zu 1200 m. Die absolute Höhe beträgt dabei bis zu 4500 m. Die vorkommenden Wolkenhöhen sind entsprechend den topographischen Verhältnissen sehr verschieden, sind aber durchwegs größer als in anderen Gebietsteilen. Nebel sind fast ausschließlich auf die Winterzeit beschränkt und treten dann als Strahlungsnebel in den Tälern und Plateaugegenden auf.

Die Gebiete der pazifischen Küste sind im wesentlichen gekennzeichnet durch den Stau westlicher Luftströmungen. Behinderungen des Luftverkehrs durch Nebel treten daher so häufig ein, daß an die Flugsicherung in diesen Gebieten Aufgaben von besonderer Wichtigkeit gestellt werden. Die Lösung dieser Aufgaben erfordert vielfach einen sehr hohen Kapitaleinsatz, der, wie später gezeigt wird, die Kosten der Flugsicherung erheblich belastet. Hierzu zählt zum Beispiel die Anlage und Bereithaltung von Zwischenlandeplätzen in Gestalt von Wetter- oder Ausweichlandeplätzen in größeren Höhen.

Ergeben sich nun aus den großen Raumweiten, die der Luftverkehr der Vereinigten Staaten von Amerika zu bestreichen hat, und aus den vorliegenden Bedingungen geographischer und klimatischer Art Anforderungen von bestimmter Art an die Flugsicherung, so wird diese selbst wesentlich erleichtert dadurch, daß die ausgedehnten Raumweiten e i n e g r o ß e p o l i t i s c h e E i n h e i t bilden, zu der sich als weiteres günstiges Moment noch die E i n h e i t d e r S p r a c h e gesellt.

Somit bieten die verschiedenartigen geographischen und meteorologischen Verhältnisse dem Luftverkehr der Vereinigten Staaten von Amerika ein ideales Versuchsfeld. Die politische Einheit dieses Gebiets gewährt ferner die erforderliche Freiheit, um die mit der Flugsicherung zusammenhängenden Fragen eingehend zu untersuchen und die verschiedenen Methoden auf ihre Zweckmäßigkeit zu erproben.

III. Die Flughafensicherung.

Vom Standpunkt der Flugsicherung aus kann die Durchführung eines Flugs in die drei Teilvorgänge Start, Streckenflug und Landung zerlegt werden. Von der Flugsicherung wird dann verlangt, daß sie Vorkehrungen trifft, um den jedem Teilvorgang eigentümlichen Unsicherheiten zu begegnen. Da Start und Landung oft die gleichen Grundlagen erfordern, wird zweckmäßig die Sicherung des Start- und Landevorgangs von der Flugstreckensicherung unterschieden. Erstere soll in diesem Abschnitt behandelt werden, während letztere Gegenstand der Betrachtungen in Abschnitt IV ist.

Für die technische Ermöglichung des Start- und Landevorgangs bei Tag ist die betriebsfertige Anlage der Flughäfen vorauszusetzen. Es wird also angenommen, daß bei Anlage und Ausgestaltung von Flughäfen die flugtechnischen Gesichtspunkte berücksichtigt worden sind. Hierzu zählen Größe und Art der Rollfeldfläche, die Lage zur vorherrschenden Windrichtung, die Windstärke und Böigkeit, die Nebelhäufigkeit und die Sichtverhältnisse. Nach den Bestimmungen des Department of Commerce werden die Flughäfen in Klassen eingeteilt. Je nach der gewünschten Zugehörigkeit eines Flughafens zu einer bestimmten Klasse ergibt sich der erforderliche Ausbaugrad[1]).

[1]) Airport Rating Regulations, Aeronautics Bulletin Nr. 16.

Das Arbeitsgebiet der Flugsicherung erstreckt sich auf den Flughäfen auf ihre Kennzeichnung, die Bezeichnung der Rollfeldgrenzen, des Start- und Landepunktes, der Start- und Landerichtung, die Bezeichnung von Hindernissen, ferner auf die Bewegungsvorgänge der Flugzeuge von der betrieblichen und verkehrlichen Abfertigung bis zum Verlassen der Flughafenzone und schließlich auf die Einrichtungen, die zur Abwicklung des Wetter-, Nachrichten- und Signaldienstes notwendig sind.

1. Die Kennzeichnung der Flughäfen.

Während sich die Kennzeichnung der amerikanischen Flughäfen im Tagluftverkehr nur unwesentlich von den entsprechenden Einrichtungen in Europa unterscheidet, zeigen die Anlagen der Nachtbeleuchtung für Flughäfen in Amerika eigene Lösungen. Einen Gesamtüberblick über die Nachtbeleuchtung eines Flughafens gibt Abb. 2. Zur Kennung des Flughafens als Reise-

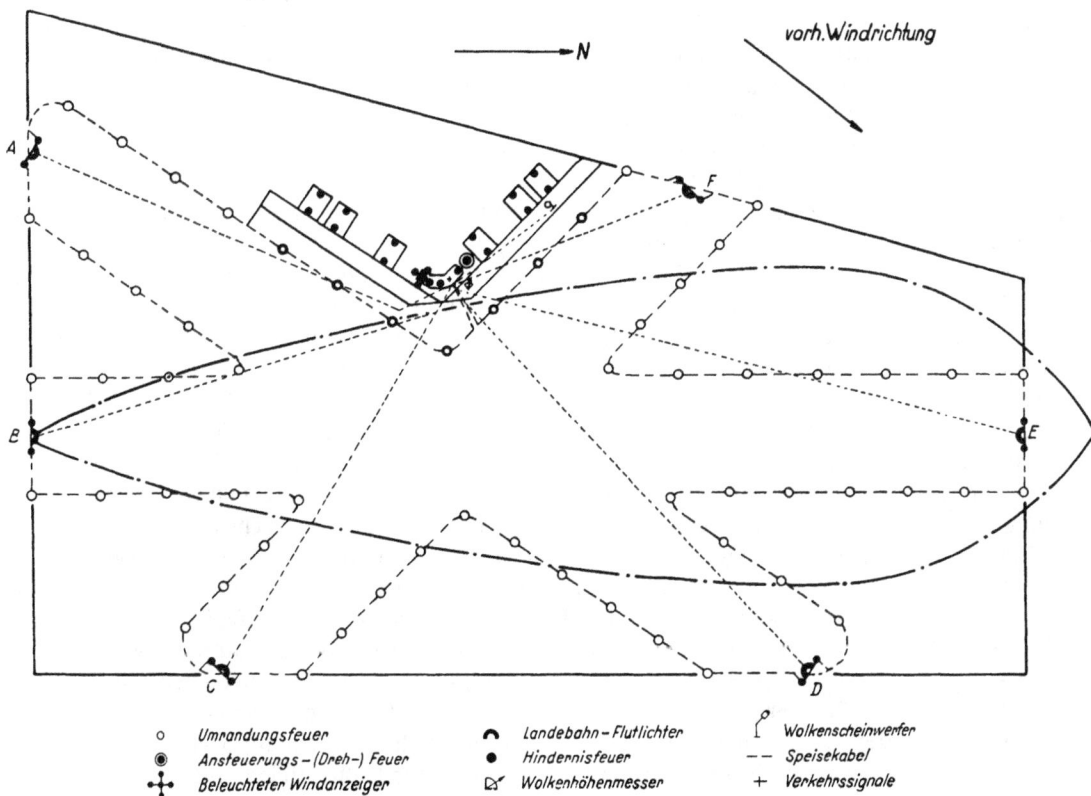

Abb. 2. Plan für die Nachtbefeuerung eines amerikanischen Flughafens.

ziel wird für den Nachtflug allgemein das Ansteuerungsfeuer verwendet, das entweder als Drehfeuer oder als festes Feuer mit nach Morsekennung blinkender Lichtquelle ausgerüstet ist. Die allgemeine Charakteristik des Ansteuerungsfeuers betrifft die Lichtstärke im Zusammenhang mit der Fernwirkung, die Lichtfarbe, die zeitliche und räumliche Lichtverteilung und die Unverwechselbarkeit mit anderen Lichtern. Für die Mindestanforderungen an die Lichtstärke und zeitliche Lichtverteilung des festen Ansteuerungsfeuers sind bestimmte Werte festgelegt. Zugelassen sind weißes und grünes Licht. Die räumliche Lichtverteilung und damit die Anordnung des Ansteuerungsfeuers hat so zu erfolgen, daß die Strahlung hindernisfrei nach allen Seiten möglich ist. Die Drehfeuer drehen 6 mal in der Minute und haben daher eine Blitzfolge von 10 Sekunden. Infolge der verhältnismäßig geringen Blitzfolge erscheint die übliche Anbringung von Zusatzfeuern mit rascherer Kennung zweckmäßig.

Die Standard-Ausführung des amerikanischen Drehfeuers mit 24zölligem Parabolspiegel hat im Brennpunkt eine 1000 Watt Glühlampe, die in einer Lampenwechselvorrichtung eingebaut ist. Diese ist im Interesse der Betriebssicherheit des Ansteuerungsfeuers mit einer zweiten Glühlampe ausgestattet und rückt diese automatisch bei Versagen der ersten in den Brennpunkt. Im allgemeinen wird das Ansteuerungsfeuer möglichst auf dem Flughafen eingebaut, und zwar bei nicht genügender Höhe der Flughafengebäude auf einem besonderen Stahlturm. Es ist dabei zu beachten, daß das Licht des Ansteuerungsfeuers andere Lichtsignale, wie z. B. diejenigen, die vom Kontrollturm aus gegeben werden, nicht stört. Falls die topographischen Verhältnisse des Geländes eine hindernisfreie Sichtbarkeit von allen Seiten nicht gestatten und die Aufstellung des Ansteuerungsfeuers in einiger Entfernung notwendig ist, wird auf dem Flughafen selbst ein grünes Blinklicht, ebenfalls mit doppelter Lichtquelle, gefordert. Die höchste Entfernung des Ansteuerungsfeuers vom Flughafenende soll nicht mehr als etwa 1—2 km betragen.

Für Start und Landung in gleicher Weise wichtig ist die Kenntnis von Gestalt und Ausdehnung der Rollfeldfläche, die durch die Umrandungsbefeuerung und die Rollfeldbeleuchtung erfolgt. Bei der Umrandungsbefeuerung ist mit Rücksicht auf die vorherrschende Gliederung der Rollfeldfläche der amerikanischen Flughäfen zu unterscheiden:

1. Flughafenrandbefeuerung (Umgrenzung des Rollfeldes).
2. Landebahnumrandung (Kennzeichnung der runways).

In jedem Fall werden etwa alle 90 m wetterfeste elektrische Glühlampen von 50 bis 70 Watt verwendet, die durch unterirdisch verlegte Kabel mit elektrischem Strom gespeist werden. Auf dem Flughafen nach Abb. 2 ist die Umrandungsbefeuerung als Landebahnumrandung angeordnet. Sie zeigt also durch ihre Anordnung zugleich die Richtung der Landebahnen an. Für die Beleuchtung der Landeflächen selbst, die für den Flugzeugführer blendungsfrei sein muß, werden Landeflächenleuchten in der Gestalt von Flutlichtern aufgestellt. Die Aufstellung der Landeflächen-Flutlichter geschieht so, daß entweder von einer oder von mehreren Stellen aus die ganze Rollfeldfläche beleuchtet wird. Abb. 2 zeigt die letztere Lösung. Für das Flutlicht B ist die Linie gleicher Lichtstärke, wie sie vom Department of Commerce gefordert wird, für einen Flughafen gezeichnet. Die Einschaltung der Flutlichter erfolgt zentral von der Betriebsleitung aus, und zwar jedes Licht einzeln, damit diejenigen Lichter, die in der Sichtlinie des Flugzeugführers liegen, wenn er zur Landung angesetzt hat, gelöscht werden können, um eine Blendung zu vermeiden.

Von den verschiedenen Konstruktionen verdient besondere Beachtung ein Sperry-Flutlicht vom Typ A. G. A., das auf dem Curtiss-Flughafen in Chicago in einer nach architektonischen Grundsätzen entworfene Backsteinkonstruktion eingebaut ist und die ganze Rollfeldfläche beleuchtet. Der Bau enthält außer dem Leuchtfeuer von 1 m Durchmesser eine 30-PS-Motorgenerator-Einheit zur Lieferung des elektrischen Stroms. Die Herstellungskosten dieses Feuers beliefen sich auf 31 500 RM. Der hohe Preis ergab sich aus der Art des verwendeten optischen Glases und der erforderlichen Schleifarbeit an den Linsen zur Erzielung möglichster Blendungsfreiheit.

Die Entscheidung über die Frage, ob zur Beleuchtung der Rollfeldfläche eine größere Anzahl schwächerer Flutlichter verwendet werden soll oder eine kleinere Zahl von Einheiten größerer Intensität, hängt von der Gesamtanordnung des Flughafens ab. Bei Aufteilung der Rollfeldfläche in Start- und Landebahnen wie in Abb. 2 oder bei nicht ganz ebenem Gelände erscheint die Aufteilung in mehrere Einheiten kleinerer Intensität zweckmäßig. Allgemein muß jedoch die Beurteilung der Frage nach wirtschaftlichen Gesichtspunkten, also nach Einrichtungs- und Betriebskosten erfolgen. Für Nachtlandungen führen außerdem die Flugzeuge elektrische Scheinwerfer mit sich, die bei Bedarf die Landefläche erhellen und zugleich das Abschätzen der Höhe erleichtern.

Hindernisfeuer müssen bei sämtlichen Bauten angeordnet werden, die in die Flughafenzone hineinreichen, wobei die Flughafenzone durch den Gleitwinkel 1:7 festgelegt wird. Sie müssen, soweit sie Flughafenbauten betreffen, ebenfalls zentral von der Betriebsleitung betätigt werden können. Die Bezeichnung der Flughafenbauten erfolgt vielfach durch Anstrahlung mittels Flutlichtern.

Die Anzeige der Windrichtung im Nachtflugbetrieb geschieht in einfacher Weise durch einen beleuchteten Windsack, dessen Stromkreis zweckmäßig mit dem Stromkreis der Umrandungsbefeuerung und dem Flughafen-Kennfeuer zusammengeschaltet ist, damit diese Ausrüstungen gemäß den Vorschriften von Sonnenuntergang bis -aufgang gemeinsam betätigt werden. Neuerdings finden auch beleuchtete Lande-T nach europäischem Muster Verwendung, die bei Windstille automatisch in die für Windstille vorgesehene Landerichtung sich einspielen. Zur Beleuchtungsausrüstung des Flughafens gehört schließlich noch die für die Wettersicherung notwendige Einrichtung zur Messung der Wolkenhöhe in Gestalt des Wolkenscheinwerfers und des Wolkenhöhenanzeigers, wie sie in Abb. 2 ebenfalls angedeutet sind.

Während die Unsicherheiten der Nachtlandung bei guten Wetterlagen durch geeignete Nachtbeleuchtungseinrichtungen verhältnismäßig einfach beseitigt werden können, sind die Methoden der Blindlandung noch weitgehend im Versuchsstadium begriffen. Es sind zu diesem Zweck eingehende Untersuchungen angestellt worden und noch im Gang. Einerseits wurde versucht, die Durchdringung des Nebels durch farbiges Licht zu ermöglichen, um so dem Flugzeugführer wieder normale Landebedingungen zu schaffen, anderseits — und anscheinend mit größerem Erfolg — wird das Anflug- und Gleitflugproblem gelöst durch die Verwendung von Leitkabeln oder von Richtfunkbaken. Besonders die Richtfunkbaken, die in der Streckensicherung erprobt worden sind, versprechen eine günstige Lösung. Ihre Anordnung und Wirkungsweise für die Blindlandung auf einem Flughafen zeigen die Abb. 3 und 4.

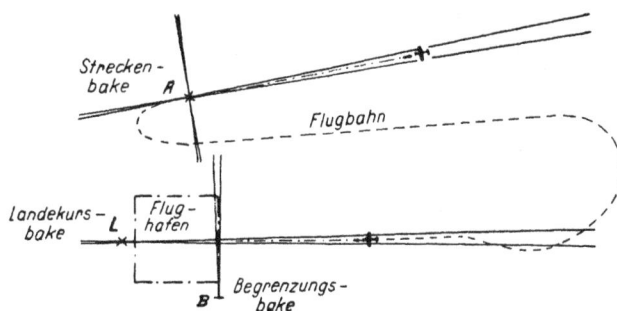

Abb. 3. Die Anwendung von Richtfunkbaken zur Nebellandung und der Bewegungsvorgang beim Landen.

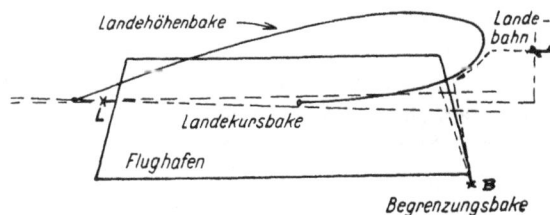

Abb. 4. Funkbefeuerung eines Flughafens für Nebellandung.

Dem Ansteuerungsfeuer der Nachtbeleuchtung entspricht bei der Nebellandung die Streckenbake A. Die Richtung des Anflugs zum Rollfeld wird durch die Landekursbake L und die Begrenzung des Rollfelds durch die Begrenzungsbake B bezeichnet. Die Sicherung des Gleitflugs selbst bis zum Aufsetzen erfolgt durch einen Kurzwellen-Richtsender, die Landehöhenbake, wodurch die Schwierigkeit der Höhenmessung sinnvoll erleichtert bzw. umgangen ist. Die horizontale Achse des Strahlungsfeldes fällt dabei in die Landerichtung, während die Linien gleicher Feldstärke in der Vertikalebene verlaufen und in der Erdoberfläche auslaufen. Es ist nur notwendig, daß das Flugzeug einer solchen Linie bis zum Aufsetzen auf dem Erdboden entlang geführt wird[1]).

Die Sendungen der Landekurs- und Begrenzungsbaken können mit demselben Empfänger, der für den Empfang der Sendungen der Streckenbaken dient, empfangen und durch besondere An-

---

[1]) Air Commerce Bulletin 15. 8. 1930.

6*

zeigegeräte im Flugzeug sichtbar gemacht werden, während für den Empfang der Landehöhebake ein besonderer Kurzwellenempfänger mit angeschaltetem Anzeigeinstrument benutzt wird. Das Gewicht der vom Flugzeug mitzuführenden gesamten Empfangs- und Anzeigegeräte für das Richtbaken-Landeverfahren beträgt 7 kg. Die Anlage der Baken erfolgt in der Richtung der vorherrschenden Winde, da aus dieser Richtung ein Einbrechen schlechter Wetterlagen am häufigsten zu erwarten ist. Im Falle schlechter Sicht durch Nebel braucht nicht mit starken Windströmungen gerechnet zu werden, so daß aus diesem Grunde für die Gesamtanlage eine bestimmte Landerichtung nicht bevorzugt werden muß.

2. Die Bewegungsvorgänge in der Flughafenzone.

Die Sicherung der Bewegungsvorgänge in der Flughafenzone steht in direktem Zusammenhang mit der Betriebsdichte der Häfen. In dieser Hinsicht ist die Bedeutung der einzelnen Flughäfen in den Vereinigten Staaten von Amerika sehr verschieden[1]). Für die Bewegungsvorgänge 1. Ordnung stehen auf einzelnen Flughäfen die gesamten Rollfeldflächen zur Verfügung, und es ist allgemeine Übung, daß die Piloten Start und Landung in der gerade passenden Richtung vornehmen. Dabei ist es möglich, daß mehrere Flugzeuge gleichzeitig starten oder landen. Anders liegen die Verhältnisse auf Flughäfen, deren Leistungsfähigkeit durch die Ausstattung mit Start- und Landebahnen gegeben ist. Dort müssen Start- und Landefreiheit schon bei verhältnismäßig geringer Betriebsdichte signalisiert werden.

Die Grundforderungen, die an die Signalgebung zwischen Flughafen und Flugzeug zu stellen sind, beziehen sich auf die Einfachheit und damit leichte Erkennbarkeit der Signale. Wichtig ist ferner die auf allen Flughäfen möglichst einheitliche Regelung sowohl in bezug auf die Art der verwendeten Signale, als auch auf die Anordnung der dazu erforderlichen Einrichtungen. Im allgemeinen kann die Signalgebung in drei Arten eingeteilt werden: Die hörbare, die sichtbare und die funktechnische Signalgebung. Am meisten gebräuchlich als hörbares Signal ist das Sirenensignal, doch finden auch Pfeifen, die mit Druckluft betrieben werden, Verwendung. Infolge der schlechten Hörbarkeit solcher Signale im Flugzeug mit laufendem Motor im Stand und beim Rollen erscheint es zweckmäßiger, sichtbare Signale zu verwenden. Als allgemeines Signal auf Flughäfen, auf denen eine Regelung eingeführt ist, ist die weiße und rote Handflagge üblich, die weiße bei Startfreiheit, die rote im Falle von Gefährdungen bei Start oder Landung.

Bei der Bindung der Flugzeuge an Start- und Landebahnen können Starts und Landungen verhältnismäßig leicht überwacht und geregelt werden. Die Lichtsignalgebung, wie sie besonders für den Nachtverkehr auf Flughäfen Verwendung findet, erfolgt von einem Kontrollturm aus. Es werden zu diesem Zweck zwei Lichtstrahlbündel ausgesandt, und zwar eines in horizontaler Richtung, das andere um 45⁰ von der Horizontalen nach oben gedreht. Ein Signalwärter auf dem Kontrollturm überwacht und leitet Starts und Landungen in der Weise, daß Landefreiheit durch ein rotes horizontales und grünes, nach oben zeigendes Lichtbündel angezeigt wird. Umgekehrt bedeuten ein grünes horizontales und rotes nach oben weisendes Lichtbündel Startfreiheit und für die die Landung beabsichtigenden Flugzeuge die Weisung, zu warten. Durch geeignete Abschirmvorrichtungen wird erreicht, daß die Lichtquelle des Horizontallichtbündels für in der Luft befindliche Flugzeuge und umgekehrt das nach oben weisende Bündel am Boden nicht sichtbar ist. Die ganze Signalvorrichtung dreht 40 mal in der Minute. Bei der Beurteilung der Frage über das Vorrecht am Flughafen bei Start oder Landung wird dahingehend entschieden werden müssen, daß das landende Flugzeug das Vorrecht hat und Startfreiheit für ein startbereites Flugzeug erst nach der Landung des anderen gegeben werden sollte. Dies erscheint gerechtfertigt von dem Standpunkt, daß vom Flughafen aus nicht in allen Fällen entschieden werden kann, ob das Flugzeug zu einer gewollten Landung ansetzt oder nicht.

Neuerdings wird in Amerika dazu übergegangen, die Verständigung zwischen Flughafen und Flugzeug in der Nahverkehrszone auf funktelephonischem Wege zu bewerkstelligen. Die Flug-

---

[1]) Dr. Pirath, Die Flughäfen in den Vereinigten Staaten von Amerika in Ausgestaltung und Betrieb. Forschungsergebnisse des V.I.L., Heft 4. Verlag R. Oldenbourg, München 1930.

häfen werden zu diesem Zweck mit einem 10-Watt-Sender ausgestattet. Die benutzte Welle ist die nationale Welle für Flughäfen und Landeplätze.

Das Problem der Landung unter erschwerten Bedingungen konzentriert sich auf die Blindlandung. Ihre Durchführung wurde an Hand der Abb. 3 und 4 besprochen. Zur Vermeidung von Zusammenstößen von Flugzeugen in der Flughafenzone sind bei dieser Methode der Nebellandung besondere Vorkehrungen zu treffen. Zunächst ist es möglich, die drahtlose Verständigung zwischen Flugzeug und Flughafen zwecks Durchführung bestimmter Anordnungen zur Vermeidung solcher Gefahren aufzunehmen. Die andere Möglichkeit besteht darin, daß diese Verständigung zwischen den Flugzeugen selbst erfolgt. Dieses letztere Mittel der Verständigung zwischen Flugzeug und Flugzeug, das für die Streckensicherung von Bedeutung ist, darf jedoch in der Flughafenzone nicht gehandhabt werden. Hier liegt der Schwerpunkt des Problems in der Aufnahmebereitschaft des Flughafens. Es ist daher notwendig, daß die Entscheidung über das Vorrecht zur Landung in diesem Fall der Flughafenbetriebsleitung zusteht.

Als einfache Art der Verständigung zwischen den Flugzeugen zur Vermeidung von Zusammenstößen zur Nachtzeit bei Sichtmöglichkeit ist die Lichterführung der Flugzeuge vorgeschrieben. Die Lichter müssen brennen in der Zeit von $\frac{1}{2}$ Stunde nach Sonnenuntergang bis $\frac{1}{2}$ Stunde vor Sonnenaufgang. Ihre Anordnung ist in der Weise geregelt, daß auf der rechten Seite ein grünes, auf der linken Seite ein rotes Positionslicht mit je 110° Strahlungswinkel angebracht ist. Die Sichtbarkeit dieser Lichter muß auf mindestens 3 km möglich sein. Ferner muß am Ende des Flugzeugs ein weißes Licht mit einem Strahlungswinkel von 140° bei einer Sichtreichweite von etwa 5 km angebracht sein.

Bei Seeflughäfen ist noch wichtig die Kennzeichnung verankerter Flugzeuge bei Nebel oder sonst unsichtigem Wetter, wenn die Triebwerksanlage stillgesetzt ist. Für diesen Zweck wird die Aussendung von Tonsignalen mit der Dauer von 5 Sekunden im Abstand von 2 Minuten verlangt.

3. Der Wetter- und Nachrichtendienst auf den Flughäfen.

Der Wetter- und Nachrichtendienst findet seine wichtigsten Stützpunkte in den Flughäfen. Je nach der Bedeutung eines Flughafens in der Gesamtorganisation dieses Zweigs der Flugsicherung ist die Organisation des Wetter- und Nachrichtendienstes mehr oder weniger umfassend. Diese Grundlagen werden in dem Abschnitt über die Flugstreckensicherung und die Organisation der Einzelzweige der Flugsicherung näher behandelt. Es ist dies mit Rücksicht darauf notwendig, daß die Beratung der auf Strecke befindlichen Luftfahrzeuge in regelmäßigen Zeitabschnitten durch Flugwetterfunkstationen erfolgt, also in Ergänzung zu der vor dem Start gegebenen Beratung. Zur technischen Durchführung des Wetter- und Nachrichtendienstes sind erforderlich:

  a) geeignete Diensträume im Flughafengebäude,
  b) Ausrüstung der Dienststellen mit entsprechenden Instrumenten und Hilfsmitteln für die Aufnahme und Verarbeitung der Wetterbeobachtungen,
  c) fachlich geschultes Personal,
  d) eine zweckmäßige Nachrichtenorganisation.

a) Die Anforderungen an die Diensträume erstrecken sich auf die Größe dieser Räume und auf deren Lage innerhalb des Flughafens. Nach gesammelten Erfahrungswerten des Department of Agriculture soll der für reinen Wetterdienst zur Verfügung stehende Gesamtraum nicht weniger als 40 m², besser aber 75 bis 100 m² betragen, sofern nicht örtliche Besonderheiten mehr Raum beanspruchen. Eine solche Besonderheit stellt z. B. die Flughafenwetterstelle in Greensboro, N. C., dar, die versuchsweise auch den ganzen öffentlichen Wetterdienst übernommen hat und deren Arbeitsbereich dadurch wesentlich erweitert wurde. Die Erfahrungen, die durch diese Kombination gewonnen werden, können richtungweisend für später notwendige Neueinrichtungen sein.

Der gesamte zur Verfügung stehende Raum wird unterteilt in zwei miteinander in Verbindung stehende Räume. Der bei dieser Teilung entstehende kleinere Raum umfaßt etwa 14 bis 18 m² und dient im wesentlichen für verwaltungsmäßige Geschäfte. Im größeren Raum spielt sich der eigentliche Wetterdienst ab, also die Aufnahme und Registrierung der Berichte, die Anfertigung der Wetterkarten, die Aushändigung der Streckenberatungen und die Besprechungen der Piloten mit den Meteorologen.

Die Anordnung der Wetterdiensträume muß im allgemeinen den Grundsätzen der leichten Zugänglichkeit vom Rollfeld aus entsprechen, sowie freie Sicht in möglichst vielen Richtungen gewährleisten. Beide Forderungen werden häufig in einfacher Weise dadurch erfüllt, daß der Wetterdienst in einem besonderen kleinen Gebäude neben dem Abfertigungsgebäude untergebracht wird. Mit zunehmender Ausgestaltung der Flughafenhochbauten wird dazu übergegangen, auch die Wetterdienststelle organisch in das Abfertigungsgebäude einzufügen. Es lassen sich dann auch die vom Standpunkt der zweckmäßigsten Organisation der Zusammenarbeit zwischen Wetterstelle und Nachrichtenstelle zu stellenden Anforderungen berücksichtigen.

b) Für die Beurteilung der Wetterlage ist die Beobachtung der das Wetter kennzeichnenden Elemente notwendig. Sie werden teils durch visuelle Beobachtungen festgelegt, teils aber auch durch Messungen mit Instrumenten ermittelt, wobei die amerikanischen Wetterwarten in ihrer technischen Einrichtung ähnlich den europäischen Dienststellen ausgerüstet sind. Die Einrichtungen für den Wetterdienst auf städtischen und privaten Flughäfen müssen von den Flughafenverwaltungen selbst zur Verfügung gestellt werden.

c) Die Ausübung des Wetterdienstes auf den Flughäfen erfolgt durch Meteorologen des Wetterbüros des Department of Agriculture. Der Personalstand der Wetterwarten wird durch die Bedeutung des Flughafens in der Gesamtorganisation des Flugwetterdienstes bedingt.

d) Im gesamten Luftverkehrsnetz dient jeder einzelne Flughafen als Basis des für die Sicherheit des Flugbetriebs und seine Regelmäßigkeit notwendigen Nachrichtenverkehrs in Form von Wettermeldungen (Sammlung und Verbreitung), Betriebs- und Verkehrsnachrichten. Aus den bekannten Anforderungen, die an einen solchen Nachrichtenverkehr zu stellen sind, ergeben sich die auf dem Flughafen erforderlichen Einrichtungen. Während früher der Nachrichtendienst zwischen festen Bodenstellen ausschließlich auf funktelegraphischem Wege oder über Überlandleitungen erfolgte, wird immer mehr dazu übergegangen, sich eines Fernschreibnetzes mit Kabelleitungen zu bedienen. Es werden dadurch zunächst die Unsicherheiten des funktelegraphischen Verkehrs bei statischen Ladungen der Atmosphäre umgangen, und die für diesen Verkehr benutzten Wellen werden für andere Zwecke frei. Ferner ist der Nachteil des an sich zuverlässig arbeitenden Telephonverkehrs, daß kein geschriebener Bericht der erfolgten Meldungen vorliegt, ausgeschaltet.

IV. Die Flugstreckensicherung.

1. Zwischenlandeplätze.

Die innere Flugsicherheit des Flugzeugs ist auch in den Vereinigten Staaten von Amerika heute noch weitgehend durch Mängel in der Triebwerksanlage beeinträchtigt. Eine Analyse der Unfallursachen in der Zivilluftfahrt der Vereinigten Staaten von Amerika zeigt einen Anteil der Triebwerksanlagen der Flugzeuge von 17,1% an der Gesamtzahl der Unfälle im Jahre 1930 als Ursache[1]). Es wird daher davon ausgegangen, daß bei Einhaltung einer bestimmten Flughöhe auch bei einem Versagen der Triebkraft eine sichere Landung der Flugzeuge auf vorbereitetem Gelände, also auf Zwischenlandeplätzen, immer noch möglich sein soll. Die Bedeutung der Zwischenlandeplätze in dieser Hinsicht wird jedoch sinken in dem Maße, wie durch geeignete Konstruktionen die Sicherheit der Triebwerksanlagen erhöht wird. Gemäß derselben Aufstellung ist an den Unfällen in der Zivilluftfahrt das Wetter mit 6% der Gesamtzahl der Fälle beteiligt. Die Flugsicherung der Vereinigten Staaten von Amerika hat auch für diesen Fall und mit bestem Erfolg Zwischenlandeplätze — in der Bedeutung von Wetterlandeplätzen — eingesetzt. Diese Hilfslandeorganisation wird vom Department of Commerce ausgebaut — auch für den Nachtluftverkehr — und wird noch ergänzt durch zahlreiche kleinere Hilfslandeplätze und die Heeresflugplätze. Entlang der Flugstrecken ist in Abständen bis zu 50 km stets eine Landegelegenheit vorgesehen, so daß bei Einhaltung einer

[1]) Dr. Pirath, Stand des Weltluftverkehrs, „Forschungsergebnisse des V.I.L.", Heft 4. Verlag R. Oldenbourg, München 1930.

Flughöhe von 2500 m über Grund das Erreichen eines geeigneten Landefeldes im Gleitflug immer möglich ist. Auf der 2075 km langen Strecke von Chicago bis Salt Lake City zum Beispiel ist im Durchschnitt alle 35 km Landemöglichkeit auf vorbereitetem Gelände geboten, wobei der kürzeste Abstand zwischen zwei Landeplätzen 16 km und der größte etwa 70 km beträgt.

Die durchschnittliche Platzgröße der vom Department of Commerce auf dieser Strecke eingerichteten 36 Zwischenlandeplätze beträgt 0,327 km² und schwankt je nach der Lage und Bedeutung als Betriebsstelle zwischen 0,134 und 0,840 km². Im allgemeinen werden 0,162 km² als ausreichend angesehen.

Bei dieser linienhaften Verteilung der Zwischenlandeplätze auf den eingerichteten Flugstrecken erhebt sich die Frage, ob nicht im Interesse der Förderung des Luftverkehrs die ganze Fläche mit einem System von Zwischenlandeplätzen durchsetzt werden sollte, die auch gleichzeitig dem Sport- und Gelegenheitsflug als Basispunkte dienen könnten. Bei einem durchschnittlichen Flächenbedarf von 0,769 km² für einen größeren Flughafen beträgt die durch diese Flughäfen beanspruchte Gesamtfläche 346 km². Wird für die übrigen bis jetzt in Gebrauch stehenden 663 Flugplätze entsprechend den Minimalanforderungen für Landeplätze in bezug auf ihre Größe ein durchschnittlicher Flächenbedarf von 0,238 km² angenommen, so steigt die für Landeflächen beanspruchte Fläche auf 504 km². Es wurden also zu Ende des Jahres 1930 in den Vereinigten Staaten von Amerika für die Zwecke des Luftverkehrs 504 km² Fläche benötigt. Bei der Annahme, daß je ein Landeplatz im Mittelpunkt von aneinander angrenzenden Kreisflächen von 32 km Durchmesser angeordnet sein soll, würde die Gesamtzahl der Landeplätze bei einer gesamten Fläche der Vereinigten Staaten von Amerika von 7,6 Millionen km² sich auf etwa 8600 Plätze belaufen[1]). In Tabelle 1 ist der Flächenbedarf für diesen Fall eingetragen und in Vergleich gesetzt zu den heute bestehenden Verhältnissen im Luftverkehr und bei anderen Verkehrsmitteln. Infolge des geringen Flächenbedarfs der Streckenfeuer und Funkstationen wurden diese bei der Aufstellung der Gesamtfläche nicht berücksichtigt. Das Bild würde kaum eine Veränderung erfahren.

Tabelle 1. **Flächenbedarf für Verkehrsmittel.**

Verkehrsmittel	Flächenbedarf km²	Anteil in % der Gesamtfläche
Straßen	36 414	0,48
Eisenbahnen[1])	24 276	0,32
Luftverkehr[2])	504	0,0066
Luftverkehr[3])	2 284	0,03

[1]) Einschließlich Stationen.　[2]) Stand vom Dezember 1930.
[3]) Nach Ausbau des Systems der Notlandeplätze.

Der Abstand von 32 km würde einer relativen Flughöhe von 1600 m und bei Berücksichtigung einer Geländehöhe von 2000 m, wie sie bei Zwischenlandeplätzen häufig vorkommt, einer absoluten Flughöhe von 3600 m entsprechen. Diese Flughöhe könnte vom Standpunkt der Flugzeugführer und der Fluggäste nach Gillert[2]) noch ertragen werden.

Die Ausdehnung eines solchen theoretischen Netzes kann jedoch wesentlich beschränkt werden, wenn davon ausgegangen wird, daß sein Ausbau zunächst erfolgt nach dem Bedarf, der sich entlang planmäßig beflogener Strecken aus meteorologischen und betrieblichen Rücksichten ergibt, und der ergänzt wird durch die mit der Entwicklung zweifellos wachsenden Anforderungen des Sport- und privaten Reiseluftverkehrs an die Bodenorganisation.

Die Nachtkennzeichnung der Zwischenlandeplätze umfaßt ein mit zwei Kursleuchten ausgerüstetes Drehfeuer, die Umrandungsfeuer, eventuelle Hindernisbefeuerung, einen beleuchteten Windanzeiger und zur weiteren Bezeichnung der Landebahnen die Anflugfeuer. Ist auf dem Platz

[1]) Gale, Aviation, Dezember 1930, S. 330.
[2]) Gillert, Neuere medizinische Ergebnisse über Flug und Höhenflug. Jahrbuch der Wissenschaftlichen Gesellschaft für Luftfahrt 1928, S. 78.

keine Zufuhr elektrischer Energie möglich und auch die Wartung eines elektrischen Generators mit Schwierigkeiten verknüpft, so werden Azetylen-Blinker verwendet, die 6 Monate ohne Überwachung im Betrieb sind. Die Länge der Start- und Landebahnen soll 600 bis 800 m betragen, deren Breite mindestens 160 m. In ähnlicher Weise wie die Flughäfen je nach ihrem Ausbaugrad in bestimmte Klassen eingeteilt werden, besteht auch für die Zwischenlandeplätze eine entsprechende Regelung[1]).

Die Anlage eines Department of Commerce-Zwischenlandeplatzes erfolgt möglichst in der Nähe einer Siedlung. Neben günstigen Verbindungsmöglichkeiten erscheint diese Anordnung auch deshalb zweckmäßig, da die Aussicht besteht, daß die Gemeinde später den Platz übernimmt.

Die Anschwebezone soll entsprechend dem Gleitwinkel 1:7 frei sein. Diese Anforderung entspricht der der Flughäfen allgemein und ist im Vergleich zu den Vorschriften anderer Länder nicht sehr hoch gestellt. Jedoch wird neuerdings dazu übergegangen, die Flughafenzone entsprechend dem Gleitwinkel 1:10 auszugestalten.

2. Streckenkennzeichnung und äußere Navigation.

Bei nicht erschwerten Flugbedingungen, also für den Fall des Flugs bei Tag und guter Sicht sind die auch in Europa üblichen Methoden der terrestrischen Navigation gebräuchlich. Bei den vorliegenden großen Flugstrecken sind die starken Veränderungen in der magnetischen Abweichung von besonderer Bedeutung. Die Isogonen-Karte der Vereinigten Staaten von Amerika zeigt, daß zum Beispiel bei einem Transkontinentalflug von New York nach San Francisco eine Änderung in der Nordrichtung von $+ 10^0$ bis $— 18^0$ eintritt und somit insgesamt 28^0 beträgt. Die Jahresschwankungen brauchen infolge ihrer Geringfügigkeit nicht berücksichtigt zu werden.

Wesentlich erleichtert wird dem Flugzeugführer die Einhaltung des Kurses durch eine gut ausgebaute Streckenmarkierung, die in geeigneter Weise mit der für den Nachtflug vorgesehenen Streckenbefeuerung zusammengelegt ist. Die Streckmarkierung für Tagverkehr erfolgt durch Aufschriften auf Dächern und durch in der Richtung der Flugstrecke zeigende Pfeile mit Angabe der Entfernung vom Endflughafen. Für den Nachtluftverkehr sind die Flugstrecken weitgehend mit Nachtbefeuerung ausgerüstet. Abb. 5 zeigt das nachtbefeuerte Netz nach dem Stand vom Jahre 1932. Im ganzen sind 28000 km Flugstrecke mit Befeuerungsanlagen ausgerüstet, 3180 km werden zur Zeit ausgebaut. Die Abbildung läßt erkennen, wie der Ausbau planmäßig gemäß dem nationalen Grundliniennetz erfolgt. Dieses Grundliniennetz des amerikanischen Luftverkehrs wurde vom Department of Commerce mit den daran interessierten Stellen nach verkehrswirtschaftlichen Gesichtspunkten aufgestellt. Die Befeuerungseinrichtungen des Nachtluftliniennetzes umfassen im einzelnen:

     1460 Drehfeuer,
      376 Blinkfeuer,
      188 privateigene Feuer,
      385 befeuerte Zwischenlandeplätze.

Sehr zweckmäßig erscheint die räumliche Anordnung der Streckenfeuer. Sie sind als Drehfeuer von 1000 Watt ausgebildet mit zwei Kursleuchten, die durch ihre Anordnung die Richtung des Flugs anzeigen. Bei Streckendrehfeuern, die auf Zwischenlandeplätzen stehen, werden grüne Kursfeuer verwendet, um die Landemöglichkeit zu kennzeichnen. Zwecks Kennung blinken die Kursfeuer nach einer bestimmten, die Entfernung vom Endflughafen berücksichtigenden Morsekennung. Im allgemeinen werden die Drehfeuer, wo es möglich ist, abwechslungsweise an hohen und tiefen Punkten angeordnet, um die Sicht von Feuer zu Feuer auch unter schlechten Flugbedingungen zu gewährleisten. Eine niedrige Wolkendecke, die die Sichtbarkeit der auf größerer Höhe eingebauten Feuer verhindern könnte, wird diejenigen in geringen Höhen nicht betreffen und umgekehrt wird Bodennebel oder -dunst, der die Feuer in den Tälern versperrt, die Sichtbarkeit der Leuchtfeuer, die auf höheren Punkten angeordnet sind, nicht beeinträchtigen.

Bei niedriger Wolkendecke ist es jedoch für den Flugzeugführer erforderlich, eine verhältnismäßig niedrige Flughöhe aufzusuchen, falls er auf die Sichtbarkeit der Feuer nicht verzichten will.

[1]) Air Commerce Bulletin 1. 11. 1932.

Dies entspricht keinesfalls den Anforderungen an die aus dem Abstand der vorbereiteten Landegelegenheiten sich ergebenden Flughöhe. Das ganze System der bis jetzt eingerichteten Zwischenlandeplätze wäre in diesem Fall hinfällig. Das eigentliche Problem des Nachtflugs bei Einhaltung der sicheren Flughöhe ist dann das, zu fliegen, wenn keine natürliche Sicht der Feuer vorhanden ist. Hier versagen die Mittel der optischen Nachrichtenübertragung für die Zwecke der Orientierung wie beim Nebelflug.

Für diesen Fall bedienen sich die Luftfahrzeuge in den Vereinigten Staaten von Amerika der Sendungen der Richtfunkbaken. Die optischen Hilfsmittel für Ortungszwecke werden damit ersetzt durch Funkeinrichtungen. Mit Hilfe dieser vom Department of Commerce aufgestellten Richt- oder Kursfunkbaken ist ein Pilot jederzeit in der Lage zu erkennen, ob er sich auf dem

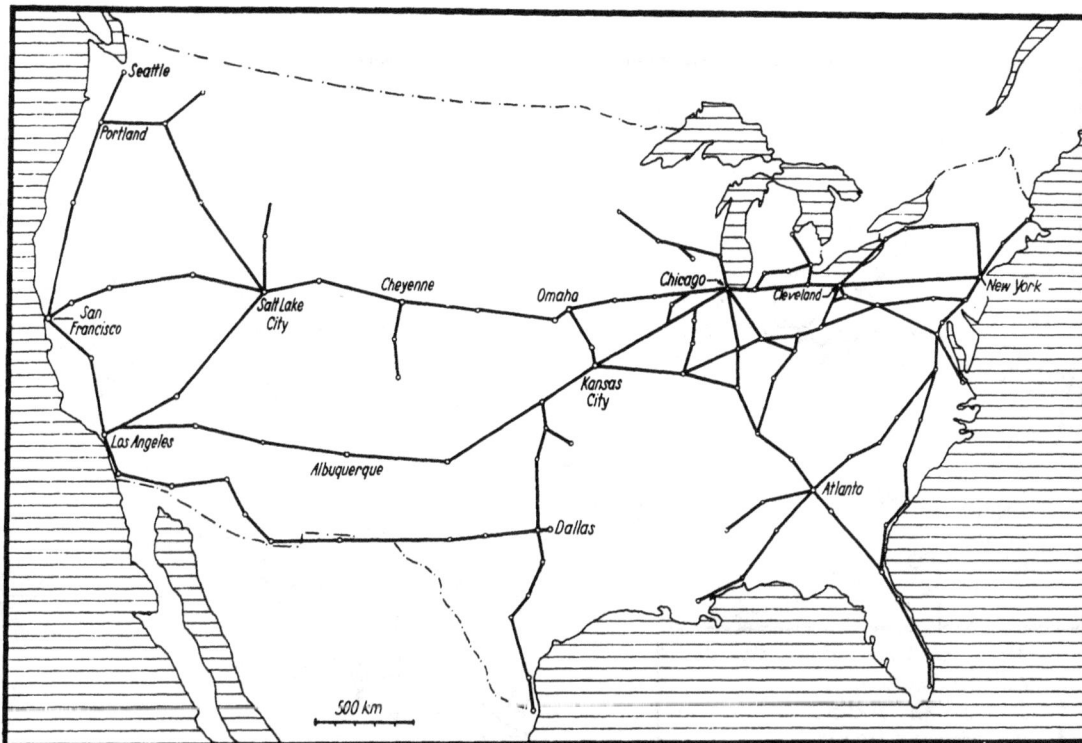

Abb. 5. Nachtluftliniennetz in den Vereinigten Staaten von Amerika im Jahre 1932.

richtigen Kurs befindet oder nach welcher Seite hin er vom Kurs abgewichen ist. Es stehen zwei Arten von Kursfunkbaken in Verwendung, die sichtbaren und die hörbaren. Die Sendungen dieser Baken werden durch einfache Flugzeugempfänger aufgenommen und je nach der Art der Bake im Telephon hörbar oder in einem Anzeigeinstrument sichtbar gemacht. Beim Kursfunkbakensystem hat die Methode der Mischpeilung in der Union ein gutes Anwendungsgebiet gefunden. Durch geeignete Anordnung der Sendeantennen der Kursfunkbaken entstehen charakteristische Strahlungsfelder. Im allgemeinen werden dabei 4 Richtungen bevorzugt, jedoch sind zurzeit Versuche im Gang, von einer Station aus gleichzeitig noch mehr Flugstrecken (6—8) mit diesem Hilfsmittel für die Navigation der Luftfahrzeuge zu bedienen. Bestimmend für die Anwendung des Mischpeilverfahrens war der Grundsatz, daß mittels ganz einfacher Empfänger eine leichte Kurshaltung für alle Luftfahrzeuge möglich sein soll ohne Unterschied, ob sich ein planmäßiges Flugzeug einer Luftverkehrsgesellschaft auf Strecke befindet oder ein Flugzeug des privaten Reiseverkehrs. Dies ist ein erheblicher Vorzug gegenüber dem besonders in Deutschland geübten Verfahren der Fremdpeilung. Der Betriebsumfang bei der Kursfunkbake ist ferner völlig unabhängig von der Betriebsdichte auf den von ihr bedienten Strecken. Für die Anordnung der Kursfunkbaken ist das nationale Grundliniennetz maßgebend. Die Abb. 6 läßt den Ausbau des Grundliniennetzes mit Kursfunkbaken erkennen, und zwar getrennt nach den sichtbaren und hörbaren Baken. Ferner sind in der Abbildung die sich bereits im Betrieb befindlichen und die geplanten Baken unterschieden. Im allgemeinen wird im Interesse einer einfachen und wirtschaftlichen Betriebsorganisation darauf geachtet, daß die Kursfunkbakenstationen mit den weiter unten zu behandelnden Flugwetterfunkstationen kombiniert oder wenigstens von diesen ferngesteuert werden. In manchen Fällen erscheint es aber auch notwendig, von Flugwetterfunkstationen unabhängige Kursfunkbaken in das Luftverkehrsnetz einzufügen, nämlich dann, wenn der Abstand zwischen zwei Flugwetterfunkstationen für die Kursfunkbaken zu groß erscheint.

Die durchschnittliche Entfernung der mit zwei Kilowatt sendenden Stationen beträgt etwa 250 km und die für ihre Sendungen zur Verfügung stehenden Wellen liegen zwischen 237 und 350 KH (857 bis 1305 m)[1].

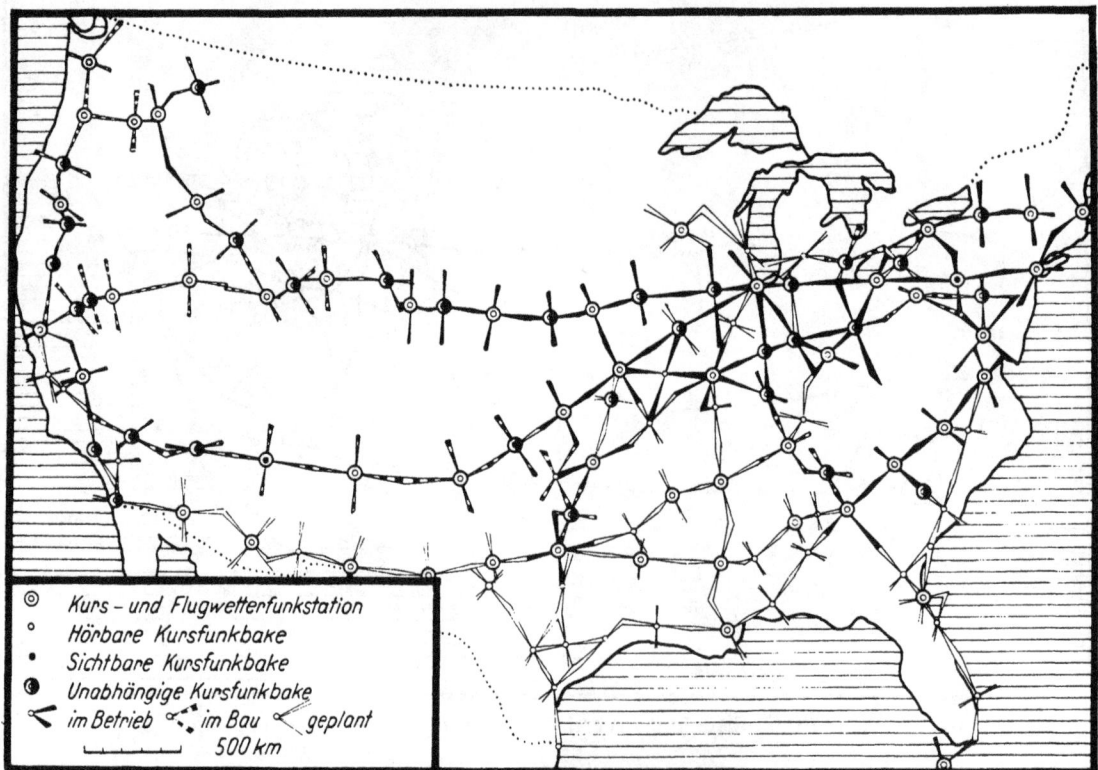

Abb. 6. Kursfunkbaken im Jahre 1931.

In der Gegend, wo die Bereiche zweier angrenzenden Richtfunkbaken sich schneiden, werden auf einzelnen Strecken Merkbaken von 7,5 Watt Sendestärke und von einer Reichweite von 5 bis 8 km angeordnet. Sie geben dem Piloten durch ihre Kennung Kenntnis von seinem Fortschritt auf dem Fluge und bedeuten zugleich die Aufforderung, den Empfänger im Flugzeug durch Umschalten auf die Welle der nächsten Kursfunkbake abzustimmen. Wie die Merkbaken in ein vorhandenes Luftliniennetz eingesetzt werden, ist aus Abb. 12 ersichtlich. Infolge der verhältnismäßig strengen Bindung der Flugzeuge an die durch die Linie gleicher Feldstärke der Kursfunkbaken gegebenen Kurse ist der Gefahr des Zusammenstoßes von auf Strecke befindlichen Flugzeugen in besonderem Maße zu begegnen. Das neue Anzeigegerät für den Empfang der sichtbaren Kursfunkbaken, das vom Bureau of Standards[2] entwickelt und herausgebracht wurde,

[1] Ein Verzeichnis der von jeder Station benutzten Wellenlänge findet sich im Air Commerce Bulletin vom 1. III. 1932 S. 425. Änderungen werden in diesem Bulletin laufend bekannt gegeben.

[2] Air Commerce Bulletin vom 15. 10. 30.

schafft hier in geeigneter Weise Abhilfe. Die Einstellung des Anzeige-Instruments erfolgt so, daß die Kursrichtung angezeigt wird, wenn das Flugzeug, in der Flugrichtung gesehen, um einige Grade seitlich vom Kurs auf einer bestimmten Seite sich befindet. Der Verkehr wickelt sich dann zu beiden Seiten des Kurses ab.

Während auf diese Art und Weise der Gefahr des Zusammenstoßens von Flugzeugen, die sich auf demselben Kurs in entgegengesetzter Richtung bewegen, weitgehend begegnet ist, bedarf es für die Flugzeuge, die sich in einer Richtung gleichsinnig aber mit verschiedener Geschwindigkeit bewegen, und ferner für die Kreuzungen von Kursen bei erhöhter Betriebsdichte einer Regelung der Bewegungsvorgänge durch geeignete Signalgebung zwischen den Flugzeugen. Zweifellos liegt auch hier die geeignete Möglichkeit der Lösung in der drahtlosen Verständigung zwischen den Flugzeugen. Versuche über die Verwendung ganz kurzer Wellen für diesen Zweck sind im Gang[1]).

Bei Umgehung von Schlechtwettergebieten oder wenn der Kurs aus anderen Gründen verlassen werden muß, kann der Flughafen durch geeignete Einstellung des Anzeige-Instruments auf geradem Kurs erreicht werden, ohne zu dem durch die Linie gleicher Signale der Kursfunkbake angegebenen Kurs zurückzukehren. Ein neues Anwendungsgebiet der Kursfunkbaken wird zur Zeit für die Zwecke der Eigenpeilung erprobt. Es soll sich durch den Empfang zweier Richtfunkbaken mit demselben einfachen Empfangsgerät die Standortsbestimmung ermöglichen lassen. Es wird ferner versucht, die Beschränkung in der Zahl der zum Einsatz gelangenden Kursfunkbaken aus Gründen der Einsatzdichte und den damit zweifellos sich ergebenden Wellenmangel durch Gleichwellensendungen zu entgehen. Erstmalig gelangten Kursfunkbaken im Jahre 1928 zum Einsatz und obwohl die Weiterentwicklung auf diesem Gebiet immer noch in stetem Fluß ist, sind durch die Anwendung der Richtfunkbaken bedeutende Erfolge erzielt worden. Ende 1931 standen insgesamt 47 Richtfunk- und 46 Merkbaken zur Verfügung. Nach dem geplanten Ausbau des gesamten Netzes mit hörbaren und sichtbaren Kursfunkbaken soll ihre Zahl 110 betragen.

3. Fernmeldedienst.

Auf den Luftfahrtfernmeldedienst entfällt ein erheblicher Anteil des Erfolgs bei der Erledigung sowohl der einzelnen Flugaufgabe wie auch des gesamten Luftverkehrs überhaupt. Um die betriebliche Zusammenarbeit im Luftfahrtfernmeldedienst im Abschnitt Organisation möglichst klar zu erkennen, wird im folgenden seine technische Seite vorweg genommen.

Der Fernmeldedienst für die Zwecke der Wettersicherung umfaßt einerseits die Sammlung der Wetternachrichten von den Meldestellen auf den Wetterwarten, anderseits die Verbreitung der Nachrichten an die daran interessierten Bodenstellen sowie an die im Fluge befindlichen Flugzeuge.

Die Sammlung der Wetternachrichten geschieht teils auf telephonischem oder telegraphischem Wege, und neuerdings über besondere Fernschreibnetze. Die Überlandleitungen dazu sind von den Telegraphen- oder Telephongesellschaften gemietet. Ihr Betrieb und ihre Unterhaltung erfolgt durch das Department of Commerce. Die Verbreitung der Nachrichten geschieht durch die zu diesem Zweck eingerichteten Flugwetterfunkstationen, die ebenfalls vom Department of Commerce eingerichtet und betrieben werden. Die Sendungen erfolgen mit 2 KW Sendeleistung auf Wellenlängen zwischen 237 und 350 KH. Außer dem für die Zwecke der Wettersicherung notwendigen Nachrichtenverkehr umfaßt der Luftfahrt-Fernmeldedienst Verkehrsnachrichten und Betriebsmeldungen, die teilweise zwischen den Flughäfen und den sonstigen Landeplätzen, teilweise aber im Wechselverkehr von den Bodenstationen zu den Flugzeugen und umgekehrt erfolgen.

Für den Austausch von Meldungen zwischen Bodenstationen sind die Flugwetterfunkstationen teilweise noch mit einem besonderen Sender für kurze Wellen ausgestattet. Doch findet im allgemeinen auch für diese Art des Nachrichtenverkehrs das Fernschreibnetz mit einer Leistungsfähigkeit von 40 Worten in der Minute in steigendem Maße Verwendung.

Die Flugwetterfunkstationen sind mit folgenden Geräten für den Nachrichtendienst ausgestattet:

---

[1]) Air Commerce Bulletin vom 2. 9. 30.

1 Kurzwellensender für den Dienst zwischen Bodenstationen untereinander
auf kurzen Wellen von 3000 bis 6000 KH,

1 Empfänger für Wellen zwischen 75 und 1000 KH,

1 Empfänger für Wellen zwischen 2000 und 15000 KH und schließlich mit
verschiedenen Springschreibern für den Fernschreibdienst.

Für die Einsatzdichte zweier benachbarter Flugwetterfunkstationen wird ein Abstand von 12 bis
18 KH als ausreichend angenommen. Ihr Einsatz in das Luftverkehrsnetz wird im Zusammenhang mit der Organisation des Wetterberatungsdienstes später besprochen. Der Empfang der
Wetternachrichten dieser Flugwetterfunkstationen geschieht in den Flugzeugen vermittels einfacher Empfänger, die auch für den Empfang der Kursfunkbaken Verwendung finden, da die benutzten Wellen die gleichen sind.

Das gesamte Arbeitsprogramm des Fernschreibnetzes erstreckt sich auf:

1. Sammlung von örtlichen Wettermeldungen entlang den Flugstrecken (Flughäfen, Zwischenlandeplätze, Meldestellen),
2. Übermittlung dieser örtlichen Meldungen an die Wetterwarten, die Luftverkehrsgesellschaften, Zwischenlandeplätze und Flughäfen,
3. Streckenmeldungen, die die Sicherheit des Flugs betreffen, sowie seine Regelmäßigkeit,
4. Übermittlung von Nachrichten der Postämter, die Beförderung von Luftpost betreffend.

Während im allgemeinen für Betriebs- und Verkehrsmeldungen das Fernschreibnetz vom
Department of Commerce zur Verfügung der Luftverkehrsgesellschaften gestellt wird, betreibt
neuerdings die Eastern Air Transport in Ergänzung dazu auf der 1260 km langen Strecke
New York—Richmond—Atlanta ihren eigenen Fernschreibkreis.

Die bisher genannten Nachrichtenmittel bezogen sich ausschließlich auf den festen Dienst
zwischen Bodenstationen untereinander und den beweglichen Dienst, soweit er sich von den Bodenstationen zu den Flugzeugen erstreckte. Es erhebt sich nun die Frage, inwieweit die Flugzeuge für
Gegenverkehr mit den Bodenstationen ausgerüstet, und welche Mittel hierfür verwendet werden
sollen. Bezüglich der Art des Wechselverkehrs kann unterschieden werden:

Telephonieverkehr,
Telegraphieverkehr,
kombinierter Telegraphie- und Telephonieverkehr.

Der Telephonieverkehr erfordert für das Flugzeug Einrichtungen mit verhältnismäßig großem Gewicht, die ferner viel Raum beanspruchen und hohe Anschaffungs- und Unterhaltungskosten verursachen. Für den Telegraphieverkehr liegen in dieser Hinsicht die Verhältnisse
wesentlich günstiger. Die Tabelle 2 gibt einzelne Vergleichsdaten von Flugzeugfunkstationen, wie
sie im Verkehr gebräuchlich sind.

Tabelle 2. **Flugzeugfunkstationen für Telegraphie und Telephonie.**

Verkehrsmittel	Sendestärke Watt	Sichere Reichweite km	Gewicht kg
Telegraphie . . .	20	200	28,4
Telephonie	50	175	58,5[1]

[1] mit Fahrtwindgenerator

Unter sicherer Reichweite ist dabei die bei normalen atmosphärischen Bedingungen verstanden. Sie sinkt aber bei weniger günstigen Bedingungen bei Telephonie auf fast die Hälfte,
während bei Telegraphie eine Beeinträchtigung bei weitem nicht in dem Maße eintritt. Im allgemeinen kann bei gleicher Sendeleistung für Telegraphie eine 2 bis 3mal größere Reichweite als bei
Telephonie erreicht werden. Die Telephoniestationen haben ferner den Nachteil, daß sie ein verhältnismäßig breites Wellenband bestreichen und damit leicht Interferenz mit anderen in der Nähe
arbeitenden Stationen verursachen. Die Bedeutung der Einsatzdichte ist seit dem Einsatz der

kurzen Wellen und des Fernschreibnetzes für die Zwecke des Nachrichtenverkehrs nicht mehr so groß wie früher bei Verwendung der langen Wellen.

Die Entscheidung über die Frage der Verwendung von Telegraphie oder Telephonie ist nicht eindeutig erfolgt. Während z. B. die Pan American Airways, die den Verkehr nach Südamerika betreibt, ausschließlich Telegraphie für den beweglichen Dienst verwendet und einen besonderen Bordfunker in den Flugzeugen mitführt, findet die Telephonie bei den meisten übrigen Luftverkehrsgesellschaften Verwendung. Zu diesem Zweck und zum Austausch von Betriebs- und Verkehrsmeldungen zwischen Bodenstationen wurden von den einzelnen Gesellschaften auf den von ihnen betriebenen Linien eigene 400-Watt-Bodenflugfunkstationen eingerichtet, auf die noch zurückzukommen sein wird. Doch mußte bald erkannt werden, daß insbesondere eine Nebeneinanderarbeit einzelner Gesellschaften auf gleichen Flugstrecken nicht im Interesse einer wirtschaftlichen und sicheren Betriebsführung liegen konnte. Es erfolgte daher Ende 1929 ein Zusammenschluß der größeren Luftverkehrsgesellschaften hinsichtlich des Luftfahrt-Fernmeldedienstes in Gestalt der Aeronautical Radio Inc., die jetzt einheitlich diese Stationen einrichtet und betreibt.

Die Flugzeuge sind nun mit Geräten für folgende Zwecke auszurüsten:
1. Empfang der Sendungen der Richtfunkbaken und Empfang der Wettersendungen,
2. Empfang der kurzen Wellen der Stationen der Aeronautical Radio Inc.,
3. Aussendung kurzer Wellen im Wechselverkehr mit den Bodenstationen.

Für alle Arten von Empfang wird ein kombiniertes Empfangsgerät verwendet, dessen Gesamtgewicht einschließlich allem Zubehör etwa 15 kg beträgt. Der 50-Watt-Flugzeugsender für Wechselverkehr verursacht ebenfalls mit allem Zubehör wie Fahrtwindgenerator, Batterien, Antennenanlage und sonstigem ein zusätzliches Gewicht von 43,5 kg, so daß das Gewicht der gesamten Flugzeug-Empfangs- und -Sendeanlagen für G e g e n v e r k e h r sich auf 58,5 kg beläuft.

Bezüglich der Betätigung der Funkanlage im Flugzeug wurde davon ausgegangen, daß sie möglichst vom Flugzeugführer selbst ohne Schwierigkeit bedient werden kann und die Mitnahme eines besonderen Bordfunkers sich erübrigt. Dieses Prinzip wird bei den einfach bemannten Postflugzeugen ganz durchgeführt und mit Hilfe der Telephonie auch bei Personenflugzeugen erprobt. Für die Zukunft wird jedoch die Frage so beurteilt werden müssen, daß der Pilot möglichst wenig durch Schwierigkeiten in der Verständigung zwischen Flugzeug und Bodenstationen belastet werden darf, wie sie zweifellos bei Telephonie vorhanden ist, selbst wenn, wie im vorliegenden Falle, die Einheitlichkeit in der Sprache gegeben ist. Um aber trotzdem den beweglichen Dienst aufrecht erhalten zu können, wird die Lösung darin zu suchen sein, daß bei einfach bemannten Postflugzeugen die Sendungen, die im Interesse der Sicherheit und Regelmäßigkeit notwendig sind, mittels verschlüsselter Zeichen telegraphisch vom Piloten gegeben werden. Für größere Personenflugzeuge erscheint jedoch die Mitnahme eines zweiten Piloten oder Bordwarts, der zugleich den Nachrichtendienst übernimmt, sowohl vom Standpunkt der Sicherheit als auch der Wirtschaftlichkeit gerechtfertigt. Auch für diesen Fall wird die Telegraphie gegenüber der Telephonie neben anderen Vorteilen noch den besonderen Wert haben, daß zum Verkehr mit den Flugzeugen keine so ausgedehnte Bodenorganisation notwendig ist, und die Verantwortung einer Bodenstation einem dazu lizenzierten Funkmeister übertragen werden kann. Hinsichtlich des Meldedienstes der Flugzeuge und des Fernmeldedienstes der Flughäfen untereinander werden im Abschnitt Organisation die Grundlagen eine nähere Behandlung erfahren.

4. Die innere Organisation der Dienststellen.

Nach der Einrichtung der Zwischenlandeplätze und der Streckenbefeuerung werden diese für die Unterhaltung und den Betrieb den Bezirksämtern des Lighthouse Service übergeben. Das ganze Luftverkehrsnetz ist zu diesem Zweck in 8 Bezirke eingeteilt, deren Leitung den Flugstrecken-Ingenieuren übertragen ist. Um einen Überblick über den Arbeitsumfang der Bezirksämter zu geben, sind sie in Tabelle 3 zusammengestellt. Ferner ist ihr Arbeitsumfang durch die Angabe der ihnen übertragenen Flugstrecken in ihrer Ausgestaltung mit Nachtbefeuerungseinrichtungen und Zwischenlandeplätzen bezeichnet.[1])

T a b e l l e 3. **Organisation für die Unterhaltung und den Betrieb der Streckenbefeuerung und der Zwischenlandeplätze. Stand vom Juni 1930.**

Bezirksamt	Nachtbeleuchtung Flugstrecken-km	Zahl der Drehfeuer	Zahl der Blinkfeuer	Zahl der Zwischen- landeplätze
Staten Island N. Y. . . .	1 400	82	16	23
Charleston S. C.	2 800	223	26	60
Buffalo N. Y.	2 300	92	40	31
Milwaukee Wis.	5 300	260	45	71
Portland Or.	840	48	6	12
San Francisco Cal. . . .	1 960	105	69	33
Fort Worth Tex.	2 100	93	64	24
Salt Lake City Utah. . .	4 300	216	150	73

Über den erforderlichen Personalumfang gibt die folgende Tabelle 4 Aufschluß.

T a b e l l e 4. **Personalbedarf für die Unterhaltung der Streckenbefeuerung und der Zwischenlandeplätze.**

Jahr	Länge des Nachtlinien- netzes	Zahl der Ingenieure	Zahl der Strek- kenmechaniker	Zahl der Streckenwärter
1928	8 800	13	40	408
1929	16 300	20	72	782
1930	21 000	30	95	955

In dieser Tabelle ist für drei verschiedene Jahre der Bedarf an Personal für die Unterhaltung der Nachtstrecken und Zwischenlandeplätze eingetragen. Die Umrechnung des Personalbedarfs auf Kilometer Flugstrecke ist für dieselben Jahre in Tabelle 5 zusammengestellt.

T a b e l l e 5. **Personalbedarf für die Unterhaltung der Streckenbefeuerung und der Zwischenlandeplätze je km Flugstrecke.**

Jahr	km/Ingenieur	km/Strecken- mechaniker	km/Streckenwärter
1928	670	220	21,6
1929	815	204	21
1930	700	220	22

Sie zeigt, daß der Einheitsbedarf in den verschiedenen Jahren verhältnismäßig konstant geblieben ist und für weitere Berechnungen wie folgt angenommen werden kann:

1 Flugstrecken-Ingenieur . . . . für 750 km
1 Flugstrecken-Mechaniker . . . . ,, 220 ,,
1 Flugstrecken-Wärter . . . . ,, 22 ,,

Den Flugstrecken-Mechanikern obliegt die eigentliche Aufgabe der Unterhaltung der Streckenbefeuerung. Zu diesem Zweck steht ihnen ein $\frac{1}{2}$ bis $1\frac{1}{2}$ t-Lastwagen zur Verfügung mit Reserveteilen für die Streckenfeuer und geeignetem Werkzeug, um jede notwendige Reparatur derselben möglichst selbst erledigen zu können. Jedes Feuer muß mindestens zweimal monatlich nachgesehen werden. Auf Zwischenlandeplätzen, die mit Fernschreibern ausgerüstet sind, besorgen Streckenwärter im 24-Stundendienst die Wettermeldungen und den Meldedienst der Flugzeuge.

Der gesamte W e t t e r d i e n s t der Vereinigten Staaten von Amerika kann eingeteilt werden in 2 Gruppen, die den jeweiligen Bedürfnissen der interessierten Kreise entsprechen. Man unter-

---

[1]) Eine Übersichtskarte über die Zugehörigkeit der Flugstrecken zu den verschiedenen Bezirken findet sich in Air Commerce Bulletin v. 15. 11. 32 S. 236.

scheidet demnach den Wetterdienst 1. Ordnung (allgemeiner Wirtschaftswetterdienst) und den Wetterdienst 2. Ordnung.

Der Wetterdienst 1. Ordnung hat die Aufgabe, ganz allgemein der breiten Öffentlichkeit, also sämtlichen am Wetter Interessierten zu dienen. Er betreibt für diesen öffentlichen Dienst ein Netz von 210 über die Gesamtfläche zweckmäßig verteilten Wetterwarten. Die Meldungen dieser Stationen werden regelmäßig 2mal täglich zu den synoptischen Terminen um 8 und 20 Uhr[1]) gesammelt zur Anfertigung der synoptischen Wetterkarten und zu Wettervoraussagen, die also ebenfalls 2mal täglich herausgebracht werden. Die Ausfertigung der Berichte selbst und ihre Veröffentlichung für verschiedene Bezirke erfolgt durch die 5 Bezirkswetterwarten in Washington, Chicago, New Orleans, Denver und San Francisco. Darüber hinaus werden die Wetterverhältnisse auf den einzelnen Stationen fortlaufend registriert, statistisch erfaßt und durch die wissenschaftliche Forschung verwertet.

Diese 2mal täglichen Berichte des Wetterdienstes 1. Ordnung dienen als Grundlage für die übrigen Wetterdienste 2. Ordnung, die für Sonderzwecke, wie Warnungsdienst für Frost oder Stürme eingerichtet sind. Ein solcher Sonderzweck ist der Flugwetterdienst. Seine Aufgabe ist letzten Endes die Beratung der Flugzeugführer über die auf ihren Flugstrecken zu erwartenden Wetterbedingungen. Dabei ergibt sich die Art der Erledigung der Beratungsaufgabe aus den Möglichkeiten für den Zug der Flugstrecke zwischen 2 gegebenen Punkten und der Entfernung zwischen beiden, oder anders: Die Flugberatung kann erfolgen als streckenhafte oder als flächenhafte Beratung. Die flächenhafte Beratung ist gleichbedeutend mit meteorologischer Navigation, während für die streckenhafte Beratung das Kennzeichen die Bindung des Flugzeugs an die festgelegte Linienführung ist. Aber auch für die streckenhafte Beratung, die ihre Beurteilungsunterlagen in erster Linie von den auf der Strecke befindlichen Flughäfen und sonstigen Meldestellen sammelt, ist es im Interesse des Werts der Beratung notwendig, Kenntnis zu haben von der räumlichen Gestalt des Temperatur-, Druck- und Stromfeldes des Luftmediums sowie deren zeitlichen Änderungen. Die Sammlung der Beurteilungsunterlagen von einzelnen Stellen entlang der Flugstrecke wird daher zweckmäßig zu ergänzen sein durch Meldungen von Stellen seitlich der Flugstrecke zu denselben Zeiten und die streckenhafte Beratung wird durch diese Erweiterung des Beobachtungsnetzes zur synoptischen Wetterberatung.

Um den Wert der reinen Streckenberatungen, wie sie die Einrichtung der planmäßig beflogenen Flugstrecken zu Beginn des Luftverkehrs mit sich brachte, durch Voraussagen über die möglichen, auf der Flugstrecke zu erwartenden Änderungen zu erhöhen, erfolgte für die Zwecke der Luftfahrt der Ausbau eines alle 3 Stunden zu den synoptischen Terminen um 2, 5, 8, 11 Uhr vor- und nachmittags — bei nicht durchgehendem Tag- und Nachtverkehr entsprechend weniger — meldenden Wettermeldedienstes nach 14 Gruppen-Flugwetterwarten (Abb. 7). Infolge der großen, von jedem Bezirk erfaßten Fläche sind die Berichte dieser Gruppenwetterwarten besonders wertvoll.

Hinsichtlich der zeitlichen Erfassung der synoptischen Meldungen kann gesagt werden, daß der Wert der Beratung steigen wird mit der Häufigkeit der Termine für die synoptischen Meldungen. Der 3stündige Meldedienst in Ergänzung zu den 2mal täglichen synoptischen Meldungen des Wetterdienstes 1. Ordnung wurde für ausreichend angesehen, da die Maximaldauer eines einzelnen Flugs ohne Zwischenlandungen zu 3 bis 4 Stunden gegeben ist. Durch die flächenhafte Erfassung der Wetterlage ergibt sich noch der Vorteil gegenüber der früheren rein streckenhaften, daß der Flugwetterdienst in günstiger Weise für den Sport- und privaten Reiseluftverkehr, der sich nicht immer an die organisierten Flugstrecken bindet, Verwendung finden kann, wodurch seine Bedeutung für die Allgemeinheit noch wesentlich erhöht wird. Vor der Inbetriebnahme dieses 3stündigen synoptischen Systems war für Flüge, die außerhalb des Flugplans und abseits der planmäßig beflogenen Strecken liegen, eine Beratung nur auf besondere Anforderung des daran Interessierten, der auch für die damit verbundenen Kosten aufzukommen hatte, möglich.

----

[1]) Zeit nach dem 75. Meridian.

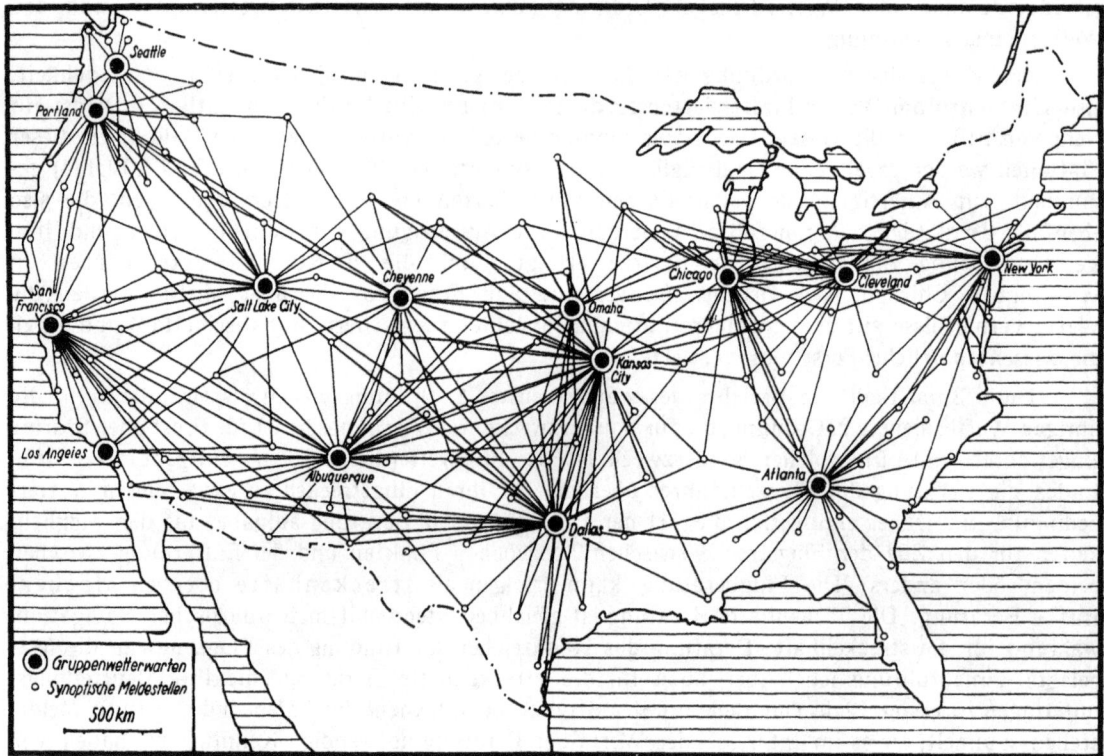

Abb. 7. Gruppenwetterwarten für den Flugwetterdienst im Jahre 1932.

Natürlich wird die streckenhafte Beratung stets als Ergänzung für die synoptische wertvolle Dienste leisten.

Während die synoptische Erfassung der Wetterlage durch die 3stündigen synoptischen Melde-zeiten[1]) gegeben ist, sind die Zeitintervalle für Streckenmeldungen weitgehend abhängig von der Verkehrsgröße, also der Gestaltung des Flugplans. Wo wenig Verkehr vorhanden ist, werden die Zeiten, zu denen Wetterberichte gegeben werden, dem Flugplan angepaßt; wo hingegen fortlaufen-der Wetterdienst notwendig ist, z. B. bei durchlaufendem Tag- und Nachtverkehr, müssen die Meldungen stündlich, teilweise sogar halbstündlich gegeben werden. Abb. 8 gibt einen Überblick über die Stützpunkte der Beobachtungs- und Beratungsorganisation für den Wetterdienst im Luft-verkehrsnetz in Form der Flugwetterwarten der verschiedenen Klassen und der Meldestellen im Jahre 1932. Für den Betrieb der wichtigeren Flugwetterwarten werden 4—9 Angestellte, — ge-schulte Meteorologen des Department of Agriculture — benötigt. Nach dem Stande von 1930 waren 48 solcher Flugwetterwarten im Betrieb zusammen mit etwa 350 kleineren Flugwetter-warten entlang den Flugstrecken, wo lediglich an Ort und Stelle von angelernten Wärtern ge-machte Beobachtungen aufgezeichnet und gemeldet werden. Tabelle 6 zeigt die Netzlängen, die auf die einzelnen Gruppen-Flugwetterwarten im Jahre 1930 entfielen und die Anteile der Strecken, für die durchgehend Tag und Nacht der Wetterdienst zur Verfügung steht.

Der Arbeitsumfang der verschiedenen Gruppen-Wetterwarten kann trotz der verschiedenen Netzlängen als konstant angesehen werden und wird auch bei Vergrößerung des Gesamtnetzes innerhalb bestimmter Grenzen konstant bleiben, da die Flugwetterwarten von der Beratungs-organisation weitgehend entlastet sind durch den Einsatz der Flugwetterfunkstationen. Eine Ver-größerung der Netzlänge betrifft im wesentlichen die Zahl der Flugwetterwarten und Meldestellen,

---

[1]) Ab 1. Dezember 1932 werden die 3stündigen synoptischen Termine durch 4stündige ersetzt. Wirt-schaftliche Erwägungen sind dabei von Bedeutung.

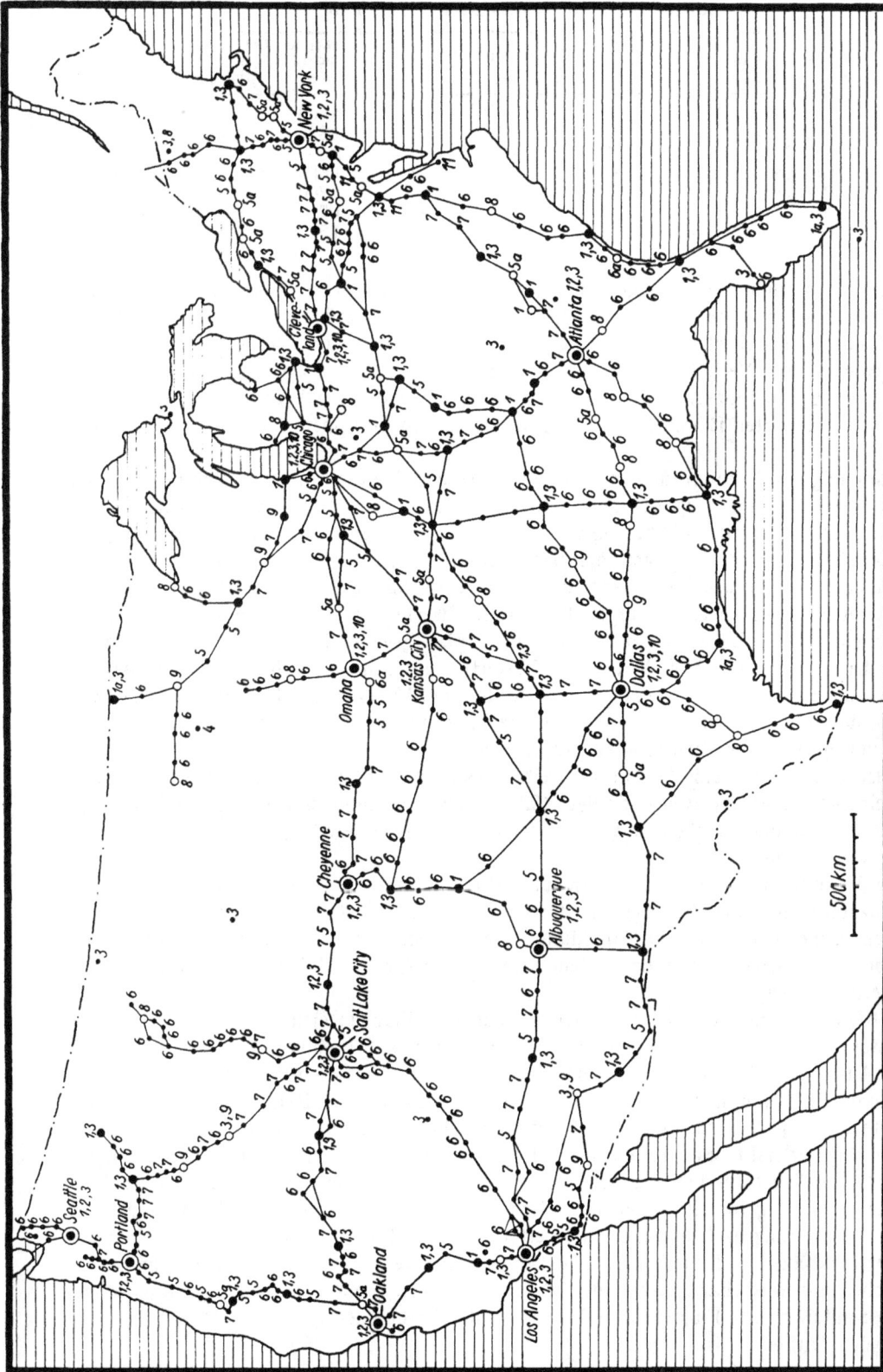

Abb. 8. Flugwetterdienst der Wetterabteilung des Department of Agriculture im Jahre 1932.

⬤ Gruppenflugwetterwarte.   ● Flugwetterwarte.   ○ Wetterwarte des Wetterdienstes 1. Ordnung auf Flugstrecken.   ● Flugwettermeldestelle.

1. Flugwetterwarte mit 24stündigem Dienst und stündlichen Meldungen,
1a. Flugwetterwarte mit weniger als 24stündigem Dienst.
2. Flugwetterwarte oder Wetterwarte 1. Klasse mit 3stündigen Meldungen,
3. Pilotstation.
4. Aerologische Station.
5. Flugwettermeldestelle mit stündlichen Meldungen durch Fernschreibnetz oder Funkspruch.
5a. Desgl. unter direkter Aufsicht des städtischen Wetterdienstes.
6. Flugwettermeldestelle mit Meldungen auf Anfrage oder gemäß besonderen Meldeplans.

6a. Desgl. unter direkter Aufsicht des städtischen Wetterdienstes.
7. Wettermeldestelle des Department of Commerce mit stündlichen Meldungen durch Fernschreibnetz oder Funkspruch.
8. Städtische Wettermeldestelle mit Meldungen auf Anfrage oder gemäß besonderen Meldeplans.
9. Städtische Wetterstelle mit stündlicher Meldung durch Fernschreibnetz oder Funkspruch.
10. Wetterstelle mit Flugzeugaufstiegen.
11. Wetterstation des Heeres oder der Flotte.

Tabelle 6. **Die Gruppen-Flugwetterwarten des Wetterdienstes**
2. Ordnung für Luftfahrt-Zwecke im Jahre 1930.

Gruppen-Flugwetterwarte	Gesamtliniennetz km	Durchgehender Tag- und Nachtdienst km
Cleveland	10 000	5 600
Omaha	2 800	2 800
Salt Lake City	2 800	2 200
Oakland	1 800	1 800
Portland	2 400	700
Atlanta.	3 650	1 700
Dallas	4 300	4 300

die sich entsprechend erhöht. Bei der Gesamtlänge des mit Wetterberatung ausgestatteten Linien-netzes von 27 850 km und einer Zahl von insgesamt 398 Flugwetterwarten einschließlich Melde-stellen ergibt sich im Durchschnitt die Notwendigkeit einer Flugwetterwarte bzw. Meldestelle alle 70 km, und zwar in dem Verhältnis 350:48; es entfallen demnach auf etwa 1 Flugwetterwarte 7 Meldestellen entlang den Flugstrecken außer den Meldestellen für den Wetterdienst 1. Ordnung. Die Flughafen-Wetterwarten führen noch in Ergänzung zu den Stationen 1. Ordnung Höhenwind-messungen durch.

Die Sammlung und Verbreitung der örtlichen Wetterberichte muß durch eine geeignete Fern-meldeorganisation erfolgen. Ist die Durchführung des Luftverkehrs in bezug auf Sicherheit und Regelmäßigkeit schon weitgehend abhängig vom Wert der Wetterberatung, so ist es notwendig, daß der für die Durchführung des Flugwetterdienstes erforderliche Nachrichtenverkehr in besonderem Maße zuverlässig und rasch arbeitet. Daher mußte die Verwendung des öffentlichen Nachrichten-netzes zurücktreten gegenüber einem für die besonderen Zwecke der Wettersicherung ausgebauten Fernmeldeverkehr, dessen Betriebsplan durch den Flugplan gegeben ist. Über die grundsätzliche Organisation der Sammlung der Wetternachrichten auf dem Fernschreibnetz und der Ver-breitung durch die Flugwetterfunkstationen gibt der in Abb. 13 als Beispiel wiedergegebene Orga-nisationsplan Aufschluß und wird dort im Zusammenhang mit der Organisation der betriebstech-nischen Zusammenarbeit der Dienststellen besprochen.

Den Ausbau des amerikanischen Fernschreibnetzes zeigt Abb. 9. Die erstmalige Anwendung des Fernschreibers für Luftfahrtzwecke erfolgte 1929. Nach dem Stande von 1932 umfaßt das Fern-schreibnetz 21 100 km Flugstrecken mit 234 Stationen. Sein weiterer Ausbau soll gemäß dem Grundliniennetz erfolgen.

Für die Verbreitung der Wetternachrichten und -voraussagen dient das Netz der Flugwetterfunkstationen (Abb. 10), die eine fortlaufende Berichterstattung über die Verhältnisse auf der Strecke ermöglichen. In der Abbildung ist ersichtlich, welche Stationen zu Anfang des Jahres 1931 bereits ausgebaut waren und welche Stationen entsprechend dem Grundliniennetz noch hergestellt werden sollen.

Der mittlere Abstand der 35 im Betrieb befindlichen Flugwetterfunkstationen beträgt bei 2 kW Sendestärke 325 km. Die Dichte beträgt 4,6 Stationen auf 1 Million km² und steigt nach dem völligen Ausbau des Liniennetzes mit 65 Stationen auf 8,6 Stationen je 1 Million km². Nach dem Stande von 1931 waren bereits 56 Flugwetterfunkstationen in Betrieb genommen. Dies würde bedeuten, daß jeweils für eine Kreisfläche von 190 km Halbmesser eine Flugwetterfunk-station zur Verfügung steht und praktisch somit an jeder Stelle in den Vereinigten Staaten von Amerika der Wetterdienst des betreffenden Bezirks empfangen werden kann. Die Vorzüge dieser Form der Wetterberatung für alle Arten fliegerischer Tätigkeit gegenüber einer Beratung, die im Flug erst auf Anforderung des Flugzeugführers erfolgt, ist ersichtlich. In den meisten Fällen sind bis heute Kursfunkbaken und Flugwetterfunkstationen in einer Station zusammengelegt, was in organisatorischer und wirtschaftlicher Hinsicht gewisse Vorteile mit sich bringt. Im einzelnen umfassen die Sendungen der Flugwetterfunkstationen der Reihe nach:

Ansage der Station,

Genaue Zeit,

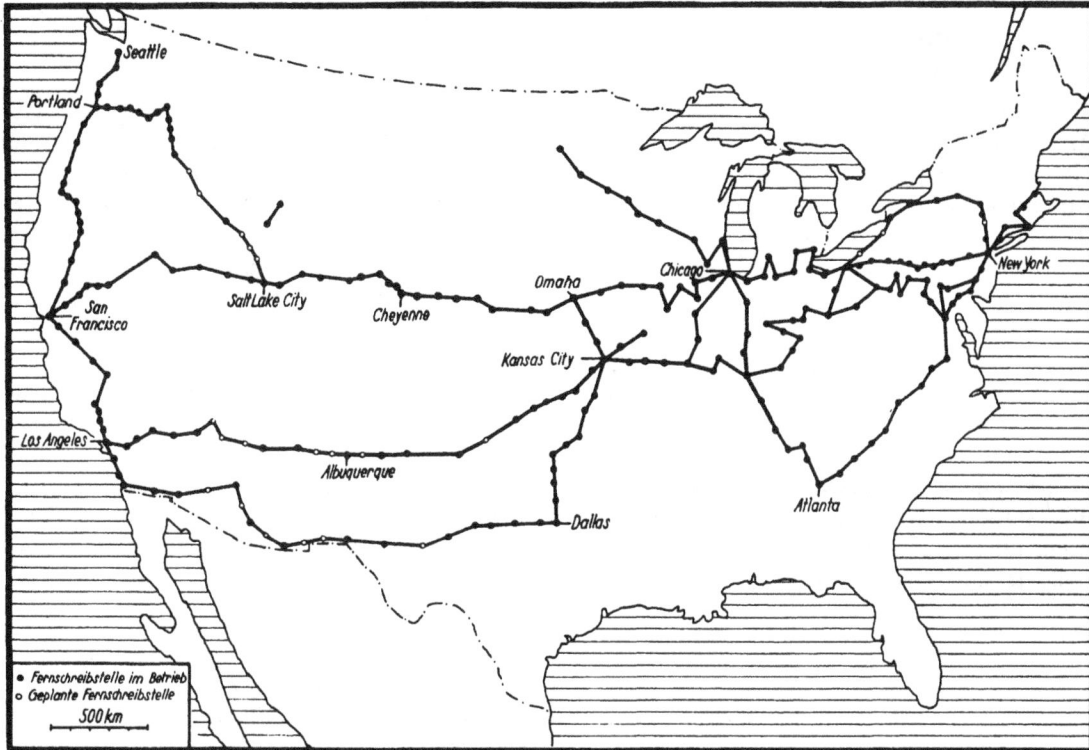

Abb. 9. Fernschreibnetz für den Luftfahrtnachrichtendienst der Vereinigten Staaten von Amerika im Jahre 1932.

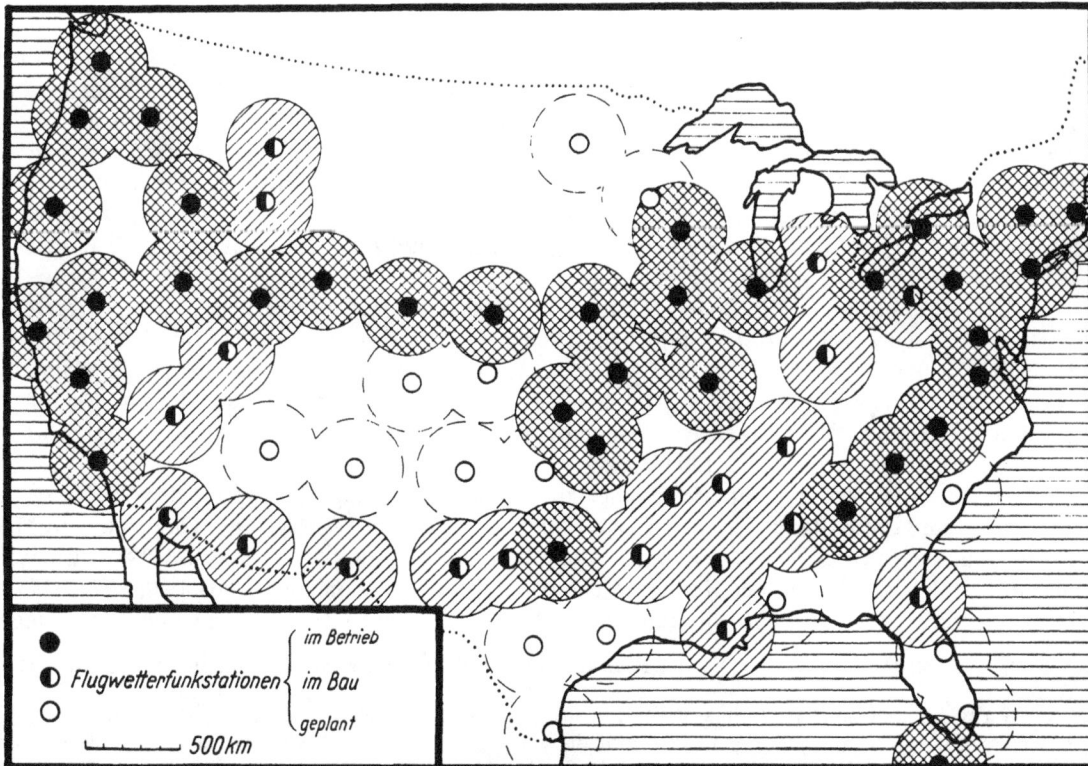

Abb. 10. Flugwetterfunkstationen des Department of Commerce im Jahre 1931.

Wetter (Wolkenhöhe, Niederschläge, Sichtverhältnisse, Windgeschwindigkeit, Temperatur,
  Luftdruck),
Verschiedenes (nur die Sicherheit des Flugs betreffend).

In ähnlicher Weise, wie der Umfang des Wetterdienstes die Einrichtung von Gruppenwetterwarten für bestimmte Bezirke notwendig machte, war es auch für die Zwecke der Unterhaltung
und des Betriebs des Fernschreibnetzes, der Flugwetterfunkstationen und des Kursfunkbakendien-
stes notwendig, eine verwaltungsmäßige Zusammenfassung nach einzelnen Bezirken vorzunehmen.
Demgemäß erfolgte die Einteilung in die 13 Bezirke Albuquerque, Atlanta, Cheyenne, Chicago,
Cleveland, Dallas, Los Angeles, New York, Portland, Salt Lake City, St. Louis, Jacksonville und
San Francisco[1]), deren Leitung den Airway Traffic Supervisors übertragen ist.

Auf den Flugstrecken, auf denen die bundesstaatliche Betätigung für den Luftfahrt-Nachrich-
tendienst noch nicht eingesetzt war, erfolgte der Ausbau der Flugstrecken mit Flugfunkstationen
für die Zwecke der Luftverkehrsgesellschaften durch diese selbst. Abb. 11 zeigt den Ausbau der
Flugstrecken mit den Flugfunkstationen der Luftverkehrsgesellschaften. Einzelne Stationen
wurden seit der Übernahme durch die Aeronautical Radio Inc. vom Department of Commerce
übernommen und einzelne wurden aufgehoben, da die neue Organisation eine bessere Ausnutzung
der Stationen durchzuführen bestrebt ist. Über die Art der im Gegenverkehr einer solchen Flugfunkstation mit Flugzeugen ausgetauschten Nachrichten gibt Tabelle 7 Aufschluß, in der die Anteile der einzelnen Arten von Nachrichten an der Gesamtzahl gegeben sind.

Tabelle 7. **Art der Nachrichten im Gegenverkehr.**

Art der ausgetauschten Nachrichten	Anteil an der Ge-samtzahl in %
Wetterbedingungen und Positionsmeldungen . .	90
Betriebsanordnungen an Piloten.	5
Verkehrsnachrichten	4
Nachrichten der Fluggäste	1

Was die Betriebsorganisation dieser Flugfunkstationen anbelangt, so liegt die Verantwortlichkeit sowohl über die Art der ausgestrahlten Nachrichten als auch die Unterhaltung der Anlagen in der Hand der Flugleiter der betreffenden Flughäfen. Dem Flugleiter ist also neben den
Aufgaben der betrieblichen und verkehrlichen Abfertigung noch der Gegenverkehr mit den im
Fluge befindlichen Flugzeugen sowie mit den in Betracht kommenden festen Flugfunkstationen
übertragen. Ende 1930 betrug die Zahl der im Betrieb befindlichen festen Flugfunkstationen für
Gegenverkehr 57, während die Zahl der für Gegenverkehr mit Telephonie ausgerüsteten Flugzeuge
der Luftverkehrsgesellschaften 132 betrug.

Der Betriebsumfang der Bodenstationen, der nach den Betriebsvorschriften genau registriert
werden muß, schwankt sehr stark und hängt von der Bedeutung der Station im Gesamtnetz ab.
Eine Zahl von 4000 bis 6000 Nachrichten je Monat für Stationen mit durchgehendem Tag- und
Nachtverkehr entspricht dem Betriebsumfang mittlerer Stationen. Der Personalbedarf für durchgehenden Tag- und Nachtverkehr beträgt mindestens 3 Mann. Die höchst zulässige Sendestärke
für diese Flugfunkstationen ist 1000 Watt.

Naturgemäß war es im Interesse einer guten Betriebsführung ohne gegenseitige Störung der
Stationen notwendig, bezüglich der Einsatzdichte eine geeignete Regelung vorzunehmen. Die
Aufteilung der Wellen unter Berücksichtigung der Anforderungen des Luftfahrt-Nachrichten-
dienstes erfolgte zuletzt auf der Konferenz der Federal Radio Commission Ende 1930[2]). Dabei war
es notwendig, infolge der bei bestimmten Wellengruppen auftretenden Schwunderscheinungen

[1]) Ein vollständiges Verzeichnis der Bezirke findet sich in: Air Commerce Bulletin vom 15. Nov. 1932,
S. 241.

[2]) Über den allgemeinen Aufbau der Aeronautical Radio Inc. sowie die Verteilung der Wellen nach den
Beschlüssen der Federal Radio Commission gibt die von der Aeronautical Radio Inc. herausgegebene Druck-
schrift „Certificate of Incorporation, By-laws and Statement of Policy of Aeronautical Radio Inc." eingehend
Aufschluß.

und der verschiedenen Ausstrahlungseigenschaften in Abhängigkeit von der Tageszeit für Tag- und Nachtverkehr verschiedene Wellen vorzusehen. Die Einteilung der festen Flugfunkstationen wurde gemäß der folgenden Übersicht nach Ketten mit ihren seitlichen Ausläufern getroffen:

Nördliche Transkontinentalkette mit Ausläufern,
Mittlere Transkontinentalkette mit Ausläufern,
Südliche Transkontinentalkette mit Ausläufern,
Atlantische Küstenkette.

In Abb. 11 der Kettenflugfunkstationen sind die verschiedenen Ketten durch besondere Signaturen hervorgehoben.

Die Anteile der Luftverkehrsgesellschaften bei der Kapitalbildung der Aeronautical Radio Inc. wurden auf Grund der Betriebsleistungen (Flug-km) bemessen und die Verteilung der Betriebs-

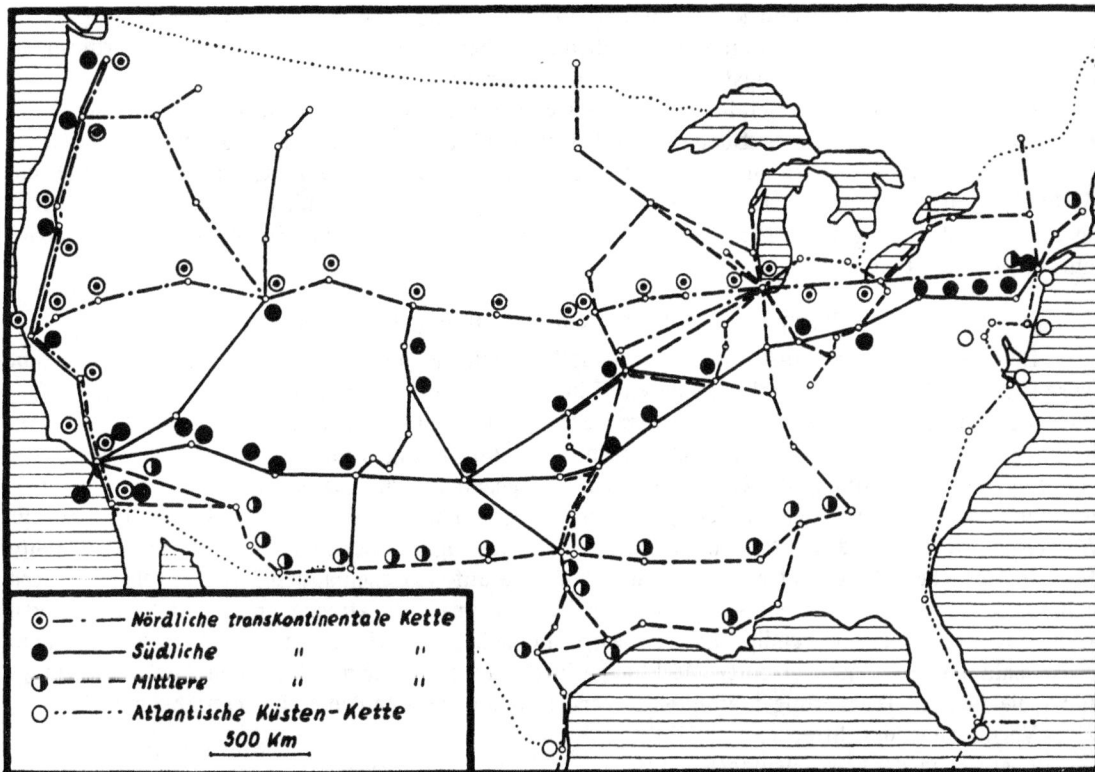

Abb. 11. Netz der Kettenflugfunkstationen der Luftverkehrsgesellschaften im Jahre 1931.

kosten, soweit sie nicht aus dem Fonds des Stammkapitals erfolgt, geschieht ebenfalls nach den Anteilen der jährlich geflogenen Kilometer der Gesellschaften.

Im Interesse der Betriebsdisposition hinsichtlich der Zusammenarbeit der weit zerstreuten Verkehrseinheiten der Luftverkehrsgesellschaften ist es nun noch wichtig, eine geeignete Organisation für den Meldedienst der Einheiten einzusetzen. Er wurde oben zusammengefaßt unter Betriebs- und Verkehrsmeldungen und umfaßt im einzelnen:

Startmeldungen und } auf den Flughäfen,
Landemeldungen }

Meldungen bei Überfliegen von Flughäfen ohne Landung oder anderen wichtigen, auf der Strecke liegenden Punkten,

Meldungen bei starker Verspätung.

Wo ein Fernschreibnetz eingerichtet ist, erfolgt der Austausch dieser Nachrichten über dieses Netz, das auf Anforderung beim Aeronautics Branch jedem Flugzeugführer verfügbar ist. Wo kein

Fernschreibnetz eingerichtet ist und auch der Ausbau der Kettenflugfunkstationen noch nicht erfolgt ist, geschieht der Flugzeugmeldedienst durch die Wetterflugfunkstationen des Department of Commerce, abgesehen von Fällen, wo die Luftverkehrsgesellschaften eigene Fernschreibnetze, wie z. B. die Eastern Air Transport betreiben. In diesem Fall erhalten sämtliche Stationen einer Flugstrecke, also im vorerwähnten Beispiel von Atlanta bis Richmond, die Betriebs- und Verkehrsmeldungen. Die Start- und Landemeldungen müssen dabei bestätigt werden von zwei Stationen im voraus und der letzten Station. Im allgemeinen beziehen sich die Betriebs- und Verkehrsmeldungen der Bodenstationen auf: die Nummer des Flugzeugs, die Flugrichtung, die Bezeichnung für den besonderen Abschnitt des Flugs, den Namen des Piloten, die Start- und Landezeiten, Umfang und Gewicht der Verkehrsmengen, gegebenenfalls auch Änderungen des täglichen Flugplans infolge schlechter Wetterbedingungen oder Abwartens von Anschlüssen, ferner die Anforderung von Hilfs- und Ersatzteilen, die dringend benötigt werden und Mitteilungen über Notlandungen. Die Hauptleitung in Richmond kann damit in einfacher Weise den Gesamtbetrieb ihrer Verkehrseinheiten übersehen und ist imstande, in derselben einfachen Art und Weise die Betriebsanordnungen herauszugeben, damit die geringste Verzögerung in der Beförderung eintritt.

Für den Empfang von Gefahrenmeldungen von Flugzeugen auf der nationalen Flugzeugwelle von 3106 KH gelten sämtliche Bodenflugfunkstationen als Abhörstationen. Sie müssen dementsprechend mit Empfangsgeräten ausgestattet sein. Neuerdings wird dazu übergegangen, auch die Merkbaken, die im Schnitt zweier Kursfunkbakenkurse angeordnet sind, oder an sonstigen wichtigen, durch die topographischen Bedingungen gegebenen Punkten mit Empfängern für den Gefahrenmeldedienst auszustatten.

5. Allgemeine Grundlagen zur Trassierung eines Flugwegs.

Bei der Trassierung eines Flugwegs handelt es sich darum, die vorteilhafteste Kombination zwischen dem kürzesten Kurs, geeignetem Fluggelände und günstigsten meteorologischen Verhältnissen zu finden. Es wird daher in den Vereinigten Staaten von Amerika ein Band von etwa 40 km Breite zwischen den Endflughäfen nach diesen Forderungen untersucht. Danach erfolgt die Planung für die Anordnung der Kursfunkbaken und gegebenenfalls Berichtigung des bis jetzt festgelegten Flugwegs nach den Gesichtspunkten der geeigneten Anlegung von Funkstationen für Wetternachrichten und Zwischenlandeplätzen. Die Einfügung der Merk- oder Kennbaken kann dann in einfacher Weise erfolgen. Meistens werden sie auf Zwischenlandeplätzen angelegt. Sofern sich aus den topographischen Bedingungen im Verlauf einer Flugstrecke ergibt, daß Änderungen in der Kursrichtung notwendig sind, so wird möglichst darauf geachtet, daß diese auf einem Zwischenlandeplatz oder bei einer Merkbake durchgeführt werden. Zusammenfassend verlangt daher die richtige Trassierung planmäßige, vorbereitende Arbeiten, die sich erstrecken auf:

Vermessung der Strecke,

Festlegung der Zwischenlandeplätze,

Festlegung der Streckenbefeuerung und der Kursfunkbaken,

Festlegung der Funkstationen für Wetternachrichten und der Stationen für Betriebs- und Verkehrsnachrichten.

Als Beispiel für eine ausgebaute Flugstrecke zeigt Abb. 12 ein Stück der Transkontinentalstrecke New York—Chicago—San Francisco, und zwar die 582 km lange Flugstrecke Rock Springs—Salt Lake City—Elko und ihre Ausgestaltung mit den vom Department of Commerce, Aeronautics Branch eingerichteten Hilfsmitteln für die Zwecke der Flugsicherung, den „Air Navigation Facilities".

Die topographischen Bedingungen der Flugstrecke zeigt das in der Abbildung wiedergegebene Profil, wie es längs der Leuchtfeuerkette vorliegt. Ferner zeigen die ausgezogenen Linien die Bedingungen nördlich, und die gestrichelten Linien diejenigen südlich der Trasse.

Neben den drei Endflughäfen in Rock Springs, Salt Lake City und Elko erfolgte der Ausbau der Strecke mit 13 Zwischenlandeplätzen in Granger, Lyman, Leroy, Knight, Wanship, Grantsville, Delle, Knolls, Wendover, Shafter, Ventosa, Wells and Halleck. Der Abstand der vorbereiteten Landegelegenheiten beträgt durchschnittlich 40 km und schwankt zwischen 30 km

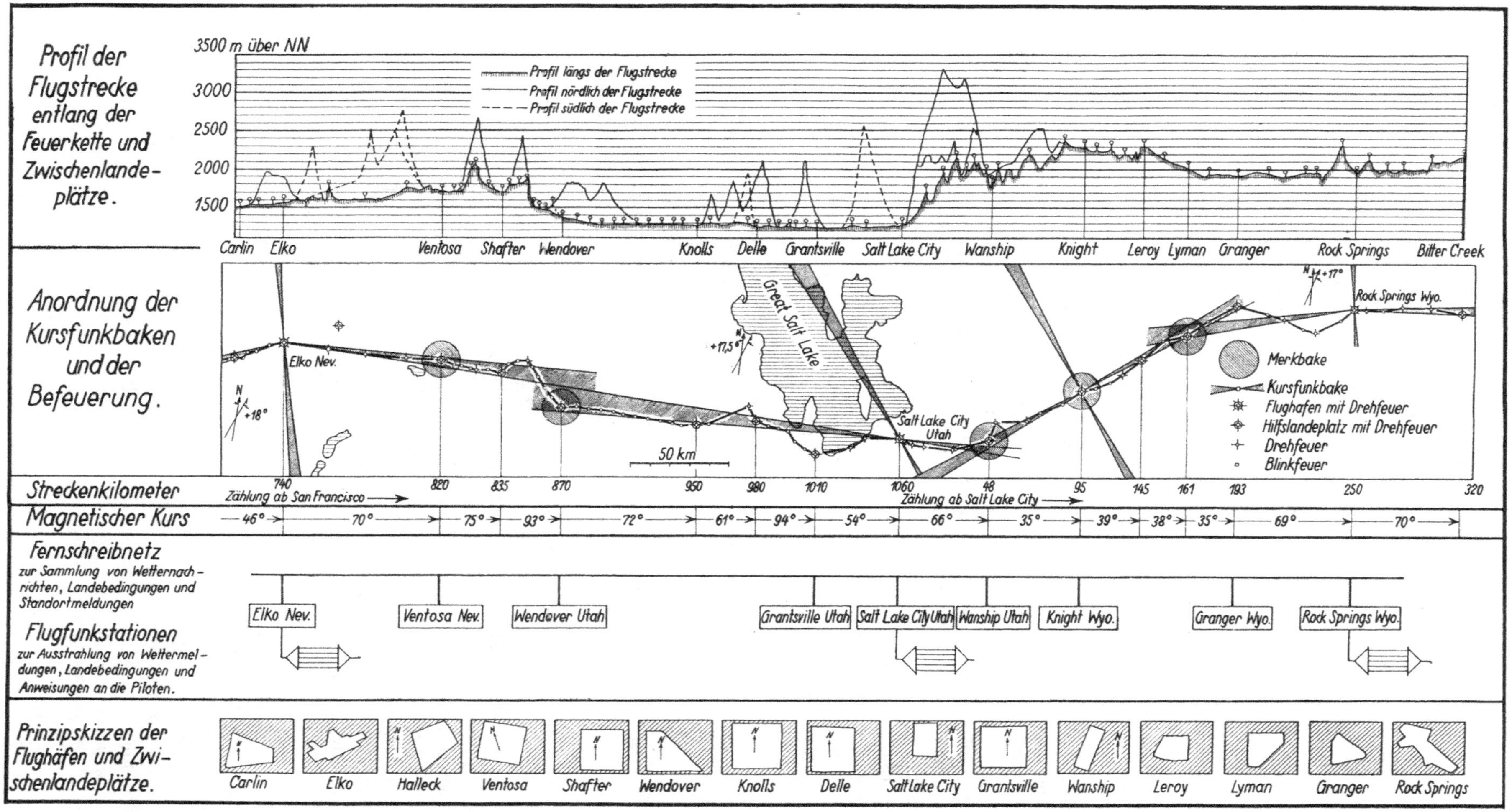

Abb. 12. Streckenkarte eines Abschnitts der Transkontinentalstrecke New York—San Francisco.

und 60 km. Die Zwischenlandeplätze liegen zwischen 1200 und 2300 m über NN. Dies bedeutet die Zunahme der Länge der Landebahnen von 24% bei 1200 m Höhe und von 86% bei 2300 m Höhe gegenüber der Normallänge bei Meereshöhe. Die Länge der jeweils zur Verfügung stehenden Rollfeldflächen ist durchweg ausreichend. Die Rollfeldflächen selbst sind vorwiegend quadratisch, rechteckig oder vieleckig ausgebildet und ermöglichen daher Landung und Start nach verschiedenen, den jeweilig augenblicklich herrschenden Windverhältnissen entsprechenden Richtungen. Nur wenige Plätze gleichen langgestreckten Bahnen und bedingen dadurch die Lande- oder Startrichtung.

Die Zwischenlandeplätze sind randbefeuert mit weißleuchtenden Glühlampen, wobei die Richtung der besten Start- und Landebahnen durch grüne Feuer in der Randbefeuerung bezeichnet sind. Die Kennung des Drehfeuers durch grüne Blinklichter (grün, da Landegelegenheit) entspricht der allgemeinen Kennung der Streckendrehfeuer. Salt Lake City z. B. ist der Anfangspunkt für die Zählung der Entfernungen nach Osten und der Endpunkt für die Zählung von Westen her. Wenn z. B. der Zwischenlandeplatz in Granger die Bezeichnung 12 trägt, so bedeutet dies, daß seine Entfernung von Salt Lake City etwa 120 Meilen beträgt. Ein diesen Zwischenlandeplatz überfliegender Pilot wird als Kennung dieses Platzes die Ziffer 2 in Morsekode vorfinden. Es ist also für ihn lediglich notwendig, daß er weiß, in welchem Hundertmeilen-Abschnitt er sich befindet, und er kann dann auf Grund der Kennung der Drehfeuer den Fortschritt auf seinem Flug erkennen.

Für den Flug unter erschwerten Bedingungen erfolgt die Streckenkennzeichnung durch die 4 Kursfunkbaken in Rock Springs, Knight, Salt Lake City und Elko und die 3 Merk- oder Kennbaken in Lyman, Wanship und Wendover.

Meldestellen für Positionsmeldungen von Flugzeugen sind sämtliche Zwischenlandeplätze, von wo die Meldungen vom Überfliegen der Plätze durch die Flugzeuge über den Fernschreibkreis nach den Endflughäfen gegeben werden. Für den Fall, daß das Flugzeug mit Ausrüstung für Gegenverkehr versehen ist, wird vom Flugzeug aus das Überfliegen gemeldet und über den Empfänger auf das Fernschreibnetz gegeben. Dieser Fernschreibkreis dient auch der Sammlung der Wettermeldungen durch die Flugwetterwarten und zur Weitergabe an die Flugwetterfunkstationen in Rock Springs, Salt Lake City und Elko.

V. Das Zusammenwirken der Einzelzweige der Flugsicherung.

Die Arbeiten der Flugsicherung gliedern sich organisatorisch in folgende Gruppen:

　　　　Innere Organisation der Dienststellen,
　　　　Äußere oder Verwaltungsorganisation,
　　　　Organisation der betriebstechnischen Zusammenarbeit der Dienststellen.

Die innere Organisation der Dienststellen wurde, soweit sie zu erfassen war, bereits früher behandelt. Die äußere oder Verwaltungsorganisation läßt sich verhältnismäßig einfach übersehen. Die Spitzenorganisation der gesamten staatlichen Betätigung für die Zwecke der praktischen Flugsicherung ist die Airways Division (Bureau of Lighthouses) in der Luftfahrtabteilung des Department of Commerce zusammen mit dem Wetterdienst des Department of Agriculture. Während der Flugwetterdienst weitgehend in Anlehnung an den allgemeinen öffentlichen Wetterdienst arbeitet und daher wie dieser vom Department of Agriculture übernommen wurde, war die Einrichtung der Airways Division im Jahre 1926 eine völlige Neuschöpfung. Zuvor lagen die Verhältnisse ziemlich verworren. Die Post hatte für ihre Nachtlinien z. B. 1924 eine eigene Nachtbefeuerung ausgebaut und sie betrieben, und anderseits waren die Luftverkehrsgesellschaften, die nicht mit der Post zusammenarbeiteten und trotzdem aber daran denken mußten, Nachtverkehr zu betreiben, gezwungen, dem Problem der Sicherung ihrer Flugzeuge auf ihren Strecken selbst näher zu treten.

Heute liegen die Verhältnisse so, daß an den Arbeiten für die Flugsicherung außer den beiden oben genannten staatlichen Organisationen noch beteiligt sind: Die Flughäfen durch Bereitstellung der für die Flugsicherung notwendigen Räume und Instrumentenausrüstung für den Wetterdienst und die Luftverkehrsgesellschaften durch die Aeronautical Radio Inc. Infolge der verschiedenen Möglichkeiten in den Besitzverhältnissen an den Flughäfen liegt die Beteiligung an der Flugsicherung, allerdings zu verhältnismäßig geringen Anteilen, unmittelbar in der öffentlichen Hand oder ebenfalls in der der Luftverkehrsgesellschaften.

Die Entscheidung über die Einrichtung einer neuen Flugstrecke ist einem besonderen Ausschuß übertragen, dem „Interdepartmental Committee". Es setzt sich zusammen aus drei Vertretern des Post Office Department und drei Vertretern des Department of Commerce. Der Ausschuß untersucht die Bedürfnisfrage nach den Gesichtspunkten der Entwicklung eines nationalen Grundliniennetzes unter Hinzuziehung von Vertretern der beteiligten Gemeindebehörden und der Luftverkehrsgesellschaften. Nach der Genehmigung einer geplanten Fluglinie durch das Interdepartmental Committee erfolgt die Untersuchung nach der zweckmäßigsten Linienführung unter Berücksichtigung der oben aufgestellten Grundsätze für die allgemeinen Grundlagen der Trassierung einer Flugstrecke durch einen Exekutivausschuß der Luftfahrtabteilung des Department of Commerce.

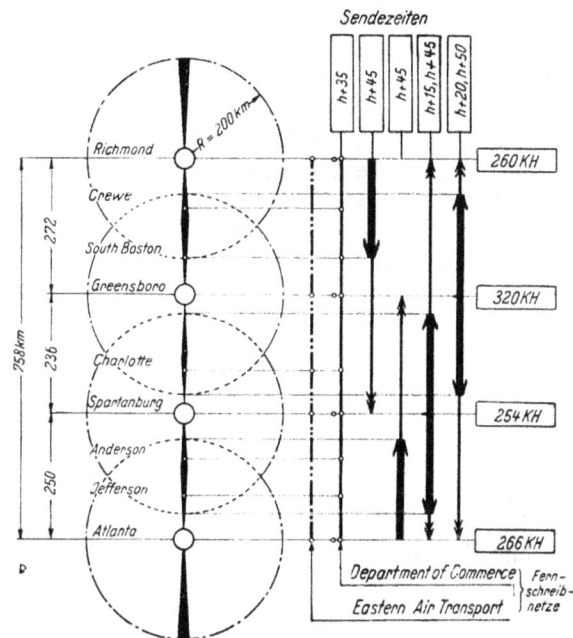

Abb. 13. Organisation der betriebstechnischen Zusammenarbeit für die Zwecke der Flugsicherung der Strecke Richmond—Atlanta.

Dieser Ausschuß setzt sich zusammen aus einem Vertreter des Aeronautics Branch als Vorsitzender, dem Leiter der Airways Division, dem Leiter der Luftverkehrs-Überwachungsabteilung und dem Leiter der Abteilung für Luftfahrtforschung.

Mit den seitherigen Untersuchungen wurde allgemein zu erkennen gegeben, welche Elemente und wie sie an dem Gefüge Flugsicherung lebensnotwendig beteiligt sein müssen. Die Quelle aber nach erfolgter Bereitstellung der Elemente für ihre Wirksamkeit ist die organische Zusammenfassung ihrer Beziehungen zur Flugsicherung durch die richtige Organisation der Zusammenarbeit. Durch den zweckmäßigsten Einsatz der persönlichen Arbeitsleistungen in zeitlich richtiger Folge und unter räumlich günstigen Verhältnissen ist das sichere Ineinandergreifen charakterisiert und der geringste Aufwand an Mitteln für das Arbeitsergebnis dadurch gewährleistet.

Als Beispiel für die Art der betriebstechnischen Zusammenarbeit für die Zwecke der Flugsicherung ist die Strecke Richmond—Atlanta herausgegriffen. Sie wurde in dieser Form Ende 1930 dem Betrieb übergeben und gibt infolge ihrer Übersichtlichkeit wertvolle Aufschlüsse (Abb. 13). Die Gesamtlänge der Flugstrecke beträgt 758 km. Die Flughäfen Richmond, Greensboro, Spartanburg sind städtisch, werden also von der öffentlichen Hand betrieben. Der Ausbau der Strecke mit nachtbeleuchteten Zwischenlandeplätzen ist erfolgt auf der Strecke:

Richmond—Greensboro in Crewe und South Boston,
Greensboro—Spartanburg in Charlotte,
Spartanburg—Atlanta in Anderson und Jefferson.

Die Eastern Air Transport Inc., die den Verkehr auf der Strecke durchführt, betreibt einen eigenen Fernschreibkreis für Betriebs- und Verkehrsmeldungen mit Schreibern in Richmond, Greensboro, Charlotte, Spartanburg und Atlanta. Daneben betreibt das Department of Commerce ein Fernschreibnetz mit 2 Schreibern in Richmond, 1 in Crewe, South Boston, 2 in Greensboro, 1 in Charlotte, 2 in Spartanburg, 1 in Anderson und Jefferson und 2 in Atlanta. Kursfunkbaken und Flugwetterfunkstationen sind kombiniert und in Richmond, Greensboro, Spartanburg und Atlanta aufgestellt. In der Abbildung ist die sichere Reichweite von 200 km bei nicht erschwerten Wetterlagen durch einen Kreis bezeichnet.

Die Sammlung der örtlichen Wetterberichte beginnt in Richmond jeweils 35 Minuten nach der vollen Stunde auf dem Fernschreibnetz des Department of Commerce, wobei der Reihe nach die Berichte sämtlicher 9 Stationen auf den durchgehenden Fernschreibkreis gegeben werden. Diese Sammlung nimmt 5 bis 8 Minuten in Anspruch. Danach erfolgt die Bearbeitung der Berichte durch Meteorologen des Wetterbüros auf den Flughäfen in Richmond, Greensboro, Spartanburg und Atlanta an Hand der ihnen zur Verfügung stehenden synoptischen Wetterkarten, die von der Gruppenwetterwarte von Atlanta alle 3 Stunden verbreitet werden auf Grund der Sammlung der Berichte ihrer Meldestellen. Die Verwertung dieser Berichte in Verbindung mit den oben genannten stündlichen Meldungen geben den Meteorologen auf den Flugwetterwarten genügende Unterlagen, kurzfristige Voraussagen zu machen, die für die Zeit der Durchführung der Flüge Geltung haben. Die Ausstrahlungen dieser Wetterberichte beginnen 10 Minuten nach der Sammlung der Einzelberichte, also jeweils 45 Minuten nach der vollen Stunde in der folgenden Weise:

Richmond sendet h + 45 die Berichte von Richmond bis Spartanburg und die Voraussagen für dieses Gebiet.

Atlanta sendet zu gleicher Zeit (h + 45) die Berichte von Atlanta bis Greensboro und die Voraussagen für dieses Gebiet.

Spartanburg sendet 2mal stündlich (h + 45) und (h + 15) die Berichte der ganzen Strecke von Atlanta bis Richmond.

Greensboro sendet 2mal stündlich (h + 50) und (h + 20) die Berichte der lokalen Witterungsverhältnisse der Stationen der gesamten Strecke von Atlanta bis Richmond, sowie die Voraussagen.

In der Darstellung sind die Wetterausstrahlungen der einzelnen Stationen durch Pfeile gekennzeichnet, wobei die Länge der doppelten Pfeile angibt, für welchen Streckenabschnitt die Berichte gegeben werden. Die sicheren Reichweiten der Sendestationen sind durch einfache, kräftig gezeichnete Pfeile gekennzeichnet. Aus der verhältnismäßig dichten Anordnung der Sendestationen ergibt sich eine teilweise für den Piloten bei schlechten Wetterlagen günstige Überdeckung der sicheren Reichweiten. Infolge der doppelten stündlichen Sendezeiten von Greensboro und Spartanburg hat ein Pilot, dem die Berichte der einen Station aus irgendeinem Grunde entgangen sind, immer noch die Möglichkeit, in kurzer Zeit über die tatsächlichen Verhältnisse unterrichtet zu werden. Während der Wetterausstrahlungen werden die Sendungen der Kursfunkbaken, die als hörbare Baken eingerichtet sind, unterbrochen. Die Strecke ist nicht für Gegenverkehr auf kurzen Wellen eingerichtet, jedoch können wichtige, die Sicherheit des Flugs betreffende Nachrichten von den Flugwetterfunkstationen auf der langen Welle ausgesandt werden. Falls diese Nachrichten längere Zeit beanspruchen, wird der Pilot aufgefordert, auf eine andere, die Arbeitswelle, umzuschalten, um nicht die Aussendung der Kursfunkbaken, die für andere, auf der Strecke befindliche Flugzeuge wichtig ist, zu behindern. Versuche, die Kursfunksendungen fortlaufend, also ohne Unterbrechung durch die Flugwetterfunkstationen senden zu lassen, sind im Gang. Atlanta ist ferner der Knotenpunkt der Flugstrecke Greensboro—Jackson und Jacksonville—Nashville, wobei von der Strecke Atlanta—Jackson noch eine Strecke nach Mobile abzweigt. Atlanta hat daher für die Beratung der einzelnen Strecken folgenden Sendeplan:

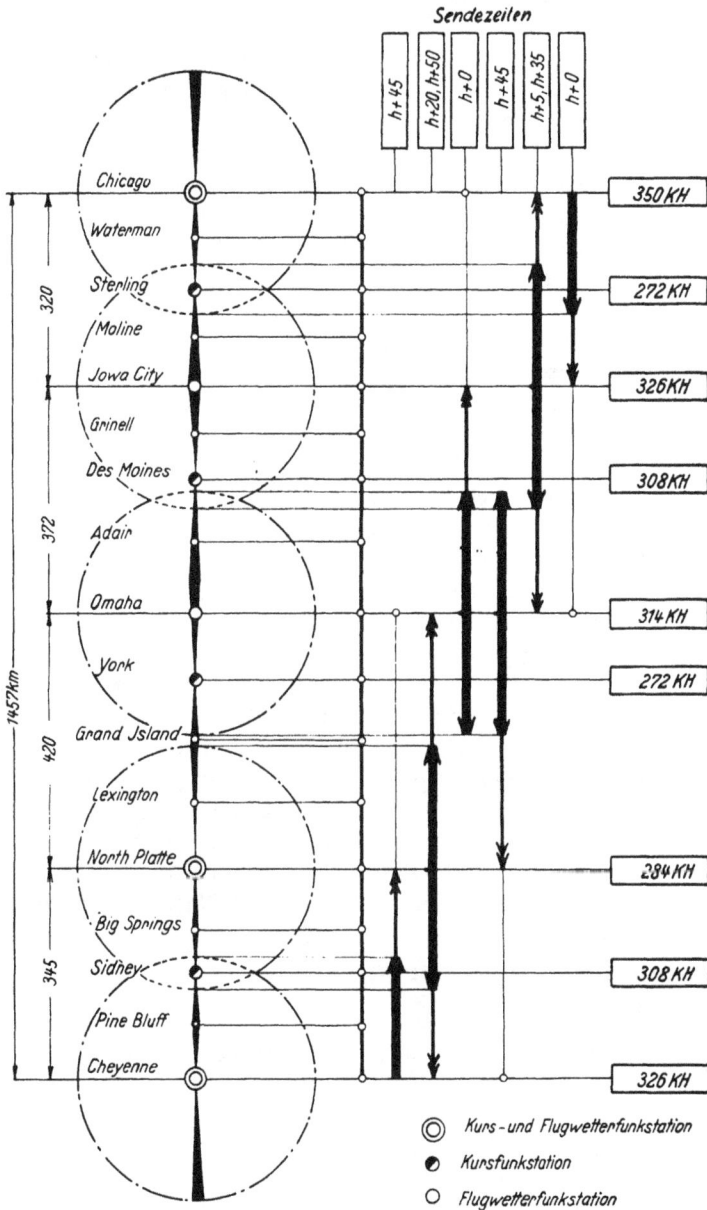

Abb. 14. Organisation der betriebstechnischen Zusammenarbeit für die Zwecke der Flugsicherung der Strecke Chicago—Cheyenne (kombinierte u n d unabhängige Stationen).

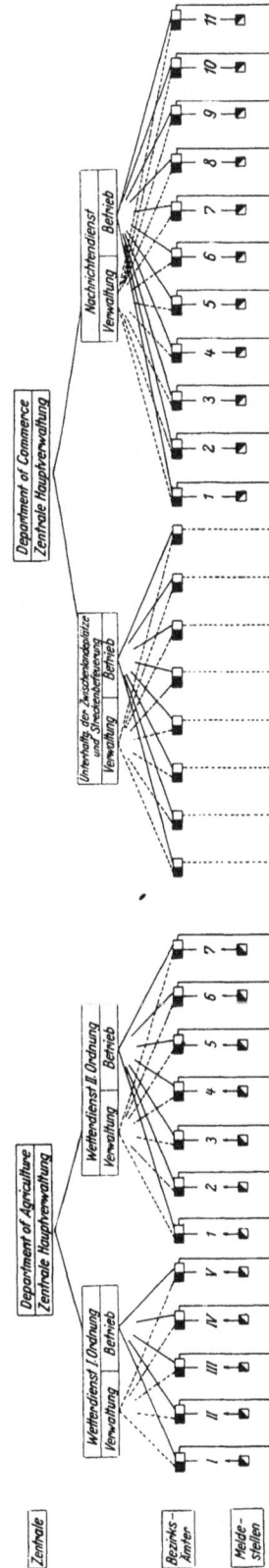

Abb. 15. Organisation der staatlichen Betätigung für die Flugsicherung.

```
Atlanta—Greensboro. . . . . . . . h + 45
Atlanta—Jacksonville . . . . . . . h + 0
Atlanta—Evansville . . . . . . . . h + 5
Atlanta—Mobile. . . . . . . . . . h + 15
Atlanta—-Jackson . . . . . . . . . h + 30.
```

Während auf der Strecke Richmond—Atlanta Kursfunkstationen und Flugwetterfunkstationen kombiniert sind, zeigt der in Abb. 14 wiedergegebene Plan der Strecke Chicago—Cheyenne ein gemischtes System von selbständigen Kurs- und Flugwetterfunkstationen und kombinierten Stationen. In der Abbildung sind wie früher die Flugwetterfunkstationen, die Kursfunkbakenstationen, das Fernschreibnetz, die Sendepläne und die verwendeten Wellen angegeben.

Ein Gesamtbild über die Zusammenarbeit der Wettersicherung mit dem Luftfahrtnachrichtendienst für die Flugsicherung im Gesamtluftliniennetz gibt der in Abb. 15 wiedergegebene Plan nach dem Stand von 1930. Jeder Teildienst hat das gesamte Luftverkehrsfeld für seine Zwecke verwaltungsmäßig und betriebstechnisch in einzelne Bezirke eingeteilt. Die betriebstechnische Zusammenarbeit ist durch die Art der Beziehungen der Einzelstellen untereinander leicht ersichtlich. Eine besondere Stellung nehmen dabei die Flughäfen ein, da das Problem der Zusammenarbeit der Dienstzweige auf den Flughäfen von größter Wichtigkeit ist.

Verhältnismäßig günstig liegen die Verhältnisse auf Flughäfen, deren Eigentum in der Hand der Luftverkehrsgesellschaften liegt. Die Aufgaben der Flugbetriebsleitung und Verkehrsleitung und bei Flughäfen, die mit einer Flugfunkstation für Gegenverkehr ausgerüstet sind, auch die Betriebsleitung der Flugfunkstation sind in einer einzigen Stelle konzentriert. Neben den eigenen Arbeiten ist somit lediglich noch die Zusammenarbeit mit dem Wetter- und Fernmeldedienst erforderlich. Während für den Start von Flugzeugen innerhalb bestimmter Grenzen ein gewisser zeitlicher Spielraum für die Zusammenarbeit möglich ist, gewinnt für die Landung eine rasch und reibungslos wirkende Zusammenarbeit erheblich an Bedeutung. Je mehr die für die Aufnahmebereitschaft eines Flughafens erforderlichen Vorarbeiten konzentriert sind in e i n e r für den Gesamtbetrieb verantwortlichen Stelle, um so besser können sie übersehen werden und um so sicherer läßt sich der Betrieb durchführen. Die heute übliche Trennung der Verantwortlichkeit im Flughafenbetrieb, wie sie besonders vorliegt, wenn das Eigentum am Flughafen und seine Verwaltung wieder in einer von den übrigen Stellen unabhängigen Hand liegt, kann insbesondere beim weiteren Ausbau der Sicherung des Start- und Landevorgangs, sei es durch Anlage von Nebellandeeinrichtungen oder durch Anlage von Flughafensendestellen geringer Sendestärke zum Verkehr mit den Flugzeugen in der Umgebung des Flughafens, nicht im Interesse einer sicheren Betriebsführung liegen. Die Bedeutung der einheitlichen Leitung des Flughafenbetriebes wird noch mehr steigen in dem Maße wie die Betriebsdichte des Flughafens besonders auch im Nachtverkehr zunehmen wird.

VI. Kosten der Flugsicherung.

1. Kostenerfassung.

Um einen Anhaltspunkt zu geben über den Gesamtumfang der staatlichen Betätigung für Luftfahrtzwecke hinsichtlich der Kosten sind in Tabelle 8 die für verschiedene Jahre hierfür eingesetzten Mittel zusammengestellt.

Tabelle 8. **Umfang der staatlichen Betätigung im Luftverkehr durch das Department of Commerce, Aeronautics Branch. (Zivilluftfahrt).**

Geschäftsjahr	Etat RM.
1927	2 310 000
1928[1]	15 900 000
1929	33 300 000
1930	37 600 000
1931[2]	43 400 000

[1] Ein Teil der Mittel gelangte noch im vorhergehenden Jahr zum Einsatz.
[2] Voranschlag.

Der Umfang der staatlichen Betätigung ausschließlich für Flugsicherungszwecke, also der Airways Division, betrug für die Jahre 1926 bis 1930 zusammen 35 650 000 RM. allein für Einrichtungskosten von Flugsicherungseinrichtungen, während sich die jährlichen Unterhaltungskosten aller dieser Einrichtungen auf 21 000 000 RM. beliefen. Für das Geschäftsjahr 1930/31 gibt die Tabelle 9 über die Zusammensetzung der Kosten der Airways Division Aufschluß.

Tabelle 9. Kostenarten der Airways Division im Geschäftsjahr 1930/31.

Verwaltung . . . . 3 650 000 RM.
Unterhaltung der bestehenden Flugstrecken . . . . 18 200 000 „
Neukonstruktionen mit Unterhaltung . . . . 10 000 000 „
Forschung (für Radio, Streckenleuchten, Nebelinstrumente usw.). 424 000 „
Unterhaltung des Fernschreibnetzes . . . . 1 720 000 „

Das Department of Agriculture ist mit dem Luftfahrtwetterdienst gemäß der Tabelle 10 an der Flugsicherung beteiligt.

Tabelle 10. Aufwendungen für den Luftfahrtwetterdienst des Department of Agriculture.

Geschäftsjahr	RM.
1929	1 535 000
1930	3 360 000
1931	5 880 000

Die Einrichtungskosten der Nachtbefeuerungseinrichtungen der Flughäfen schwanken sehr stark. Dabei spielt der Ausbaugrad der Nachtbefeuerungseinrichtungen eine erhebliche Rolle. Insbesondere fällt ins Gewicht die Einrichtung der Landebahnbeleuchtungen durch Flutlichter, deren Einbau vom Department of Commerce vorgeschlagen wird. Die Erfassung von insgesamt 121 mit Nachtbefeuerung ausgebauten Flughäfen ergibt einen durchschnittlichen Anlagewert einer Flughafennachtbefeuerung von 55 600 RM. Wie sehr dieser Betrag in Einzelfällen überschritten werden kann, ist daraus ersichtlich, daß sich bei Ausbau einer zentralen Landebahnbefeuerung nach dem System A. G. A. der Betrag um 31 500 RM. erhöht. Die Einrichtungskosten für Nachtbefeuerung von vollständig ausgebauten Flughäfen belaufen sich für einzelne solche Fälle auf 100 000 RM. bis 170 000 RM.

Über den mittleren Ausbaugrad der Flughäfen mit Nachtbefeuerung gibt eine Kostenerfassung von 425 Flughäfen Aufschluß, deren Gesamtanlagewert etwa 70% des Werts aller Flughäfen für die Zivilluftfahrt ausmacht. Der durchschnittliche Wert an Nachtbefeuerungseinrichtungen beträgt je Flughafen 18 200 RM., was bedeuten würde, daß der Ausbau im Vergleich zum Durchschnitt zu etwa $1/_3$ vollzogen wäre. Zweifellos würde mit steigendem Kapitaleinsatz für die Flughäfen auch der absolute Anteil der Kosten der Nachtbeleuchtungseinrichtungen steigen, und der mittlere Anlagewert würde sich damit immer mehr dem Betrag von 90 000 bis 100 000 RM. nähern, wenn der Landebahnbeleuchtung weiterhin in dem Maße wie seither eine Bedeutung für die Sicherheit des Start- und Landevorgangs beigemessen wird. Der Vorteil der Landebahnbeleuchtung, besonders bei größerer Betriebsdichte, kann wohl anerkannt werden, aber es bedarf noch der Klärung durch die Forschung, ob nicht die drahtlose Verständigung von einem schwachen Flughafensender zu den Flugzeugen eine für die Sicherheit des Start- und Landevorgangs viel günstigere Lösung bringt, ganz abgesehen von Fällen, wo die Wetterlage eine natürliche Sicht der Landebahn durch Befeuerung überhaupt nicht mehr zuläßt und schon aus diesem Grunde zu anderen Mitteln gegriffen werden muß.

Über die Kosten der Nachtbefeuerung eines Durchschnittsflughafens gibt folgende Tabelle 11 Aufschluß.

Was die Abschreibung anbelangt, so beträgt sie für Einzelanlagen ungefähr 20 bis 25%, jedoch wird sie von den Hauptanteilen an den Gesamtanlagen, nämlich Randbefeuerung und Flutlichtern, so maßgeblich bestimmt, daß eine gleichmäßige Abschreibung über eine Zeit von 10 Jahren gerechtfertigt erscheint. Über die Kosten der Start- und Landesicherung bei erschwerten Flugbedingungen, z. B. durch Nebel, können Erfahrungswerte noch nicht gegeben werden, da sie noch

Tabelle 11. **Kosten der Nachtbefeuerung eines Flughafens (Durchschnittswert).**

Gesamte Anlagekosten . . . . 55600 RM.

Feste jährliche Kosten bei 12stündiger täglicher Betriebszeit
    Abschreibung 10% . . . . 5560 RM.
    Mittlere Verzinsung 2% . . . . 1112 „
    Unterhaltung mit Verwaltungszuschlag 10% . . . . 5560 „
    Feste Betriebskosten . . . . 4025 „

Gesamte feste Kosten jährlich . . . . 16257 RM.
Mit der Betriebszeit veränderliche Kosten (Stromverbrauch der Flutlichter, Verwaltungszuschlag, Unterhaltung, Wartung) je Betriebsstunde . . . . 13,50 RM.

sehr in der Entwicklung begriffen ist. Die Anlagekosten für eine Nebelrichtfunkanlage eines Flughafens liegen etwa in der Nähe der Einrichtungskosten einer Nachtbefeuerung für einen Durch-
schnittsflughafen und betragen 63000 RM.

Ebenso wie die Randbefeuerung und Hindernisbefeuerung der Flughäfen sind im amerikanischen Nachtflugnetz auch die Strecken die ganze Nacht befeuert. Die Streckenbefeuerung verursacht Kosten, die sich gemäß Tabelle 12 zusammensetzen:

Tabelle 12. **Anlage- und jährliche Betriebskosten für 1 km Streckenbefeuerung.**

Anlagekosten je km . . . . 972,— RM.

Abschreibung 10% . . . . 97,20 RM.
Mittlere Verzinsung 2% . . . . 19,50 „
Unterhaltung, Wartung und Verwaltungszuschlag . . . . 142,60 „
Stromkosten . . . . 77,80 „

Gesamte jährliche Kosten je km Streckenbefeuerung . . . . 337,10 „

Bei der Ermittlung des Anlagekapitals wurden lediglich die Streckenfeuer berücksichtigt,
nicht also die Kosten der Befeuerungseinrichtungen für die Zwischenlandeplätze. Die Kosten der
Zwischenlandeplätze sollen im folgenden eine gesonderte Behandlung erfahren.

Während in der ersten Entwicklungszeit des Luftverkehrs lediglich solche Plätze als Zwischenlandeplätze ausgewählt wurden, die von Natur aus besonders dazu geeignet waren, wobei ihre Lage
im Zuge der Fluglinien nicht immer berücksichtigt werden konnte, und die für die einfache Herrichtung Kosten von durchschnittlich 2100 RM. je Platz verursachten, wurde dieses System immer
mehr verlassen. Wie schon früher betont wurde, wird dazu übergegangen, daß möglichst solche
Plätze als Zwischenlandeplätze ausgewählt werden, die später von Gemeindebehörden übernommen
werden können, so daß diese schon bei der Anlage einen Teil der Kosten übernehmen. Für 90 Plätze,
die im Geschäftsjahr 1930 dem Betrieb übergeben wurden, liegen die Verhältnisse so, daß von den
13050 RM., die für die einfachen Herrichtungsarbeiten, wie Einebnen, Umzäunung, Drainage
je Platz im Durchschnitt notwendig sind, die Kosten im Verhältnis 5:2 vom Department of Commerce
bzw. von den Gemeindebehörden bestritten werden. Für die Aufstellung der Gesamtkosten wird
die Trennung jedoch nicht durchgeführt. Weiterhin ergab eine Erfassung der Kosten für die Pacht
von 319 Zwischenlandeplätzen einen Durchschnittswert von 1520 RM. je Platz im Jahr bei einer
durchschnittlichen Fläche von je 0,312 km². In Einzelfällen beträgt die jährliche Pacht bis zu 3290 RM.
je Platz bei einer Fläche von 0,217 km². Für die Bestimmung des Pachtwerts eines Grundstücks,
das als Zwischenlandeplatz hergerichtet und benutzt werden soll, sind zwei Methoden üblich. War
das betreffende Stück Land seither unbenutzt, so wird durch Verhandlungen mit Anliegern und
Gemeindevorstehern der Wert des Geländes bestimmt und die Pacht je Jahr zu 6—8% dieses
Wertes festgelegt. War das Land hingegen früher bebaut, so wird der jährliche Ertrag (gemessen
im Durchschnitt verschiedener Jahre) geschätzt und dem Eigentümer des Grundstücks der ent-
standene Ausfall an Reingewinn gezahlt. Die starke Abhängigkeit der Herrichtungskosten für
Zwischenlandeplätze in wenig erschlossenen Gebieten, besonders dann, wenn topographische

Schwierigkeiten hinzutreten, wurde bereits früher festgestellt. Z. B. betragen die Herrichtungskosten eines Gebirgszwischenlandeplatzes in 1640 m Höhe allein 58700 RM. Tabelle 13 gibt Aufschluß über die durchschnittlichen Kosten eines Zwischenlandeplatzes.

Tabelle 13. Kostenaufstellung für einen Zwischenlandeplatz (Durchschnitt).

Einmalige Herrichtung	13050	RM.
Nachtbeleuchtungseinrichtungen	21000	,,
Gesamte Einrichtungskosten	34050	RM.
Verzinsung des Kapitals für die einmalige Herrichtung 4°/₀	522	RM.
Nachtbeleuchtung		
Abschreibung 10%	2100	,,
Mittlere Verzinsung 2%	420	,,
Jährliche Pacht	1520	,,
Gesamte Unterhaltungs- und Betriebskosten	7280	,,
Gesamte jährliche Kosten	11842	RM.

Die Einrichtungskosten für den Wetterdienst auf Flughäfen und Beobachtungsstellen verteilen sich im einzelnen wie folgt: Für einen größeren Flughafen 8400 RM., für eine mittlere Station ohne schreibende Geräte, lediglich für Notierung von Berichten auf Grund visueller Beobachtungen 3350 RM., für synoptische Meldestellen 600 bis 1500 RM.

Für die 7 im Jahre 1930 in Betrieb befindlichen Gruppen-Flugwetterwarten ergeben sich jährliche mittlere Betriebskosten nach Tabelle 14.

Tabelle 14. Jährliche Betriebskosten einer Gruppen-Flugwetterwarte.

Gehälter und Löhne	63000	RM.
Telegraphengebühren für die 3stündigen synoptischen Meldungen	63000	,,
Verschiedenes (Unterhaltung, Instrumentenausrüstung, Reisen	21000	,,
Gesamte jährliche Kosten	147000	RM.

Für wichtigere Flugwetterwarten auf Flughäfen betragen die jährlichen Betriebskosten 50200 RM., während die Wettermeldestellen entlang der Flugstrecken, deren Aufgabe die visuelle Beobachtung und Weitergabe der Beobachtungsergebnisse ist, jährliche Kosten in Höhe von 8400 RM. einschließlich Löhnen, Instrumenten, Telegraphengebühren verursachen. Die angegebenen Werte sind Durchschnittswerte, die im einzelnen erheblich schwanken können. Die Schwankungen sind im wesentlichen bedingt durch den Aufwand an Telegraphengebühren. Ihr Anteil an den Kosten verringert sich jedoch in dem Maße, wie das Fernschreibnetz des Department of Commerce für die Zwecke der Wettermeldungen zum Einsatz kommt.

Die Einrichtung und der Betrieb der Flugwetterfunkstationen, Kursfunkbaken und Merkbaken verursachen folgende Kosten:

1 kombinierte Flugwetter- und Kursfunkbakenstation:		
Einrichtungskosten	300000	RM.
Jährliche Unterhaltungs- und Betriebskosten	70000	,,
1 unabhängige hörbare Kursfunkbake:		
Einrichtungskosten	63000	,,
Jährliche Unterhaltungs- und Betriebskosten	14700	,,
Flugwetterfunkstation:		
Einrichtungskosten	88000	,,
Jährliche Unterhaltungs- und Betriebskosten	50300	,,
1 Merkbake:		
Einrichtungskosten	3800	,,
Jährliche Unterhaltungs- und Betriebskosten (ohne persönliche Kosten)	800	,,

Für die Einrichtungskosten einer Fernschreibstelle konnten keine Werte in Erfahrung gebracht werden. Die Miete je Fernschreiber beträgt im Jahr 168 RM. und die gesamten jährlichen Betriebs-

kosten betragen 13 350 RM. Nähere Angaben über die jährlichen Unterhaltungs- und Betriebskosten einer Kettenflugfunkstation konnten ebenfalls nicht in Erfahrung gebracht werden. Die
Anlagekosten belaufen sich auf 21 000 RM. ohne Anteil der Gebäude.

Die Kosten einer Flugzeugempfangsanlage zum Empfang der Kursfunkbaken und Flugwetterfunkstationen zeigt die folgende Aufstellung:

Anlagekosten der betriebsfertigen Station . . . . 3320 RM.

Jährliche Unterhaltungs- und Betriebskosten. . . . .   147 RM.
Zweimalige Neuabschirmung des Zündungssystems (bei je 500 Flug-
    stunden einmal). . . . . 1 260 ,,
Abschreibung 25% . . . .   830 ,,
Mittlere Verzinsung 3% . . . .   100 ,,

Gesamte jährliche Unterhaltungs- und Betriebskosten . . . . . . 2337 RM.

Für den Gegenverkehr der Flugzeuge sind diese mit einem Empfänger wie vorstehend und
ferner mit einem 100% sprachmodulierten Sender von 50 Watt ausgestattet.

Betriebsfertige Station . . . . 11 750 RM.

Jährliche Unterhaltungs- und Betriebskosten. . . . .   660 RM.
Zweimalige Neuabschirmung . . . . 1 260 ,,
Abschreibung 25% . . . . 2 920 ,,
Mittlere Verzinsung 3% . . . .   350 ,,

Gesamte jährliche Unterhaltungs- und Betriebskosten . . . . . . 5190 RM.

Durch die Mitnahme der Flugzeugfunkanlagen entstehen Verluste an der Nutzlast der Flugzeuge. Sehr gering sind diese bei Verwendung des einfachen Empfangsgeräts, dessen Gesamtgewicht sich auf etwa 15 kg beläuft. Stärker ins Gewicht fällt schon die kombinierte Sende- und
Empfangsanlage mit 55 kg Gesamtgewicht. Es muß an dieser Stelle betont werden, daß in bezug
auf die Gewichtsverhältnisse der Gegenverkehr von den Flugzeugen aus mittels Telephonie den Vorteil besitzt, daß der Pilot den Gegenverkehr abwickeln kann, während für Telegraphie heute noch
die Mitnahme eines besonderen Bordfunkers üblich ist, wenn nicht der Bordmonteur diese Arbeit
übernimmt. Im allgemeinen kann gesagt werden, daß bei dem vorhandenen Auslastungsgrad von
45 bis 50% der Nutzladefähigkeit der Flugzeuge eine Berücksichtigung des Verkehrsleistungs-
verlustes durch die Mitnahme der Funkgeräte für Telephonie und unter den gegebenen Bedingungen
für die Erfassung der Kosten der Flugsicherung nicht notwendig ist, während bei Telegraphieverkehr eine Berücksichtigung bei Mitnahme eines besonderen Funkers erforderlich erscheint.
Es ist allerdings zu beachten, daß die durchschnittliche Auslastung im Jahr für diesen Fall nicht
volle Gültigkeit haben kann, sondern daß die Auslastung des einzelnen Flugs dafür maßgebend ist,
da dabei die Grenze der Nutzladefähigkeit häufig erreicht wird. In diesen Fällen kann tatsächlich
der Verlust an Verkehrsleistung erheblich ins Gewicht fallen.

2. Kosten der Flugsicherung in Abhängigkeit von der Verkehrsgröße.

Als Beispiel für die Umlegung der Kosten der Flughafensicherung wurde die Nachtbefeuerung
eines Flughafens herausgegriffen. Dieselbe Methode ist grundsätzlich für alle anderen Arten
der Start- und Landesicherung anwendbar. In Abb. 16 sind die Kosten der Nachtbefeuerung
je Betriebsstunde in Abhängigkeit gebracht zu der Zahl der täglichen Betriebsstunden der
Nachtbefeuerungsanlagen. Infolge der Proportionalität der veränderlichen Kosten mit der
Zahl der Betriebsstunden erscheinen diese als Gerade, während die festen Kosten entsprechend der gezeichneten Kurve mit steigender Zahl der Betriebsstunden fallen (Kurve A). Als
besserer Maßstab als die Einheitskosten je Betriebsstunde Nachtbefeuerung kann die Zahl der Starts
oder Landungen angesehen werden. Bei der Annahme, daß eine Betriebsdichte von 14 Starts und
Landungen je Stunde der maximalen Leistungsfähigkeit eines Flughafens für Nachtverkehr entspricht, ergeben sich die Kosten je Start oder Landung nach Kurve B in Abhängigkeit von der Betriebsdichte. Vom Standpunkt der dynamischen Betrachtungsweise aus gesehen zeigt die Abbil-

dung deutlich, daß bei den heute vorkommenden verhältnismäßig geringen Betriebsdichten eine außerordentlich starke Belastung auf die einzelne Start- oder Landebewegung sich ergibt, und daß es einer ganz bedeutenden Intensivierung des Nachtverkehrs bedarf, sollen die Kosten je Start oder Landung bei der gebräuchlichen Methode ein erträgliches Maß erreichen.

Für die Umlegung der laufenden Kosten der Streckensicherung sei als Beispiel herausgegriffen die Strecke Richmond—Atlanta, deren Organisation an Hand der Abb. 13 besprochen wurde. Die Kosten im Jahre ergeben sich nach der Aufstellung der Tabelle 15.

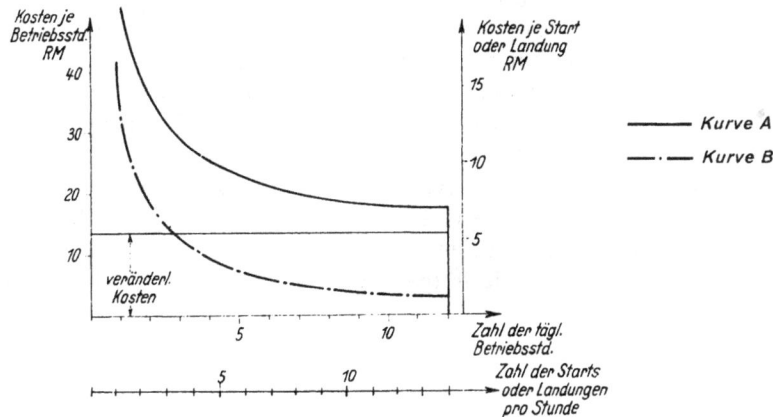

Abb. 16. Einheitskosten der Nachtbefeuerung eines Flughafens.

Da Atlanta den Knotenpunkt von 4 ausgehenden Linien darstellt, wird die Strecke Atlanta—Richmond mit $\frac{1}{4}$ der Kosten für die Dienststellen der Flugsicherung in Atlanta belastet. Besser wäre eine Aufteilung nach den Anteilen an der Zahl der von Atlanta nach den verschiedenen Richtungen ausgehenden Flüge. Richmond wird für die Strecke zur Hälfte eingesetzt. Als Gruppenflugwetterwarte kommt Atlanta in Betracht. Nach Tabelle 6 entfällt auf diese ein Liniennetz von 3650 km Länge. Der Einfachheit halber wird angenommen, daß die Kosten dieser Gruppen-Flugwetterwarte von diesem Netz zu tragen sind, so daß also auf die 758 km lange Strecke Richmond—Atlanta ein Anteil von $\frac{758}{3650} = 0,21$ entfällt.

Tabelle 15. **Kosten der Streckensicherung einer Flugstrecke.**

Streckenbefeuerung 758 km	286000	RM.
5 Zwischenlandeplätze je 11842 RM.	59200	,,
Anteil Gruppenwetterwarte 0,21	30800	,,
Flughafenwetterwarte 2,5 · 50200	126500	,,
Flugwetterfunkstation und Kursfunkbaken 2,75 · 70000	192500	,,
Fernschreibstellen 13 · 13350	174500	,,
Gesamte jährliche Kosten	869500	RM.

Werden die Flughafenbefeuerungen entsprechend den Anteilen $\frac{1}{4}$ von Atlanta und $\frac{1}{2}$ von Richmond hinzugenommen, so belaufen sich die Gesamtkosten der Flugsicherung dieser Strecke (ohne Fernschreibnetz der Eastern Air Transport) auf $869500 + 2,75 \cdot 16257 = 914200$ RM.

Das Strecken-km Flugsicherung verursacht nach obigem jährliche Kosten in Höhe von $\frac{869000}{758} = 1145$ RM.

Bei 1100000 Flug-km im Jahre 1930 auf dieser Strecke würden auf das Flug-km $\frac{869000}{1100000} = 0,79$ RM. entfallen.

Zusammenfassung.

In starkem Maße entwickelte Verkehrsmotive haben in der Luftfahrt der Vereinigten Staaten von Amerika zu der Schaffung eines nationalen Grundliniennetzes geführt. Dieses Netz ist dadurch gekennzeichnet, daß es ausgedehnte Raumweiten nach verkehrswirtschaftlichen Grundsätzen innerhalb einer und derselben politischen und sprachlichen Einheit zusammenfaßt. Infolge verschiedener fluggeographischer, flugklimatischer und verkehrswirtschaftlicher Gegebenheiten treten dabei zwei bevorzugte Liniensysteme, ein Nord—Süd- und ein Ost—West-System in Erscheinung.

Das intensive Streben nach Sicherheit im Luftverkehr hat die staatliche Organisation einer Luftverkehrssicherung im allgemeinen geschaffen und im besonderen den Ausbau des Grundliniennetzes mit den Betriebsmitteln der Flugsicherung beschleunigt.

Für die Anlage und den Betrieb der Flugsicherungseinrichtungen ist der Grundsatz bestimmend, daß sie in gleicher Weise jeder Art von fliegerischer Betätigung zur Verfügung stehen sollen. Hierin liegt neben der Förderung der Sicherheit des Fliegens im planmäßigen Luftverkehr ein erheblicher Anreiz zur Belebung des privaten Reise- und Sportluftverkehrs.

Die grundsätzlichen Methoden der Flugsicherung, deren sich die Vereinigten Staaten von Amerika bedienen, wurden in bezug auf ihre technischen Grundlagen, ihre Organisation und Kosten untersucht und schließlich wurde festgestellt, wie sie ihre wirtschaftliche Rechtfertigung finden können.

Literaturübersicht
für alle 3 Abhandlungen.

A. Bücher.

Aeronautics Bulletin, Washington.

Air Commerce Bulletin, Washington.

Aircraft Year Book 1928—1931. Herausgegeben von der Aeronautical Chamber of Commerce of America Inc. New York.

Baldit, Meteorologie du relief terrestre (vents et nuages) Paris 1929, Gauthier-Villars et Cie.

von Beyer-Desimon, Flughafenanlagen. Verlag W. Ernst & Sohn, Berlin 1931.

Black, Civil Airports and Airways, Simmonds-Boardman Publishing Comp. New York.

Black, Transport Aviation. 2. Auflage, Verlag Simmonds-Boardman Publishing Comp. New York.

Blum-Pirath, Lebensfragen der Deutschen Luftfahrt, Verlag Kohlhammer, Stuttgart 1928.

Burkhardt, Fliegerwetterkunde. Berlin 1927.

Denkschrift über die Wirtschaftlichkeit und Organisation der Flughäfen. Herausgegeben vom Verband deutscher Flughäfen. Berlin 1930.

Dokumente der 1.—23. (gesammelt) und der 24.—32. Internationalen Luftfahrtkonferenz.

Faßbender, Hochfrequenztechnik in der Luftfahrt. Berlin 1932.

Flugwetterdienst und Luftverkehr. Herausgegeben von der Leitung des Flugwetterdienstes, Berlin W 9. 1929.

Georgii, Flugmeteorologie. Leipzig 1927.

Gisart, Funkrecht im Luftverkehr. Verkehrsrechtliche Schriften, herausgegeben von Professor Dr. Hans Oppikofer, Ost-Europa-Verlag, Königsberg 1932.

Gregg, Aeronautical Meteorology. The Ronald Press Col. New York.

Guide Aérien. Herausgegeben von Michelin Cie. unter Mitarbeit des Ministére de l'Air. Internationales Flughandbuch 1. u. 2. Ausgabe, herausgegeben von der Imprimerie Crété, Paris.

Hanks, International Airports. New York 1929.

Hubhard, Clintock, Williams, Airports, their Location, Administration and loyal basis. Cambridge 1930.

Jacobshagen, Die Selbstkosten im Luftverkehr. Heft 3 der „Forschungsergebnisse des Verkehrswissenschaftlichen Instituts für Luftfahrt an der Technischen Hochschule Stuttgart". Verlag R. Oldenbourg, München 1930.

Jahrbücher der Wissenschaftlichen Gesellschaft für Luftfahrt 1928—1929.

Immler, Leitfaden der Flugzeugnavigation. München 1928.

Koppe, Die Bedeutung der Meßtechnik für die Luftfahrt. Jahrbuch der Deutschen Versuchsanstalt für Luftfahrt 1929.

Kredel, Die Deutsche Handelsluftfahrt. Hannover 1929.

Leib-Nitzsche, Funkpeilungen. Verlag Mittler & Sohn, Berlin 1926.

Linke, Die meteorologischen Institute und Organisation im Deutschen Reich. Frankfurt/M. 1929.

Markgraf, Zur Frage der Blitzgefährdung von Flugzeugen. Aus „Meteorologie auf dem Gebiet der See- und Küstenluftfahrt", Heft 1. Herausgegeben von der Deutschen Seewarte, Hamburg.

Milch, Die Sicherheit im Luftverkehr. Berlin 1929.

Pirath, Die Luftfahrt und die Verkehrsprobleme der Gegenwart. Heft 1 der „Forschungsergebnisse des Verkehrswissenschaftlichen Instituts für Luftfahrt an der Technischen Hochschule Stuttgart". Verlag R. Oldenbourg, München. 1929.

Verkehrsströme im Luftverkehr. Heft 1 der Forschungsergebnisse des V. I. L.

Die Gestaltung des Weltluftverkehrsnetzes nach wirtschaftlichen und betriebstechnischen Gesichtspunkten. Heft 2 der Forschungsergebnisse des V. I. L. 1930.

Die Verkehrsflughäfen als Betriebsstellen des Weltluftverkehrsnetzes. Heft 2 der Forschungsergebnisse des V. I. L.

Die vom Standpunkt des Verkehrs an den Bau von Flugzeugen zu stellenden Forderungen. Heft 3 der Forschungsergebnisse des V. I. L. 1930.

Preisbildung und Subventionen im Luftverkehr. Heft 3 der Forschungsergebnisse des V. I. L.

Luftverkehrspolitik und Stand des Weltluftverkehrs. Heft 4 der Forschungsergebnisse des V. I. L.

Die Luftfahrt-Wirtschaft der Vereinigten Staaten von Amerika. Heft 4 der Forschungsergebnisse des V. I. L. 1931.

Die Flughäfen in den Vereinigten Staaten von Amerika in Ausgestaltung und Betrieb. Heft 4 der Forschungsergebnisse des V. I. L.

Portier, Sécurité de la Route. L'Aéronautique militaire, maritime, coloniale et marchande, herausgegeben vom Ministére de l'Air, Paris 1932.

Réglement du Service radioélectrique international de l'aéronautique, Teil I u. II, 3. Auflage, Bern 1930.

Röder, Flugzeug-Navigation und Luftverkehr, Dresden 1927.

Sachsenberg, Die deutsche Luftfahrt als Gesamtproblem. Leipzig 1929.

Seilkopf, „Die Förderung des Verkehrs." Aus dem Arbeitsbereich der deutschen Seewarte in Hamburg 1925.

Seilkopf, Beiträge zur orographischen Meteorologie Nordwestdeutschlands. Aus „Meteorologie aus dem Gebiet der See- und Küstenluftfahrt", Heft 2. Herausgegeben von der Deutschen Seewarte, Hamburg.

Seilkopf, Grundzüge der Flugmeteorologie des Luftwegs nach Ostasien. Aus „Archiv der Deutschen Seewarte", Hamburg 1927.

Verzeichnis der festen und Landfunkstellen. Herausgegeben vom Internationalen Büro des Welttelegraphenvereins in Bern.

Verzeichnis der Flugzeugfunkstellen. Herausgegeben vom Internationalen Büro des Welttelegraphenvereins in Bern.

Verzeichnis der Funkstellen für Sonderdienste. Herausgegeben vom Internationalen Büro des Welttelegraphenvereins in Bern.

Voiteoux, La Navigation aérienne transatlantique. Paris 1930.

Wegerdt, Deutsche Luftfahrtgesetzgebung. Berlin 1930.

Weltfunkvertrag, abgeschlossen zu Washington am 25. 11. 1927 nebst Allg. und Zusatzvollzugsordnung. Berlin 1929.

Wronsky, Deutsche Handelsluftfahrt. Berlin 1930.

B. Abhandlungen in Zeitschriften.

Adler, Rationalisierung der Flughafenbetriebe tut not. Berliner Wirtschaftsberichte Nr. 3c. 2. 2. 1929.

Air Pilot. Herausgegeben vom Air Ministry. London 1929.

Benkendorff, Fragen und Ziele der Flugsicherung. Vortrag, gehalten auf der Tagung der WGL in Breslau 1930. Gekürzte Wiedergabe in der Zeitschrift für Flugtechnik und Motorluftschiffahrt, Januar 1931.

Benkendorff, Fliegen bei Nacht in Deutschland (Strecken- und Flugplatzbefeuerung). Vortrag gehalten in London. Abdruck in „The Aeroplane" 10. 2. 32, S. 242—44.

Balisage et Signalisation des Aérodrômes du Service de la Navigation aérienne. Bulletin de Renseignements 1930 Nr. 287, S. 5—8.

Betriebsordnung für den internationalen Flugfunkdienst nebst Ausführungsbestimmungen für den deutschen Flugfernmeldedienst. Sonderdruck der „Nachrichten für Luftfahrer".

Betriebsordnung für den internationalen Flugwetterdienst. Sonderdruck der „Nachrichten für Luftfahrer".

Born, Die elektrische Befeuerung im See- und Luftverkehr. Techn.-Wissenschaftl. Abhandlungen aus dem Osram-Konzern II. Bd. 1931, S. 171.

Convention portant réglementation de la Navigation aérienne en date du 13 Octobre 1919. Deutsch mit Änderungen in der Zeitschrift „Nachrichten für Luftfahrer", Jahrg. 1920, 1929 und 1930.

Elliot Stelden, Unobstructed Airport Approaches (1932) Journal of Air Law, S. 207—225.

Erfahrungsberichte des deutschen Flugwetterdienstes. Herausgegeben von der Zentralstelle für Flugsicherung, Berlin.

Everling, Sicherheitsvorkehrungen für Flugzeuge, in „Der Motorwagen", Heft XXIV und XXVII von 1922.

Fixel, The Regulation of Airports 1930. Journal of Air Law 483—92.

Flugfunkwetter, die Flugwettermeldungen Europas. Herausgegeben von der Zentralstelle für Flugsicherung, Berlin SW 68.

Goldsborough, Are European Airlines better than those of United States? in „Aero Digest" November 1931.

Koppe, Grundsätzliches zum „Nebel"-Flug. Sonderdruck aus „Die Luftwacht", Jahrgang 1930, Heft 10.

Lang, Die Verwendung und die Regelung des Funks im Flugwesen. „Archiv für Funkrecht", 3. Bd. (1932), S. 395—409.

Offermann, Der Flug ohne Horizont. Zeitschrift für Flugtechnik und Motorluftschiffahrt, Jahrgang 1930, Heft 7/8.

Perlewitz, Der Luftverkehr zwischen Europa und Südamerika. Ibero-Amerikanisches Archiv, I. Jahrgang, Heft 2.

Perlewitz, Ortsbestimmungsmethoden in der Luft und auf See. „Die Himmelswelt", Jahrgang 36, Heft 11/12.

Pirath, Die Wirtschaftlichkeit des Luftverkehrs. „Technik und Wirtschaft", 21. Jahrgang 1928.

Pirath, Die Entwicklungsgrundlagen des Weltluftverkehrs. Sonderdruck aus der Zeitschrift „Verkehrstechnische Woche", 1928.

Revue Aéronautique Internationale. Editeur A. Roper, Paris, N.r 1 u. 2.

Richard, Administration of Airports (1929), 21. Flight 1193/94 (Nr. 45).

Sauernheimer, Die Wirtschaftlichkeit der Flughäfen. Verkehrstechnische Woche, Heft 6—8, Jahrgang 1929.

Verordnung betr. die Errichtung und den Betrieb von Funkstellen, die Zwecken der Luftfahrt dienen. Vom 13. 12. 29 (Frankreich). Bulletin de la Navigation Aérienne 120 (1930), S. 2052ff.

Verordnung betr. Aufhebung des Amts für Luftfahrt und Schaffung von regionalen Luftfahrtdienststellen. Vom 30. 4. 30 (Frankreich). Bulletin de la Navigation Aérienne 123 (1930), S. 3060; 130 (1931), S. 3068ff.

Verordnung betr. die Zusammenarbeit der Staatlichen Funkdienststellen. Vom 13. 6. 29 (Italien). Gaz. Ufficiale vom 4. 7. 29.

Weitzmann, Flugzeug-Unfallstatistik 1930, Zeitschrift für Flugtechnik und Motorluftschiffahrt 1932, Nr. 1, Seite 13.

www.ingramcontent.com/pod-product-compliance
Lightning Source LLC
Chambersburg PA
CBHW081433190326
41458CB00020B/6188